U0128507

钱广荣伦理学著作集　第十卷

伦理沉思录 下

LUNLI CHENSILU XIA

钱广荣　著

安徽师范大学出版社
ANHUI NORMAL UNIVERSITY PRESS
·芜湖·

图书在版编目(CIP)数据

伦理沉思录.下 / 钱广荣著.— 芜湖:安徽师范大学出版社,2023.1(2023.5重印)
(钱广荣伦理学著作集;第十卷)
ISBN 978-7-5676-5815-8

Ⅰ.①伦… Ⅱ.①钱… Ⅲ.①伦理学—文集 Ⅳ.①B82-53

中国版本图书馆CIP数据核字(2022)第217853号

伦理沉思录·下　　钱广荣◎著

责任编辑:阎　娟　　责任校对:戴兆国
装帧设计:张德宝　姚　远　　责任印制:桑国磊
出版发行:安徽师范大学出版社
芜湖市北京东路1号安徽师范大学赭山校区
网　　址:http://www.ahnupress.com/
发 行 部:0553-3883578　5910327　5910310(传真)
印　　刷:江苏凤凰数码印务有限公司
版　　次:2023年1月第1版
印　　次:2023年5月第2次印刷
规　　格:700 mm × 1000 mm　1/16
印　　张:19.25　　插　页:2
字　　数:300千字
书　　号:ISBN 978-7-5676-5815-8
定　　价:128.00元

出版前言

钱广荣，生于1945年，安徽巢湖人，安徽师范大学马克思主义学院教授、博士生导师，“全国百名优秀德育工作者”，国家级精品课程“马克思主义伦理学”课程负责人。在安徽师范大学曾先后任政教系辅导员、德育教研部主任、经济法政学院院长、安徽省高校人文社会科学重点研究基地安徽师范大学马克思主义研究中心主任。出版学术专著《中国道德国情论纲》《中国道德建设通论》《中国伦理学引论》《道德悖论现象研究》《思想政治教育学科建设论丛》等8部，主编通用教材12部，在《哲学研究》《道德与文明》等刊物发表学术论文200余篇。

钱广荣先生是国内知名的伦理学研究专家。为了系统整理、全面展现钱先生在伦理学和思想政治教育领域的主要学术成果，我社在安徽师范大学及马克思主义学院的大力支持下，将钱先生的著作、论文合成《钱广荣伦理学著作集》。钱先生的这些学术成果在学界均具有广泛而持久的影响，本次结集出版，对促进我国伦理学和思想政治教育学科建设与人才培养具有重要意义。

《钱广荣伦理学著作集》共十卷本：第一卷《伦理学原理》，第二卷《伦理应用论》，第三卷《道德国情论》，第四卷《道德矛盾论》，第五卷《道德智慧论》，第六卷《道德建设论》，第七卷《道德教育论》，第八卷《学科范式论》，第九卷《伦理沉思录 上》，第十卷《伦理沉思录 下》。这次结集出版，年事已高的钱先生对部分内容又作了修订。

由于本次收录的著作、论文大多已经公开出版或者发表，在编辑过程中，我们尽量遵从作品原貌，这也是对在学术田野上辛勤劳作近五十年的钱先生的尊重。由于编辑学养等方面的原因，文集难免有文字讹错之处，敬请方家批评指出，以便今后修订重印时改正。

安徽师范大学出版社

二〇二二年十月

总　序

一

第一次见到钱老师，是在我大学二年级的人生哲理课上。老师说，从这一年开始，他将在他的教学班推选一名课代表。这个想法说出来之后，几乎所有的学生都把头低了下去，教室里鸦雀无声。我偷偷地抬起头来，看到大家这样的状态，心里有些窃喜，因为我真的很想当这个课代表，只是不好意思一开始就主动说出来，于是我小声地跟坐在身边的班长说："我想当课代表。"没想到班长仿佛抓到了救命稻草一样，迅速站起来，指着我大声地说："他想当课代表！"课间休息时，我找到老师，一股脑儿把自己内心长期以来积累的思想上的小障碍"倾倒"给老师，期望他一下子能帮助我解决所有的问题，而这正是我主动要当课代表的初衷。老师和蔼地说："你的问题确实不少，可这不是一下子能解决的。这样吧，我有一个资料室，课后你跟我一起过去看看，我给你一项特权，每次可以从资料室借两本书带回去看，看完后再来换。你一边看书，我们一边交流，渐渐地你的这些问题就会解决了。"从此，我跟着老师的脚步，一步一步地走进了思想政治教育的领域，毕业后幸运地留在了老师的身边，成为思想政治教育战线上的一员。

转眼之间，我已经工作了三十年，从一个充满活力的青年小伙变成了一个头发灰白的小老头，本可以继续享用老师的恩泽，在思想政治教育领域徜徉，不料老师却在一次外出讲学时罹患脑梗，聆听老师充满激情的教诲的机会戛然而止，我们这些弟子义不容辞地承担起老师手头正在整理文稿的工作。

老师说："你把序言写一下吧，就你写合适。"我看着老师鼓励的眼神，掂量着自己的分量，尤其想到多年来，在思想政治教育领域学习、实践、深造，每一步都得益于老师的指点和影响，尽管我自己觉得，像文集这样的巨著，我来作序是不合适的，但从一个弟子的视角来表达对老师的尊重和挚爱，归纳自己对老师学术贡献的理解，不也有特殊的价值吗？更何况，这些年，我也确实见证了老师在学术领域走出的坚实步伐，留下的清晰印迹。于是，我坚定地点点头说："好，老师，我试一试。"

二

老师生于1945年的巢湖农村，"文革"前考入当时的合肥师范学院，毕业后在安徽师范大学工作。老师开始时从事行政管理工作，先后做过辅导员、团总支书记。1982年，学校在校党委宣传部下设立了思想政治教育教研室，老师是这个教研室最早的成员之一。后来随着教研室的调整升级，老师担任德育教研部主任。从原来的科级单位建制，3个成员，到处级建制的德育教研部，成员最多时达到13人，在老师的带领下，德育教研部成为一个和谐、快乐的战斗集体，为全校学生教授"大学生思想道德修养""人生哲理""法律基础""教师伦理学"四门公共课。老师一直是全省高校《大学生思想道德修养》教材的主编，在教师伦理学领域同样颇有建树，是当时安徽省伦理学学会第五届、第六届副会长。

受当时大环境的影响，老师从事科研工作是比较晚的，但是因为深知思想政治教育教学的不易，所以老师要求每一位来到德育教研部的新教师"首先要站稳讲台"。我清晰地记得，当我去德育教研部向老师报到的时候，老师就很和蔼地告诉我，为了讲好课，我得先到中文系去做辅导员。

我当时并不理解，自己是来当教师的，为什么要去做辅导员工作呢？老师说："如果你想讲好思想政治理论课，就必须去一线做一次辅导员，因为只有这样才能深入了解和认识教育对象。"老师亲自将我送回我毕业的中文系，中文系时任副书记胡亏生老师安排我担任93级汉语言文学专业60名学生的辅导员。正是因为有了这样的经历，我从此与学生结下了不解之缘，这不仅涵养了我的师生情怀，还培育了我的师德和师魂。

用老师自己的话说，他是逐步意识到科研对于教学的价值的。我最初看到的老师的作品是1991年发表在《道德与文明》第1期上的《"私"辨——兼谈"自私"不是人的本性》这篇文章。后来读到的早期作品印象比较深刻的是老师主编的《德育主体论》和独著的《学会自尊》，现在都通过整理收录在文集中。和所有的学者一样，老师从事科研也是慢慢起步的，后来的不断拓展和丰富都源于多年的教学实践。教学实践中遇到的问题逐步启发了老师的问题意识，从而铸就了他"崇尚'问题教学'和'问题研究'的心志和信仰"。与一般学者不同的是，老师从事科研后就没有停下过脚步，做科研不是为了职称评审而敷衍了事，而是为了把工作做得更好，不断深入和拓展研究的领域，直至不得不停下手中的笔。老师的收官之作是发表在国内一流期刊《思想理论教育导刊》2019年第2期上的《"以学生为本"还是"以育人为本"——澄明新时代高校思想政治教育的学理基础》这篇文章。前后两百多篇著述，为了学生，围绕学生，也诠释了老师潜心科研的心路历程。因为他发现，"能够令学子信服和接受的道德知识和理论其实多不在书本结论，而在科学的方法论，引导学子学会科学认识和把握道德现象世界的真实问题，才是伦理学教学和道德教育的真谛所在。"也正是这个发现，成为老师一生勤耕的动力，坚实的脚步完美注解了"全国百名优秀德育工作者"的荣誉称号。

三

一个人在学术领域站住脚并产生一定的学术影响力，大约需要多长时间，没有人专门地研究过。但就我的老师而言，我却是真切地感受到老师在学术之路跋涉的艰辛。如今将所有的科研成果集结整理出版十卷本，三百多万字，内容主要涉及伦理学和思想政治教育两个领域，主要包括伦理学、思想政治理论、思想政治理论教育教学、辅导员工作四个方面，如此丰厚的著述令人钦佩！其中艰辛探索所积累的经验值得我们认真地总结和借鉴。总起来说，有两个研究的路向是我们可以从老师的研究历程中梳理出来的。

一是以教学中遇到的现实问题为导向，深入思考，认真研究，逐个解决。

对于一个初学者来说，科研之路从哪里开始呢？“我们不知道该写什么”这样的问题几乎所有的初学者都曾遇到过。从遇到的现实问题入手，这是我的老师首先选择的路。

从老师公开发表的论文中，我们可以清晰地看到老师在教学过程中不断思考的足迹。就老师长期教授的“大学生思想道德修养”课程来说，主要内容包括适应教育、理想教育、爱国主义教育、人生观教育、价值观教育和道德观教育六个部分。从老师公开发表的论文看，可以比较清晰地看出老师在教学过程中的相应思考。老师在1997年《中国高教研究》第1期发表《大学新生适应教育研究》一文，从大学生到校后遇到的生活、学习、交往、心理四个方面的问题入手，提出针对性的对策，回应教学中面对的大学新生适应教育问题。针对大学生的理想教育，老师在1998年《安徽师大学报》（哲学社会科学版）第1期发表《社会主义初级阶段要重视共同理想教育》一文，直接回应高校对大学生开展理想教育应注意的核心问题。爱国主义教育如何开展？老师早在1994年就在《安徽师大学报》（哲学社会科学版）第4期发表《陶行知的爱国思想述论》一文，通过讨论陶行知先生的爱国思想为课堂教学中的爱国主义教育提供参考。而关于道德教育，老师的思考不仅深入而且全面，这也是老师能够在国内伦理学界占有一席之地的基础。对学生进行道德教育是“大学生思想道德修养”这门课程的主要内容之一，也是伦理学的主要话题。教材用宏大叙事的方式，简约而宏阔地将中华民族几千年的道德样态描述出来，从理论的角度对道德的原则和要求进行了粗略的论述，而这些与大学生的现实需要有较大距离。为了把课讲好，老师就结合实际经验，逐步进行理论思考。从1987年开始，先后发表了《我国古代德智思想概观》（《上饶师专学报》社会科学版1987年第3期）、《略论坚持物质利益原则与提倡道德原则的统一》（《淮北煤师院学报》社会科学版1987年第3期）、《“私”辨——兼谈“自私”不是人的本性》（《道德与文明》1991年第1期）、《中国早期的公私观念》（《甘肃社会科学》1996年第4期）、《论反对个人主义》（《江淮论坛》1996年第6期）、《怎样看“中国集体主义”？——与陈桐生先生商榷》（《现代哲学》2000年第4期）、《关于坚持集体主义的几个基本理论认识问题》（《当代世界与社会主义》2004年第5期）。这七篇论文的发表，为老师讲好道德问题奠定了厚实的基础。正如老师在他的《“做学问”要有问题意识——兼谈高校辅导员的人生成长》（《高校辅导员学刊》2010年第1期）一文中所说的那样：“带着问题意识，在认识问题中提升自己的思维品质，丰富自己的知识宝库，在解决问题中培育自己的实践智慧，提升自己的实践能力，是一切民族（社会）和人成长与成功的实际轨迹，也是人类不断走向文明进步的基本经验（包括人生经验）。”正是因为这种强烈的问题意识，成就了老师在伦理学和思想政治教育两个领域的地位，也给予所有学人一条宝贵经验——工作从哪里开始，科研就从哪里起步。

二是以生活中遇到的社会问题为导向，整体谋划，潜心研究，逐步展开。

管理学之父彼得·德鲁克说：“人们都是根据自己设定的目标和要求成长起来的，知识工作者更是如此。”根据德鲁克的认识指向，目前高校的教师群体大致可以划分为三类：一类是主动设定人生奋斗目标的人，他们大多年纪轻轻就能在自己从事的学科领域崭露头角建树不凡；一类是在前进中逐步设定目标的人，他们虽然起步慢，但一直在跋涉，多见于大器晚成者；还有一类是基本没有什么目标，总是跟随大家一道前进的人。从人生奋斗的轨迹看，我的老师应该属于第二类人群。从他公开发表的科研成果的时间看，这一点毋庸置疑。从科研成果所涉及的研究领域看，这一点也是十分明显的。这种逐步设定人生目标的奋斗历程，对于普通大众来说具有可借鉴性，对于后学者而言更具有学习价值。

老师在逐步解决教学实际问题的过程中，渐渐地开始着迷于社会道德问题研究。20世纪末，我国正处于改革开放初期，东西方文明交融互鉴的过程中，在没有现成经验的条件下，难免会出现一些“失范”现象。当时的道德建设在社会主义市场经济建设的大背景下到底是处于“爬坡”还是“滑坡”的状态，处在象牙塔中的高校学子该如何面对社会道德变化的现实，诸如此类的问题，都成为老师在教学过程中主动思考的内容，并且逐步形成了自己独特的科研方向和领域。这一点，我们可以通过老师先后完成的三项国家社科基金项目来识读老师科研取得成功的清晰路径。

其一，中国道德国情研究。社会主义市场经济建设新时期如何进行道德建设？老师积极参与了当时的大讨论。他认为，我国当前道德生活中存在着不少问题，其原因是中华民族传统道德与“新”道德观念的融合与冲突同时存在，纠葛难辨。存在这些问题是社会转型时期的必然现象，是由道德的历史继承性特征及中国的国情决定的。《论我国当前道德建设面临的问题》（《北京大学学报》哲学社会科学版1997年第6期）一文明确提出：解决问题的根本途径是建设有中国特色的社会主义道德体系。《国民道德建设简论》（《安庆师院社会科学学报》1998年第4期）一文进一步提出：国民道德建设当前应着重抓好儿童和青少年的学业道德的养成教育，克服夸夸其谈之弊；抓紧职业道德建设，尤其是以“做官”为业的干部道德教育；抓紧伦理制度建设，建立道德准则的检查与监督制度。接着，《五种公私观与社会主义初级阶段的道德建设》（《安徽师范大学学报》人文社会科学版1999年第1期）一文提出：当前的道德建设应当把倡导先公后私、公私兼顾作为常抓不懈的中心任务。做了这些之后，老师还觉得不够，认为这条路径最终可能会导致“公说公有理，婆说婆有理”，并不能为当时的道德建设提供有益的参考。受毛泽东思想的深刻影响，他认为只有通过调查研究，实事求是，一切从实际出发，才能找到合适的道德建设的路径。于是，他在已经获得的研究成果的基础上，提出了中国道德国情研究的思路，并深刻指出，我们只有像党的领袖当年指导革命战争和在新时期指导社会主义现代化建设那样，从研究中国道德国情的实际出发，才能把握中国道德的整体状况，提出当代中国道德建设的基本方案。几乎就是从这里开始，老师的科研成果呈现出一个新特点，不再是以前那样一篇一篇地写，一个问题一个问题地提出和解决，而是以"问题束"的形式出现，就像老师日常告诉我们的那样，"一发就是一梭子"。这"第一梭子"，"发射"在世纪之交的2000年，老师一口气发表了《"道德中心主义"之我见——兼与易杰雄教授商榷》（《阜阳师范学院学报》社会科学版2000年第1期）、《道德国情论纲》（《安徽师范大学学报》人文社会科学版2000年第1期）、《中国传统道德的双重价值结构》（《安徽大学学报》哲学社会科学版2000年第2期）、《关于中国法治的几个认识问题》（《淮北煤师院学报》哲学社会科学版2000年第2期）、《中国传统道德的制度化特质及其意义》（《安徽农业大学学报》社会科学版2000年第2期）、《偏差究竟在哪里？——与夏业良先生商榷》（《淮南工业学院学报》社会科学版2000年第3期）、《"德治"平议》（《道德与文明》2000年第6期）七篇科研论文。紧接着在后面的五年，老师又先后公开发表近20篇相关的研究论文，从不同角度讨论新时期道德建设问题。

其二，道德悖论现象研究。老师笔耕不辍，在享受这种乐趣的同时，也很快找到了第二个重要的"问题束"的线索——道德悖论。以《道德选择的价值判断与逻辑判断》《关于伦理道德与智慧》两篇文章为起点，老师正式开启了道德悖论现象的研究之路。有了第一次获批国家社科基金项目的经验，这一次，老师不再是一个人单干，而是带着一个团队一起干。他将身边的同仁和自己的研究生聚集起来，相互交流切磋，相互砥砺奋进，从道德悖论现象的基本理论、中国伦理思想史上的道德悖论问题、西方伦理思想史上的道德悖论问题、应用伦理学视野内的道德悖论问题四个方向或层面展开，各个成员争相努力，研究成果陆续问世，一度出现"井喷”态势。到项目结项时，围绕道德悖论现象，团队成员公开发表论文四十多篇，现在部分被收录在文集第四卷中。

这一次，老师也不再是“摸着石头过河”，而是直面问题：“悖论是一种特殊的矛盾，道德悖论是悖论的一个特殊领域。所谓道德悖论，就是这样的一种自相矛盾，它反映的是一个道德行为选择和道德价值实现的结果同时出现善与恶两种截然不同的特殊情况。”他明确地指出，自古以来，中国人对道德悖论普遍存在的事实及道德进步其实是社会和人走出道德悖论的结果这一客观规律，缺乏理性自觉，没有形成关于道德悖论的普遍意识和认知系统，伦理思维和道德建设的话语系统中缺乏道德悖论的概念，社会至今没有建立起分析和排解道德悖论的机制。因此，研究和阐明道德悖论的一些基本问题，对于认清当代中国社会道德失范的真实状况，促进社会和个人的道德建设，是很有必要的。老师自信满满地说：“道德悖论问题的提出及其研究的兴起，是当代中国社会改革与发展的实践对伦理思维发出的深层呼唤……是立足于真实的‘生活世界’的发现，表达了当代中国知识分子运用唯物史观审思国家和民族振兴之途所遇挑战和机遇的伦理情怀。”

从道德悖论问题的提出到现在编纂集结，已经过去十几个年头，道德悖论现象研究这一引人入胜的当代学术话题，到底研究到了什么程度呢？老师不无遗憾地说，至今还处在“提出问题”的阶段。不仅一些重要的问题只是浅尝辄止，而且还有不少处女地尚未开发。但是，老师依然充满信心，因为正如爱因斯坦所说，提出一个问题往往比解决一个问题更重要，解决一个问题也许是一个数学上的或实验上的技能而已，而提出新的问题，从新的角度去看旧的问题，却需要创造性的想象力，它标志着科学的真正进步。因此，要真正解决它，尚需有志的后学者们积极跟进，坚持不懈，不断拓展和深入。

其三，道德领域突出问题及应对研究。通过主持道德国情研究和道德悖论研究两个国家社科基金项目，老师不仅获得了丰富的科研经验，而且积累了更为厚实的学术基础。深厚的学养没有使老师感到轻松，相反，更增加了他的使命感。道德领域以及其他不同领域突出存在的道德问题，都成为老师关注的焦点。于是，通过深入的思考和打磨，“道德领域突出问题及应对”研究应运而生，并于2013年获得国家社科基金重点项目的立项。

与道德悖论问题的研究不同，“道德领域突出问题及应对”研究不仅涉及道德领域的突出问题，而且关涉不同领域存在的道德问题，所涉及的面远比道德悖论问题面广量多，单靠老师一个人来研究，显然是不能完成的。从某种程度上来说，老师是用自己敏锐的洞察力探得了一个“富矿”，并号召和带领一群有识之士来共同完成这个“富矿”的开采。因此，老师把主要精力用在了理论剖析上，先后发表了《道德领域及其突出问题的学理分析》（《成都理工大学学报》社会科学版2014年第2期）、《道德领域突出问题应对与道德哲学研究的实践转向》（《安徽师范大学学报》人文社会科学版2014年第1期）、《“基础”课应对当前道德领域突出问题的若干思考》（《思想理论教育导刊》2014年第4期）、《应对当前道德领域突出问题的唯物史观研究》（《桂海论丛》2015年第1期）四篇论文。在上述论文中，老师深刻指出：道德领域之所以会出现突出问题，首先是社会上层建筑包括观念的上层建筑还不能适应变革着的经济关系，难以在社会管理的层面为道德领域的优化和进步提供中枢环节意义的支撑；其次，在社会变革期间，新旧道德观念的矛盾和冲突使得社会道德心理变得极为复杂，在道德评价和舆论环境领域出现令人困惑的“说不清道不明”的复杂情况。正因为如此，社会道德要求和道德活动因为整个上层建筑建设的滞后而处于缺失甚至缺位的状态。老师认为，当前我国道德领域存在的突出问题大体上可以梳理为：道德调节领域，存在以诚信缺失为主要表征的行为失范的突出问题；道德建设领域，存在状态疲软和功能弱化的突出问题；道德认知领域，存在信念淡化和信心缺失的突出问题；道德理论研究领域，存在脱离中国道德国情与道德实践的突出问题。对此必须高度重视，采取视而不见或避重就轻的态度是错误的，采用“次要”或“支流”的套语加以搪塞的方法也是不可取的。

事实上，老师对存在突出问题的四类道德领域的划分，也是对整个研究项目的整体设计和谋划。相关方面的研究则由老师指导，弟子和课题组其他成员共同努力，从不同侧面对不同领域应对道德突出问题深入地加以研究。相关的理论和成果都被整理收录在文集中，展示了道德领域突出问题及应对研究对于道德建设、道德教育、道德智慧等方面的潜在贡献。

四

回过头来看，从道德国情到道德悖论，再到道德领域的突出问题及应对，三项国家社科基金项目的确立和结项，不仅彰显了老师厚实的科研功底，更是全面地呈现出老师作为一名教育工作者所具有的深厚学养。如果我们把老师所有的教科研项目比作群山，那么，三项国家社科基金项目则是群山中的三座高山，道德领域突出问题及应对研究无疑是群山中的最高峰。如此恢弘的科研成果，如此丰富的科研经验，对于后学者来说，值得认真学习和借鉴。

从选题的方向看，要有准确的立足点并坚持如一。老师一直关注现实的社会道德问题，即使是偶尔涉及一些其他方面的问题，也都是从道德建设、道德教育或道德智慧的视角来审视它们。这一稳定的立足点，既给自己的研究奠定了基础，也为研究的拓展指明了方向。老师确立了道德研究的方向，就仿佛有了自己从事科研的“定海神针”，从此坚持不懈，即使是退休也没有停下来。因为方向在前，便风雨兼程，终成巨著。正如荀子曰：“蚓无爪牙之利，筋骨之强，上食埃土，下饮黄泉，用心一也。”

从选题的方法看，从基础工作开始再逐步拓展，做好整体谋划。如果说道德国情研究是对当时国家道德状况的整体了解，那么，道德悖论研究则是抓住一个点，通过“解剖麻雀”的方式来认识道德的现状并提出应对策略。而“道德领域突出问题及应对”研究，则是从道德悖论的一点拓展到道德领域所有突出的问题。这种从面到点再到面的研究路径，清晰地呈现出老师在研究之初的精心策划、顶层设计。这种整体设计的方略对于科研选题具有很高的借鉴价值：不是“打洞”式地寻找目标，而是通过对某一个领域进行整体把握——道德国情研究不仅帮助老师了解了当时的社会道德样态，也为他后面的选择指明了方向；然后再找到突破口——道德悖论研究从道德领域的一个看似不起眼却与每个人都十分熟悉的生活体验入手，通过认真细致的分析、深入肌理的讨论，极好地训练了团队成员科研的功力；再进行深入的拓展式研究——“道德领域突出问题及应对”研究，从整体谋划顶层设计的高度探得道德领域研究的富矿，在培养团队成员、襄助后学方面，呈现出极好的训练方式。这种做法对于一个初学者来说值得借鉴，对于一个正在科研路上的人来说也值得参考。

或许是因为自己如今也已经年过半百，我时常回忆起大二时与老师相识的场景，觉得人生的相识可能就是某种缘分使然。如果当初没有老师的引领，我现在大概在某所农村中学从事语文教学工作，无论如何也不可能成为一名高校思想政治教育工作者。而每一次回望，我都会看到老师的身影，常常有“仰之弥高，钻之弥坚，瞻之在前，忽焉在后”之感。越是努力追赶，越是觉得自己心力不济，唯有孜孜不辍，永不停步，可能才会成就一二，诚惶诚恐地站在老师所确立的群峰之旁，栽下几株嫩绿，留下一片阴凉。

万语千言，言不尽意，衷心祝福我的老师。

是为序。

路丙辉

二〇二二年八月于芜湖

目　录

第一编　热点问题探讨

第一编　热点问题探讨

陶行知教育伦理思想述要*

伟大的人民教育家陶行知，在其毕生致力于改革旧中国教育的理论研究和实验研究中，时常论及道德问题，认为“道德是做人的根本。根本一坏，纵然使你有一些学问和本领，也无甚用处”[①]。由此阐发了关于道德问题的一系列见解和主张，形成了他的教育伦理思想。

一、要树立正确的公私观念

自从私有制出现以来，如何看待公与私的关系问题就一直是人们道德生活的主题，也是伦理学关注的基本内容。陶行知在发表的演讲和论著中，时常谈到公与私的关系问题，要求师生树立正确的公私观念。他的公私观的基本内容，可以概括为三点。

第一，要公私分明。这是陶行知在处理公共财产与个人财产的关系方面所提出的道德准则。他说：“凡是公共团体必须有公共财产，方能实现他的公共生活，举办他的公共事业。”[②]他所说的公有财产，主要是指学校里公用的教学、生活和办公用品，公园的花草树木，祖国的名胜古迹等。

---

* 原载《道德与文明》1991年第5期。

①《陶行知全集》第3卷，长沙：湖南教育出版社1985年版，第471页。

②《陶行知全集》第1卷，长沙：湖南教育出版社1984年版，第610页。

他认为，公物与私物是绝对不能相混杂的，“公私之间应当划条鸿沟，绝对隔离，不使他有毫厘之交通”，如果“私帐混入公帐，公帐混入私帐，就是混帐”。他希望“公民不但自己不混帐，并且要反对一切混帐的人”，要求师生敢于向公私不分的混帐作斗争。他主张公私分明的目的，是要进一步引导师生“尊重公有财产”。他在《尊重公有财产》一文中，对当时学生中存在的“对于公物不加爱惜”“公物比私物容易损坏”的不良现象提出了批评，“公园的花木随意乱折。图书馆的书随意乱翻。还有人希望流芳百世，到处题名，以至名胜都被糟蹋。学生出外旅行的时候尤其容易犯这个毛病”[①]，要求学生养成爱护公物的良好习惯。

第二，要群己相益。这是陶行知在处理个人发展需要与社会集体发展需要的关系方面所提出的道德准则。陶行知对利己主义深恶痛绝，坚决反对那种“为个人而活”“为个人而死”“为名利拼命”“有祸别人当，有福自己享”的利己主义的个人发展观[②]。他称“自私”“自利”为“一对妖怪”，其危害在于“造成了中华民族的大失败”[③]。当时有些青年知识分子对“增进大众福利”不热心，对中华民族的前途失去信心，悲观失望，抱怨不迭，用放荡不羁的所谓“自由生活”来寻求“自我解脱”。陶行知对此感到很痛心，尖锐地指出：“放荡不是自由，因为放荡的人是做了私欲嗜好的奴隶而不能自拔。一个人若做了私欲嗜好的奴隶便失掉自由。”[④]但是，陶行知对个人正当的自由发展和追求却给予了充分肯定，他曾明确表示：“我们承认欲望的力量，我们不应放纵他们，也不应闭塞他们。我们不应让他们陷溺，也不应让他们枯槁”，因此，“欲望有遂达的必要，也有整理的必要”。基于这种看法，他提出了“群己相益”的道德主张。他说：“如何可以使学生的欲望在群己相益的途径上行走，是我们最关心的一个问题。”[⑤]不难看出，所谓“群己相益”，就是在处理个人与集体两种发展

①《陶行知全集》第1卷，长沙：湖南教育出版社1984年版，第611—612页。

②《陶行知全集》第4卷，长沙：湖南教育出版社1985年版，第351—353页。

③《陶行知全集》第4卷，长沙：湖南教育出版社1985年版，第234页。

④《陶行知全集》第2卷，长沙：湖南教育出版社1985年版，第429—430页。

⑤《陶行知全集》第1卷，长沙：湖南教育出版社1984年版，第501—502页。

需要的关系时，要让双方各得其所，共同进步，这与我们今天倡导的“统筹兼顾”是相通的。

第三，要以“天下为公”。这是陶行知在处理公与私的关系问题上所提出的道德理想，也是他一生奋力进行教育改革的基本出发点。他所说的“天下”，指的是中华民族乃至全人类，所谓以“天下为公”，就是要让最广大的人民群众当家作主，能够“做自己”的主人，做政府的主人。他在不少文章和诗歌中都把“天下为公”与“人民第一”作为同等含义的主张加以阐述。从这一点来看，他的“天下为公”的主张，与中国共产党人的社会理想是颇为接近的。

要实现“天下为公”，首先要破除“知识私有”的旧观念，确立“教育为公”“文化为公”的新思想。他认为，“天下为公”与“教育为公”是一致的，师生应当把“教育为公”“文化为公”奉为自己的天职，看成自己具备的“大德”①。为此，他常告诫师生不要做自私自利的“守知奴”，而要乐于把所学到的知识诚恳地献给人民群众。其次要克服“无政府脾气”，实行严格的纪律。他在《介绍一件大事——致大学生》中说：“我们民族最大的病根，是数千年传下来的无政府脾气！那凿井而饮、耕田而食的农民，连团体里都充满了这种脾气”，其危害在于造成“一盘散沙”，而“一盘散沙之民族断难幸存”。这种“无政府脾气”师生中也存在。必须实行“团体行动纪律化”，这样才可以为大众谋幸福②。再次要反对小团体主义。陶行知认为，小团体主义的思想和情绪与“天下为公”的理想是格格不入的，必须与之作不懈的斗争。而要如此，就必须培养“大集体”意识。在他看来，小团体只有成为“大集体”的“单位”，才不致孤立，才能发挥效力，才有意义。“天下为公”的理想只有依赖于“大集体”的“共同立法，共同遵守，共同实行，才不致成为乌托邦的幻想”③。

陶行知的公私观有两个明显特点。一是根据公私关系的不同内容和形

①《陶行知全集》第3卷，长沙：湖南教育出版社1985年版，第511页。
②《陶行知全集》第5卷，长沙：湖南教育出版社1985年版，第220页。
③《陶行知全集》第3卷，长沙：湖南教育出版社1985年版，第378页。

式，提出不同的道德主张，由低到高，层次分明。二是具有时代性和阶级性特征。他在《是非》一文中，曾把“是”与“非”的标准归结为是否出于公心，归结为对人民大众的态度，说：“公者是，不公者非。增进大众福利者是；损害大众福利者非。大众福利与小集团福利冲突时，拥护大众福利者是；拥护小集团福利者非。”[①]并明确指出：“是非之判断大都含有时代性，地域性，阶级性。一时代有一时代之‘是非’，一地域有一地域之‘是非’，一阶级有一阶级之‘是非’。”[②]

二、要确立“人中人”的人格标准

人生在世应做什么样的人。这是一个人格标准问题，也是伦理学研究历来关注的一个重要方面。陶行知倡导的人格标准是“人中人”，认为做“人中人”是做人的“指南针”。他在《如何使幼稚教育普及》中说：“我们应当知道民国只有人中人，没有人上人，也就没有人下人。”[③]所谓“人上人”，就是做坏事、吃好饭，骑在人民大众头上作威作福的剥削者和压迫者；而“人下人”就是身受压迫和剥削而不知觉悟，为奴性所窒息失去独立人格的穷苦人。在陶先生看来，位卑并不可卑，可悲的是位卑而丧志，仰人鼻息，甘做“人下人”。

可见，做“人中人”，也就是做老百姓当中的人。“人中人”应当具备哪几方面的人格标准呢？陶行知认为最重要的有两条。

一是要有眼睛向下，“钻进老百姓的队伍里去”，与他们打成一片，拜老百姓为师的精神。陶行知少儿时期是在他的家乡——安徽歙县农村度过的，此后虽相继求学于异乡他国，但仍与农村保持着密切的联系。他对“农村破产无日，破于帝国主义，破于贪官污吏，破于苛捐杂税，破于鸦片烟，破于婚丧不易”的悲惨境况[④]，对于“富人一口棺，穷人一堂屋；

①《陶行知全集》第2卷，长沙：湖南教育出版社1985年版，第459页。

②《陶行知全集》第2卷，长沙：湖南教育出版社1985年版，第459页。

③《陶行知全集》第2卷，长沙：湖南教育出版社1985年版，第81页。

④《陶行知全集》第4卷，长沙：湖南教育出版社1985年版，第234页。

讨得死人欢，忘却活人哭”的不平人生[①]，感受深切，自幼便养成了同情、关心农民的高尚品格。在他看来，中国能否富强振兴要看农村的落后面貌是否得到大的改变。他说：“我们最伟大的老师是老百姓。我们最要紧的是跟老百姓学习。我们要叫老百姓教导我们如何为他们服务。我们要钻进老百姓的队伍里去和老百姓共患难，彻底知道老百姓所要除的是什么痛苦，所要造的是什么幸福。”[②]因此，那些瞧不起老百姓，爱在老百姓面前拿腔作调、摆臭架子的人，是不配做“人中人”的。

二是要具备“摇不动”的“国人气节”。他在《南京安徽公学创学旨趣》中说：“做人中人的道理很多，最要紧的是‘富贵不能淫，贫贱不能移，威武不能屈’。这种精神，必须有独立的意志，独立的思想，独立的生计和耐劳的筋骨，耐饿的体肤，耐困乏的身，去做他摇不动的基础。”[③]他称这种品格为最要紧的“国人气节”，认为要做“人中人”，就必须有这种气节。陶先生本人正是具备了这种人格特征的伟大战士。他一生坎坷，从不为高官厚禄引诱，也不畏恶势力的诬陷和迫害，置生死于度外，矢志不渝地追求他所开创的事业。国民党反动派杀害了李公朴、闻一多之后，又加紧了对其他爱国民主志士的迫害，陶行知大义凛然地对师生说他准备“挨第三枪”。1946年7月16日，他给育才学校写了《最后一封信——致育才学校全体师生》，号召师生不畏强暴、坚持斗争，保持“摇不动”的“国人气节”[④]。

“人中人”，也是陶行知一贯坚持的德育培养目标。当时有人对他创办育才学校存有疑虑，担心他是要将一帮聪明的穷人家的孩子培养出来升官发财，做“人上人”。陶行知在《育才学校创办旨趣》中郑重申明，育才学校不是培养人上人，“有人误会以为我们要在这里造就一些人出来升官发财，跨在他人之上，这是不对的。我们的孩子们都从老百姓中来，他们还是要回到老百姓中去……为老百姓造福利；他们都是受着国家民族的教

---

①《陶行知全集》第5卷，长沙：湖南教育出版社1985年版，第278页。

②《陶行知全集》第3卷，长沙：湖南教育出版社1985年版，第598页。

③《陶行知全集》第1卷，长沙：湖南教育出版社1984年版，第502页。

④《陶行知全集》第5卷，长沙：湖南教育出版社1985年版，第964—965页。

养，要以他们学得的东西贡献给整个国家民族，为整个国家民族谋幸福；他们是在世界中呼吸，要以他们学得的东西帮助改造世界，为整个人类谋利益”[①]。这里需要说明，陶行知要求学生做“人中人”，不要做为个人升官发财、欺压百姓的“人上人”，却并不反对学生做“官”。他认为，做“官”与做“人中人”是可以一致起来的。旧学校培养出来的旧官吏是“吃农人、工人血汗”的“人上人”。他所推行的“生活教育”，却可以培养出这样的“官”来，身在工农大众之中又可代表工农大众，教工农大众做主人的“人中人”而不是“人上人”，因此，做“官”与做“人中人”本来就不一定是矛盾的。他说：“做官并不坏，但只要能够服侍农人、工人就是好的。”[②]陶行知还认为，做“人中人”与做“自主的人”也是不矛盾的。他把自主自立精神看成是“人中人”不可或缺的人格因素。在晓庄师范时，他写了一首著名的《自立立人歌》：“滴自己的汗，吃自己的饭，自己的事自己干。靠人、靠天、靠祖上，不算是好汉。”[③]他在《晓庄三岁敬告同志书》中又指出：“我们所求的自立便是这首歌所指示的。但是自立不是孤高，不是自扫门前雪。我们不但是一个人，并且是一个人中人。”[④]这些思想即使在今天看来也是深刻的。

三、要实行“注重自治”的德育原则

陶行知的德育原则，可以一言以蔽之：注重自治。他在《学生自治问题之研究》中提出学校教育应坚持三项原则：“智育注重自学”“体育注重自强”“德育注重自治”。所谓德育自治，从学生方面来说不是想怎么干就怎么干，“不是和学校宣布独立”，而是“学生结起团体来，大家学习自己管理自己”；从学校方面来说，不是让学生放任自流，而是“为学生预备

---

①《陶行知全集》第3卷，长沙：湖南教育出版社1985年版，第379页。

②《陶行知全集》第2卷，长沙：湖南教育出版社1985年版，第734页。

③《陶行知全集》第4卷，长沙：湖南教育出版社1985年版，第266页。

④《陶行知全集》第2卷，长沙：湖南教育出版社1985年版，第212—213页。

种种机会，使学生能够大家组织起来，养成他们自己管理自己的能力”[①]。陶行知强调指出，德育自治是培养学生社会责任感、主动精神和集体生活能力的根本途径，因此，自治是一种“真正的人格教育”，“自治是一种人生的美术”[②]。

要实行德育自治，最重要的是帮助学生彻底清除“被治”的封建意识，科学地认识自治的重要性。他说：“专制国所需要的公民，是要他们有被治的习惯”，“一国当中，人民情愿被治，尚可以苟安；人民能够自治，就可以太平；那最危险的国家，就是人民既不愿被治，又不能自治。所以当这渴望自由的时候，最需要的是给他们种种机会得些自治的能力，使他们自由的欲望可以自己约束”[③]。

要实行德育自治，首先，在实践上要注意把智育与德育结合起来。他认为，使智育与德育分家，“教知识的不管品行，管品行的不学无术”，这是学校教育中“最不幸的事体”，要实行德育自治，就必须坚决克服这种实践上的“二元论”[④]，即我们今天所说的“两张皮”现象，实现智育与德育的有机统一。其次，教师要帮助学生实行自治。他指出，教师在德育方面的作用在于“指导学生修养他们的品格”，有的教师“惯用种种方法去找学生的错处。学生是犯过的，他们是记过的。他们和学生是两个阶级，在两个世界里活着”。他认为，这种情况的存在是学校教育中“第二个不幸的事体”[⑤]，教师要改变作风，“与学生共生活，共甘苦，做他们的朋友，帮助学生在积极活动上行走”。同时，还要学会“运用同学去感化同学，运用朋友去感化朋友”[⑥]。这样，就可以在师生之间建立“相亲相爱的关系”，在全校之中实现“真正的精神交通”[⑦]，为实行德育自治，创造一个良好的师生关系环境。再次，学生要自觉进行道德修养。道德修养

①《陶行知全集》第1卷，长沙：湖南教育出版社1984年版，第132—133页。
②《陶行知全集》第1卷，长沙：湖南教育出版社1984年版，第141页。
③《陶行知全集》第1卷，长沙：湖南教育出版社1984年版，第133页。
④《陶行知全集》第1卷，长沙：湖南教育出版社1984年版，第623页。
⑤《陶行知全集》第1卷，长沙：湖南教育出版社1984年版，第622页。
⑥《陶行知全集》第1卷，长沙：湖南教育出版社1984年版，第623页。
⑦《陶行知全集》第1卷，长沙：湖南教育出版社1984年版，第500页。

是在道德上进行自我教育的形式，也是搞好德育自治的根本。陶行知劝诫师生要每日反身自问："我的道德有没有进步?"要求师生都来修筑自己的"人格长城"。因为"人格长城"的基础就是道德，所以必须注意道德修养[①]。道德修养的目的在于提高道德认识，使自己能够在一举一动之前就作出有关"善恶、是非、曲直、公私、义利"之类"最明白的判断"，这样才能使自己的行为适应自治的要求[②]。

综上所述可以看出，陶行知的教育伦理思想是相当丰富的。今天，研究陶行知的教育伦理思想，对于推动中国现代伦理思想史的研究，促进社会主义精神文明建设，特别是加强和改进学校的德育工作，很有意义。

①《陶行知全集》第3卷，长沙：湖南教育出版社1985年版，第471—472页。

②《陶行知全集》第1卷，长沙：湖南教育出版社1984年版，第623页。

陶行知的爱国思想述论*

最近中共中央批准发表了中宣部拟定的《爱国主义教育实施纲要》，这是我国社会主义精神文明建设中的一件大事。纲要指出："中华民族是富有爱国主义光荣传统的伟大民族。爱国主义是动员和鼓舞中国人民团结奋斗的一面旗帜，是推动我国社会历史前进的巨大力量，是各族人民共同的精神支柱。"在我国悠久的历史上，曾涌现过无数的著名爱国者，伟大的人民教育家陶行知，就是其中的杰出代表之一。

爱国，是每个国民应尽的责任和义务。早在1924年，陶行知在给吴立邦小朋友的信中就指出："凡是脚站中国土地，嘴吃中国五谷，身穿中国衣服的，无论男女老少，都应当爱中国。"[①]他告诫国人，不爱国，是要做亡国奴的，因为"凡国家都有人爱，我们不爱国家，或者爱的不深，外国人就要代我们爱了"[②]。因此，应当注意爱国主义教育，使国民具有强烈的"国家观念"和"爱国心"。他将此看得十分重要，认为："一国的存亡，看国民有爱国的心没有。有了爱国心，虽亡必存；没有爱国心，虽存必亡。"[③]1924年，他建议《平民周刊》将"大事记"栏目改为"国家大

* 原载《安徽师范大学学报》(人文社会科学版)1994年第4期，收录此处时内容有调整。

①《陶行知全集》第8卷，长沙：湖南教育出版社1985年版，第54页。

②《陶行知全集》第1卷，长沙：湖南教育出版社1984年版，第233页。

③《陶行知全集》第1卷，长沙：湖南教育出版社1984年版，第233页。

事”，希望借此“发挥平民精神，培植国家观念”[1]。在陶行知看来，要培养“国家观念”和“爱国心”，就必须批评和克服个人主义和利己主义思想，因为“爱国的心与利己的心互为消长：利己的心长，那爱国的心消；要爱国的心长，非除去利己心不行，非具真确的牺牲心不能去”[2]。他把是否爱国，看成评价个人德行的最高标准。他高度赞扬沈钧儒等爱国志士为了国家和人民的利益英勇奋斗的高贵品格，称他们为道德的楷模。面对日寇的侵略，他热切地希望全体中国人都能自觉克服自私自利的个人主义思想，真心实意地去爱国。他在《爱国歌》中写道：“四万万人的中华，四万万人的国家，四万万人一心一意的爱他！”[3]

爱国，必须与爱广大劳动人民结合起来。陶行知一生致力于革新中国教育，宣传和实践他的“生活教育”思想，为此他放弃了许多个人升迁发财的机会，历尽千辛万苦，这正是从热爱中华民族、热爱祖国最广大的人民群众出发的。他认为，人民是国家社稷的根本，每个知识分子，每个有权有势的人，都应当树立“人民第一，一切为人民”[4]的思想，尽心尽力为人民谋利益，而不应当轻视人民，更不应骑在人民头上作威作福。在《生存圈边》这篇文章中，他把社会比作一个生存圈，有权有势的人居中，边沿则是为数众多的劳苦大众。他认为自己本来也可以居中的，可他放弃了，情愿做一个“圈边”的人。而且，他很瞧不起一次就买72件裘皮衣的康有为，说这代表了一个想做生存圈心人的野心。陶行知对处在“生存圈边”上的劳苦大众十分同情，他常到当铺门口看那些典当衣物的穷苦人，有次看到一位典当衣物的老太太和她的孩子们的时候，悲愤地写道：“这位老太太和她的孩子们，是在生存圈边挣扎，一失脚便要跌到坟墓里去了，在那生存圈心过舒服生活的人们，已否感觉到这人间的不平？”[5]陶行知一生写了许多热情洋溢的诗歌，其中绝大多数是表达他对祖国和人民

①《陶行知全集》第5卷，长沙：湖南教育出版社1985年版，第102页。
②《陶行知全集》第1卷，长沙：湖南教育出版社1985年版，第234页。
③《陶行知全集》第5卷，长沙：湖南教育出版社1985年版，第33页。
④《陶行知全集》第4卷，长沙：湖南教育出版社1985年版，第632页。
⑤《陶行知全集》第2卷，长沙：湖南教育出版社1985年版，第431—432页。

的挚爱之情的。如他在《民之所好三首》中写道："民之所好好之，民之所恶恶之。教人民进步者，拜人民为教师。民之所好好之，民之所恶恶之。为人民服务者，亲民庶几无疵。民之所好好之，民之所恶恶之。为人民奋斗者，血写人民史诗。"[①]在《敬赠政治协商会议代表》中写道："民之所好好之，民之所恶恶之。为人民代表者，不许天下为私。"[②]在挽孙中山时写道："生为民有，死作国魂。"[③]这副挽联实际上也是他爱国爱民思想的内心独白。

爱国，还要爱护公共财物。陶行知认为，公共财物是国家和集体赖以生存和发展的基础，国民应当倍加爱惜。他认为国民对待公物常有三种态度："不可取""不敢取""不愿取"。"不可取"即"取不到"，此乃财会人员履行职责的结果。"不敢取"乃国家"刑法之事" 使然。"不愿取"，是道德教育所产生的一种自觉精神。陶行知说，唯有"不愿取之精神"最可贵，"一个人爱国不爱国，只须看他对于公有财产之态度，只须看他对于公有财产有没有不愿取之精神"[④]。因此，加强爱护公物的道德教育是十分必要的。

爱国，就应坚决维护国格。陶行知对一个人是否具有民族自尊心和国格十分看重，认为这关系到一个民族在国际生活中的形象和地位。他在《全面抗战与全面教育》中举例说："在美国，日本军阀的代表单独讲话是得不到群众。中国人在什么地方都可以说话，什么地方都受人欢迎。在'八·一三'以后，他们都很喜欢听国人演讲。他们因中国群起抗战，中国有'国格'了。"[⑤]陶行知主张，在中华民族面临外敌入侵时，中国人在外国人面前，都应当"争气""加强团结""能够站起来"[⑥]。他为新安小学儿童旅行团拟定的参观路线，第一条为日寇侵华路线，第二条为日寇实

①《陶行知全集》第6卷，长沙：湖南教育出版社1985年版，第698页。
②《陶行知全集》第4卷，长沙：湖南教育出版社1985年版，第704—705页。
③《陶行知全集》第7卷，长沙：湖南教育出版社1985年版，第1169页。
④《陶行知全集》第2卷，长沙：湖南教育出版社1985年版，第306页。
⑤《陶行知全集》第4卷，长沙：湖南教育出版社1985年版，第323页。
⑥《陶行知全集》第4卷，长沙：湖南教育出版社1985年版，第285页。

施暴行留下罪证的路线，以此教育儿童莫忘国耻[①]。他在《车夫老王》中记述了这样一件事："一个外国水手坐车。明明说的是两毛钱，水手只给一毛。车夫不服，所以喊他补给。水手要走，车夫拉着他不放。水手回过头来就给车夫一个耳光。别的车夫和走路的人都愤愤不平，同声喊'打！'那车夫说：'许多人打一个，不算好汉，让我一个子和他干！'话才说了，一拳打去，水手倒在地下……水手不得已，给了他一个双角子。"陶行知见此情景，伸出大拇指向车夫致敬说："您不愧为车夫大王。"[②]当时中国驻旧金山领事馆揭露了日本船只伪装成中国船只到美国运碎铁回去造杀人武器的罪恶行径，陶行知闻后甚为高兴，说这是为外交官们树立了"新榜样"[③]。相反，陶行知将历史上的秦桧和当代的出卖民族利益的"汉奸"汪精卫之流，视为粪土，恨之入骨。他在《除夕除秦桧》一诗中写道："自从沈阳事变，秦桧便已出现。忸忸怩怩，到如今方才露面，从今后，没有人再受他骗。"[④]陶行知认为，知识分子更应当具有民族自尊心和国格品性，真正的科学家要追求科学的真理，拿着科学的火把引导人们走向文明和进步。他称那种运用科学为个人或帝国主义争权夺利，甚至杀人身体灭人国家也毫不顾忌的科学家为"科学强盗""科学走狗""科学刽子手"，主张对他们进行"重新评价"。二战期间，世界闻名的无线电发明家马可尼曾帮助墨索里尼利用科学杀人，此人来中国访问时有位青年以能与他见一面、握握手为荣耀，并劝陶行知也去见见他。陶行知不仅断然拒绝，而且告诫那位青年不可学马可尼。陶行知青年时代曾留学美国，抗日战争期间曾周游26国，宣传中国的抗战，号召世界人民共同抵抗法西斯，可以说是一位典型的喝过"洋墨水"、见过"洋世面"的人了，但他始终没有忘记自己是中华儿女，时刻注意维护自己的民族自尊心。他从美国留学回来后，每想起在国外别人称他是"最中国的"留学生便感到欣慰，在给其妹陶文渼的信中说，他在留学期间没有沾染上"外国贵族的风尚"，因为

①《陶行知全集》第3卷，长沙：湖南教育出版社1985年版，第544页。
②《陶行知全集》第2卷，长沙：湖南教育出版社1985年版，第370页。
③《陶行知全集》第8卷，长沙：湖南教育出版社1985年版，第470页。
④《陶行知全集》第4卷，长沙：湖南教育出版社1985年版，第491页。

“我的中国性、平民性是很丰富的”，他甚至在服饰上都注意让自己保持“完全是中国人”的形象[①]。

爱国，重在行动。陶行知一贯反对只是“喊几句口号的爱国八股”[②]，主张以实际行动表达爱国责任心和情感，以真才实学实现自己的爱国思想，认为这才是真爱国而不是假爱国。他说：“爱国心是一件事，爱国的法子又是一件事。”“有了爱国心，又有爱国的法子，如此的爱国，方能有益于国。”[③]比如抗日救国，须有行动。他说：“高谈阔论不能救国。只有实际的救国的行动才能把将亡的国救回来。”[④]“救国只有一条路，武装起来向前杀。”[⑤]救国是这样，求知也是如此。他认为：“小孩子用心读书，用力体操，学做好人，就是爱国”，因为，“今天多做一分学问，多养一分元气，将来就为国家多做一分事业，多尽一分责任”[⑥]。作为教育改革家，他确认教育乃立国之本，教育应以“培养国家观念、爱国实力及大国民之气概”[⑦]为根本宗旨，而旧教育不能适应这种需要，因此改革旧教育，创办新教育乃是我们最重要的“爱国法子”，主张大力“鼓励专家研究试验符合本国国情适应生活需要之各种学校教育，以作学校化学校之根据”[⑧]。陶行知把毕生精力贡献给了他所创办和提倡的“生活教育”，也正是基于这个认识。

综上所述，陶行知的爱国思想，在当代中国，对于引导人们特别是广大青少年树立正确理想信念、人生观、价值观，促进中华民族的振兴，建设有中国特色社会主义的宏伟事业，仍有强烈的现实意义。

---

①《陶行知全集》第5卷，长沙：湖南教育出版社1985年版，第55页。

②《陶行知全集》第2卷，长沙：湖南教育出版社1985年版，第347页。

③《陶行知全集》第1卷，长沙：湖南教育出版社1984年版，第233页。

④《陶行知全集》第3卷，长沙：湖南教育出版社1985年版，第21页。

⑤《陶行知全集》第4卷，长沙：湖南教育出版社1985年版，第323页。

⑥《陶行知全集》第8卷，长沙：湖南教育出版社1985年版，第54页。

⑦《陶行知全集》第1卷，长沙：湖南教育出版社1984年版，第555页。

⑧《陶行知全集》第1卷，长沙：湖南教育出版社1984年版，第557页。

“德治”平议*

在传统的意义上，中国是一个“以德治国”的国家，举世闻名的“礼仪之邦”。过去，我们曾以拥有这种传统而感到自豪。但是近些年来，批评“德治”的意见日渐增多，有些人认为“德治”与法治是根本对立的，当今实行依法治国必须彻底抛弃传统“德治”云云。

笔者仔细研读了这些批评意见，发现许多批评意见对“德治”传统缺乏实事求是的历史态度和具体分析的方法，带有明显的主观随意性。作为源远流长的传统，“德治”虽然不乏落后以至陈腐之处，但其历史价值和现实意义是不应被忽视的。本文试对“德治”传统做一客观公平的历史考察和评说。

一、“德治”的本义：“德—政”之治

什么是中国传统的“德治”？在其内涵上至今人们的理解并不一致，主张对“德治”进行彻底否定的意见即由此而生。作为一个独立的概念，“德治”一词在中国古代其实并没有出现过，而是后人概括中国的政治与道德传统时提出来的。也许是因为属于“杜撰”，《汉语大词典》《中国大百科全书》之类权威辞书都没有涉及“德治”词条。1984年黑龙江出版社

* 原载《道德与文明》2000年第6期。

出版的《伦理学知识手册》首次将“德治”列入词条，并根据孔子所说的“道之以政，齐之以刑，民免而无耻；道之以德，齐之以礼，有耻且格”[①]，对“德治”作了这样的解释：“儒家的政治思想……主张用伦理道德来治理国家，统治人民。”

这种解释在我国学界比较通用，但我以为它实际上偏离了“德治”的本义。

大凡批评传统“德治”的人，都引用孔子的“道之以政，齐之以刑，民免而无耻；道之以德，齐之以礼，有耻且格”。那么孔子的原意是什么呢？首先，孔子所说的“礼”，有礼义、礼仪、礼制、礼法之义，不独指道德。《论语》说“礼”计74处，虽不无道德意蕴，但多为礼仪、礼制、礼法，即关于政治的典章制度。孔子所说的“道”，在杨伯峻先生看来亦可作“引导”“引诱”解，因此，所谓“道之以德，齐之以礼，有耻且格”，实则是“用道德来诱导他们，使用礼教来整顿他们，人民不但有廉耻之心，而且人心归服”[②]。其次，在上述著名言论中，孔子的本意显然只是将“政—刑”之治与“德—礼”之治作一比较，其主张究竟如何并未明确提出；而后人的解释多认定他是反对“政—刑”之治而主张“德治”的，即“用伦理道德来治理国家，统治人民”，这就未免有些主观随意了。再次，从孔子的一贯思想看，他是崇尚和主张“仁本礼用”的，在治国之术上从来不是只讲仁义道德而不讲政治的典章制度，这也体现了自古以来统治者治政的基本做法和经验。由此推论，所谓“道之以德，齐之以礼”，实则为“德—礼”之治，即“道德—典章制度”之治，主张将道德与政治的典章制度结合起来实行对人民的统治。这应当是“德治”的本义。

所以，认为“德治”是主张“用伦理道德来治理国家，统治人民”，并不符合孔子的原意，与中国的历史事实也是相悖的。中国封建社会是专制社会，“专制”两字正是从政治的意义上来说明封建社会的本质特征的。从中国历史的实际演进过程看，世道不论是兴盛还是衰败，统治者所采用

①《论语·为政》。

② 参见杨伯峻：《论语译注》，北京：中华书局1980年版，第12页。

的治国基本策略都是“政治”与“德治”并举，从来没有出现过只讲“德治”而不讲“政治”，或以讲“德治”为主而以讲“政治”为辅的历史发展阶段。

说到中国历史上的“德治”必然要说到“仁政”，因为“德治”与“仁政”是相通的，在一般情况下“德治”就是“仁政”。对“仁政”的理解，在中国学界也一直存有着同样的片面认识，认为“仁政”就是主张用伦理道德来治理国家，统治人民。其实“仁政”主张的是政治统治要合乎道德标准，它不是“儒家的政治思想”，而是儒家的政治伦理思想。在中国历史上，“德治”亦称“仁政”“德政”，史书对此多有记载。如葛洪《抱朴子·审举》有曰：“夫急辔繁策，伯乐所不为；密防峻法，德政之所耻。”

概言之，中国历史上的“德治”（“仁政”“德政”），其本义是用合乎道德标准的政治来治理国家，统治人民，并且因此而有政绩。

二、“德治”的施行方式：通过“礼治”与“人治”“刑治”组成“合唱”

有些人基于对传统“德治”本义的误解，认定中国历史上长期存在“道德中心主义”的问题，并说其“最突出的表现是用道德代替政治，使政治道德化”，“贬斥法律特别是刑罚的意义”[①]。这涉及如何认识传统“德治”的实施方式问题。

从逻辑上看，国家和社会的治理只能是一种系统工程。当代德国著名伦理思想家P.科斯洛夫斯基在分析资本主义制度的“道德性”时指出：“经济不仅仅受经济规律的控制，而且也是由人来决定的，在人的意愿和选择里总是有一个由期望、标准、观点以及道德想象所组成的合唱在起作用。”[②]他在这里说的只是“经济控制”与道德调节的关系，实际上，整个

① 参见易杰雄：《道德中心主义与政治进步》，《文史哲》1998年第6期。

② ［德］P.科斯洛夫斯基：《资本主义的伦理学》，王彤译，北京：中国社会科学出版社1996年版，第3页。

社会调控也是这样的“合唱”。在阶级社会或有阶级存在的社会里，担当“合唱”的“主旋律”必须具有强制性的特征，这是由国家的本质和社会的实际需要决定的。这种主旋律，在封建社会里是“人治”性的“政治”，在现代社会包括社会主义社会则是法治。道德的调节方式是规劝性的，依靠的是社会舆论、传统习惯和人们的内心信念，不具有如上所说的强制性，这就从根本上决定了它不可能担当“合唱”的“主旋律”，成为社会调控的“中心”，而只能充当“和音”和“配角”。

传统“德治”在封建社会里的实际地位正是这样的。它是以“和音”和“配角”的方式与封建专制政治的“人治”和“刑治”组成“合唱”，发挥其特殊的社会功能的，而这种“合唱”概括地说便是“礼治”。《礼记·曲礼上》有这样一段文字：“道德仁义，非礼不成；教训正俗，非礼不备；分争辨讼，非礼不决；君臣、上下、父子、兄弟，非礼不定；宦学事师，非礼不亲；班朝治军、莅官行法，非礼威严不行；祷祠祭祀、供给鬼神，非礼不诚不庄。是以君子恭敬、撙节、退让以明礼。”这里很清楚地告诉我们：一个“礼”，概括了封建社会所有的控制方式。

就是说，中国封建社会的政治、法律、道德方面的规范和准则都是用礼来概括的，礼是统摄这三个方面的规范和准则的最高形式；所谓“人治”“刑治”“德治”，实际上都是“礼治”，都是通过“礼治”的方式实施的。“礼治”就是关于社会控制的“合唱”。从中国历史的发展过程看“德治”在“礼治”这种“合唱”中的“和音”地位，是确定无疑的。

不仅如此，由于道德调控方式存在着“先天不足”，在封建社会，道德在许多情况下还要借助于封建专制的“人治”和“刑治”来发挥它的社会作用。不认前妻的陈世美，今天看来其行为只是违反了封建伦理道德（“七出三不去”之一），最终却被包大人用虎头铡切去了脑袋。像这种以政治和法律的惩治代替道德评价的情况，在流传下来的史籍里并非鲜见。在这里，道德问题显然是被法律（刑法）化了。由此看来，中国历史上并不存在什么“使政治道德化、法律道德化”“贬斥法律特别是刑罚的意义”的问题，而是长期存在使道德政治化、法律化，贬斥道德的社会作用的倾向（这种倾向的遗风在“以阶级斗争为纲”“政治可以冲击其他”的“文化大革命”中曾得到某种程度的复活）。中国封建社会的伦理道德之所以实际上是我们平常所说的政治伦理道德、刑治伦理道德，是有其历史根源的。

总之，在中国历史上“德治”从来没有独立的地位，也没有充当过社会调控系统的什么“中心”。作为治国方略，传统“德治”只具有相对的意义。

三、“德治”的历史意义：客观上反映了劳动人民的愿望，造就了中华民族的传统文化和民族性格

“德治”的历史意义，首先在于它削弱了封建专制的“人治”所固有的“苛政”“刑政”的残酷本性，缓解了广大劳动人民遭受压迫和剥削的疾苦。在封建专制统治下“苛政猛于虎”，劳动人民是被统治的对象，地位十分低下，生活甚是悲惨。“德治”（“仁政”“德政”）主张“为政以德”“平政爱民”，施政要讲仁义道德，为庶民多做好事，有益于广大庶民阶层，其“庶民性”特征显而易见。有人抱怨说，“德治”强调以德治国，具有阶级欺骗性，阻碍了中国的政治民主化进程。这种意见缺乏客观的历史态度。

首先，在封建专制政治体制下，要求统治者推进政治民主化是无稽之谈。用阶级分析的方法看，统治者施行“德治”确实具有减缓与化解“刑罚积而民怨倍”的阶级麻痹作用，但不能因此就否认它所具有的“庶民性”特征，否认它在一定程度上反映和体现了封建统治下人民的愿望和要求。阶级社会历来是少数人对多数人的统治，封建地主阶级从其一己私利出发，时常推行“苛政”，干出违背“君臣有义”“爱民如子”的不仁不义的事情来。既然如此，试问：还会有别的什么“治”比“德治”（“仁政”“德政”）更能体现庶民的利益与要求？历史就是历史，评价历史要用马克思主义的方法，绝不可用今人的标准来度量古人。

其次，传统“德治”培养和训练了一代代“明君”“明臣”，体现了自

古以来世界各国优秀的“官吏伦理文化”和优良的“官德”“官风”。自从人类社会需要“官吏”以来，“官吏”的道德规范和道德品质作为一种特殊的职业道德水准，一直是衡量社会道德风尚优劣的主要指标，因而是全社会关注的焦点。“官德”是在施政过程中形成、培养和发展起来的，传统“德治”（“仁政”“德政”）为所谓“明君”“明臣”提供了最好的“修炼”途径，并在其过程中形成了中国特有的“官吏伦理文化”。只要不怀偏见就应当看到，中国的“官吏伦理文化”作为中国职业道德的历史传统之一，不仅是中华民族宝贵的精神遗产，也是全人类共同的精神财富，在今天仍然散发着古朴的芳香，并有其可借鉴的实际价值。

再次，“德治”使中华民族成为闻名遐迩的“礼仪之邦”，造就了中华民族特有的民族性格。如上所述，在治国的控制系统中，“德治”不可能成为“中心”，尽管历朝历代统治者将道德抬到吓人的程度，但是，道德实际的“和音”和“配角”地位始终未变。值得我们注意的是，长期实行“德治”（“仁政”“德政”），使得中华民族成为一个“礼仪之邦”，形成了注重精神生活、崇尚道德人格的民族性格。“己所不欲，勿施于人”“己欲立而立人，己欲达而达人”“君子成人之美，不成人之恶”等，这些主张早已积淀在中华儿女的品德结构中，成为中国人立身处世的道德原则。

最后，“德治”的上述各种影响，作为一种特殊的伦理文化价值形式，早已渗透在中国传统哲学、文学及其他文化形式之中，使得中国的各种传统文化都具有伦理道德的深刻底蕴。中国传统哲学实际上是道德哲学、人生哲学，伦理学是其灵魂和脊梁。讲“天”，把“人”放了进去，讲的是“天人关系”，那个“天”主要也不是自然之天，而是“天理”之“天”。所谓“天理”其实是“人理”，即“三纲五常”之类的政治伦理价值，之所以要将其放到“天上”，无外乎是要提升其价值地位，好让庶民望而生畏、顶礼膜拜。所以，人们从传统哲学里领悟到的主要不是世界观，而是人生观，是关于社会与人生的“真谛”，是如何“做人”的道理。传统文学作品如《红楼梦》《三国演义》《水浒传》等，其中的伦理道德含义就更为明显，在传播中起到了社会“道德教科书”的作用。这一点，只要我们看看传统中国人是如何从各种“戏曲”“书场”和“口头文学”中吸取关于“仁义道德”价值观念的，就清楚了。总之，“德治”对中国传统文化的深刻影响可以一言以蔽之：没有“德治”就没有中国的传统文化。离开对“德治”的了解和思考，就很难读懂中国的传统文化。

当然“德治”所造就的中华民族的传统文化和民族个性，无疑是优良与陈腐并存的。我们既不能因其优良而妄自尊大，也不可因其陈腐而妄自菲薄、搞民族虚无主义。因此，对传统“德治”的批评需要持极为慎重的态度。

四、传统“德治”的现代认同：法治必须同时是“德治”

1999年，九届全国人大二次会议通过的《中华人民共和国宪法修正案》明确规定：“中华人民共和国实行依法治国，建设社会主义法治国家。”那么，传统“德治”与这项基本的治国方略是不是矛盾的？我以为不仅不矛盾，而且给了我们一种极为重要的启示：法治必须同时是“德治”，立法者、司法者、执法者必须同时是“清官”。

我们应当看到，儒家关于“德治”的主张并不一般地反对封建社会的法（“刑”）。从《论语》中说“刑”与“刑罚”的意思看，孔子对“刑”是给予肯定的，他甚至曾将此作为区分“君子”与“小人”的一个标准：“君子怀德，小人怀土；君子怀刑，小人怀惠。”[①]因此，将“德治”看成与封建“法治（刑治）”完全对立的治国策略，是没有道理的。

道德对立法、司法、执法，乃至法学理论、法律价值观念和法律制度的形成、创新和发展，历来都具有举足轻重的影响。首先，道德是立法活动必然和必要的前提与基础。恩格斯说：“在社会历史领域内进行活动的，是具有意识的、经过思虑或凭激情行动的、追求某种目的的人；任何事情的发生都不是没有自觉的意图，没有预期的目的的。”[②]这里的“意识”

①《论语·里仁》。

②《马克思恩格斯选集》第4卷，北京：人民出版社1995年版，第247页。

“思虑”“激情”“意图”和“目的”，显然多是关于道德价值意义上的，即包含着“对谁有利”的价值意义。毫无疑问，关于立法、司法、执法和法学理论、法律制度的建设活动，都不可避免地包含着关于道德价值的思考和追求，这是一切立法机构和法律、法学工作者从事正常职业活动的必然、必要的前提和基础。其次，法律工作者的道德良知是其司法、执法的心理基础。法治国家的主体是人民，但实际操作者则是知法的立法者、司法者、执法者。他们是知法者，但能否根据所知的法律来操作却是另一回事，这取决于他们的“官德”水准。有一种观点认为，今天推行的是依法治国，与历史上的“人治”大不相同了，法治和“人治”有着本质的不同，“法”大于“官”、“法”可治“官”，这话是对的。但这话同时又忽视了一个现实：法治还是要靠“人”来“治”的，大于“官”的“法”离不开“官”的理解和认同，以“法”治“官”之“治”，离不开“官”。

由上述可知，中国的法治必须包含“德治”，同时又是“德治”，虽然今天的“德治”与传统的“德治”在内容和形式上不可相提并论。

孔子“轻法”的伦理辨析*

本文所要讨论的是：就孔子的人生追求及其所创建的“仁学”伦理文化的思想体系及封建社会的统治模式而言，学界关于孔子“轻法”以至反对法和“法制”的看法，是需要加以辨析的。

一

孔子以“吾从周”和创建“仁学”伦理文化、对周礼实行与时俱进的历史性改造为己任，他所关注的主要不是当时的法和“法制”问题。

孔子时代，周礼已开始“分崩离析”，面临严重挑战，为适应当时的社会发展，客观上需要批评和重建。身处这种社会大动荡时代的礼学“达者”孔子，一方面把“吾从周”作为自己的历史使命和人生追求，另一方面又以积极创建“仁学”伦理文化的实际行动，对传统周礼实行与时俱进的改造、丰富和发展。从《论语》的许多言论看，孔子“吾从周”首先是要“从”周人对于夏商之礼的“损益”精神。他说：“殷因于夏礼，所损益，可知也；周因于殷礼，所损益，可知也。其或继周者，虽百世，可知

* 原载《道德与文明》2004年第4期。

也。”[①]又说：“周监于二代，郁郁乎文哉！吾从周。”[②]在孔子看来，礼可以被代代相承相接，却不是一成不变的，“周监于二代”而创建周礼，周以后的“百世”为什么不可以“监于”周礼而创建自己的礼仪制度呢？这是孔子对周礼的社会历史价值所持的基本认识，也是他“吾从周”的基本方法和基本态度。其实，生活在特定时代大凡有所作为的思想家（包括政治家），不论其是否自觉和是否承认，他（们）对于历史的继承总是包含着自己的理解和创新，创新的成果总是反映着当时的某种或某些方面的客观要求，这本是一种普遍现象。我们今天强调坚持马克思主义同时也在丰富、发展马克思主义，这是我们“从”马克思主义的基本方法和基本态度，当然也是我们“从”一切传统思想的基本方法和基本态度。不能望文生义，因为孔子笃志于“吾从周”就以为他是一个复古派，而看不到他创建“仁学”伦理文化，以自己特有的智慧改造、丰富和发展周礼的人生旨趣和历史功绩。

传统周礼，虽然含有“孝”“德”之类带有初创性的伦理道德观念，但就其实质内涵看主要还是政治和法律意义上的奴隶制国家的宗法制度。孔子是一位积极的救世论的思想家，他“吾从周”所要“从”的核心是“明德慎罚”，希望恢复周礼“明德慎罚”的原典精神。《论语》讲“礼”有一个十分独特的现象，这就是通常将“礼”与“仁”放在一起讲。《论语》中说“仁”有109处，说“礼”有74处，而说“礼”处大体上都说到“仁”。首次明确将“仁”与“礼”联系起来的是《八佾》篇：“人而不仁，如礼何？”说的是做人而不讲“仁”，怎样来对待礼仪制度呢？此后，有“克己复礼为仁。一日克己复礼，天下归仁焉”[③]等。很显然，这种联系已经赋予周礼以新的时代精神和丰富的道德内涵。孔子毕生追求的正是“礼”与“仁”的合流，“礼政”与“仁政”的贯通。他希望统治者成为“仁人”，统治能够成为“仁人之治”“有德之治”。所谓“为政以德”，在

①《论语·为政》。

②《论语·八佾》。

③《论语·颜渊》。

孔子那里可概括为“为政须明德慎罚”。

弄清上述两点是至关重要的。因为，经过孔子的创造性探索之后，“礼”既是伦理道德方面的，也是政治和法律的宗法制度方面的。对“礼”所经历的这种历史性变化，《礼记·曲礼上》作了最为明了的阐述：“道德仁义，非礼不成；教训正俗，非礼不备；分争辨讼，非礼不决；君臣、上下、父子、兄弟，非礼不定；宦学事师，非礼不亲；班朝治军、莅官行法，非礼威严不行；祷祠祭祀、供给鬼神，非礼不诚不庄。是以君子恭敬、撙节、退让以明礼。”可见，孔子以前的“礼”与孔子以后的“礼”已经有了重要的区别。由此推论，孔子以后封建社会的“礼制”实际上是“政制”“德制”“法制（刑制）”相融的制度和规范体系；“礼治”实际上是“政治”“德治”“法治（刑治）”的统一，从而使得传统中国成为一个“依礼治国”——“政治”“德治”“法治（刑治）”并举的国家。从这点看，传统中国与其说是一个以德治国的国家，莫如说是一个“以礼治国”的国家更合乎历史本来面貌。

孔子在“吾从周”的追求中所创建的“仁学”伦理文化，使得周礼在新的历史条件下恢复了“明德慎罚”的原貌，又发生了历史性的变革，礼由“（神）政道”本位转而为“仁道”本位，为新兴地主阶级的统治提供了最合适的社会意识形态。

正因为如此，说孔子是一位“轻法”的道德论者，孔子“只有一些善良的、老练的、道德的教训”[①]，是很不公允的。

二

专制统治的基本模式是政法（刑）合一、行政权与司法权混为一体，政即法，治政含治法，政治同时也是“法治”（“刑治”），反之亦是。一级行政长官同时也握有该级的司法大权，过去的“大老爷”既管“庶民”的生产和户政，也管地方的诉讼和审判。从这种历史现象推论，孔子的

① [德]黑格尔:《哲学史讲演录》第1卷，贺麟等译，北京：商务印书馆1959年版，第119页。

“为政以德”不可能不包含“为政以法”或“为政以刑”，今人基本上都将“为政以德”看成“道德之政”，这并不符合历史原貌。我们不应仅从当代人对政治的特定理解来揣测和断义孔子的“为政以德”思想，认为主张“为政以德”就是“轻法”。

孔子的“为政以德”思想，集中体现在他的“仁本礼用”主张上。在他的思想体系中，“仁”即“爱人”，“礼”多为“政”“法”之义（这与孔子之前的“礼”有所不同），仁与礼的对应实际上是道德与政治和法律的对应，而其“政”则又同时含有“政”和“法”两种意思。所谓“仁本礼用”也就是行政和司法要以“爱人”为根本。《论语·季氏》篇说：“天下有道，则礼乐征伐自天子出；天下无道，则礼乐征伐自诸侯出……天下有道，则政不在大夫。”这里的“政”，就有“法事”“兵事”的意思。这与我们今天所理解的政治是存在区别的。

具体分析起来，“为政以德”应有三层意思。

一是强调治政和司法都要以“爱人”为根本，这是孔子“为政以德”主张的第一要义。孔子伦理思维的基本方式是“推己及人”，由人伦关系进而“推及”政治法律关系。“仁学”伦理文化内含“人伦伦理”和“政伦伦理”两个基本层面，后者是“己所不欲，勿施于人”[①]“己欲立而立人，己欲达而达人”[②]“君子成人之美，不成人之恶”[③]等“人伦伦理”思想的扩展，立足点也在“爱人”。

二是充分肯定和发挥道德规范和价值标准的社会作用，这就是他所说的“道之以政，齐之以刑，民免而无耻；道之以德，齐之以礼，有耻且格”[④]。意思是说，用政治来诱导，用刑法来整顿，人民只是暂时地避免罪过，却没有廉耻之心；如果用道德来诱导，用礼教来整顿，人民就不但有廉耻之心，而且会人心归附。显然，他在这里强调的是道德在治理国家和社会中具有征服“人心”的精神基础和价值导向的作用，强调的是治政

①《论语·卫灵公》。

②《论语·雍也》。

③《论语·颜渊》。

④《论语·为政》。

和治法都不可以忘掉“治民心”，是说伦理道德对政治和法律来说具有“治本”的作用，并不是说伦理道德比政治和法律更重要，更不是要以此否认政治和法律的社会作用。我们今天强调以德治国的重要性，把以德治国与依法治国结合起来，也不是说“德治”比“法治”更重要。

三是“为政在人”，因此要做“仁人”。须知，孔子说“为政在人”，其实也是在说“为法在人”。在孔子看来“为政”“为法”都取决于统治者个人的品性和品行。即所谓“政者，正也；子帅以正，孰敢不正?”[①]“其身正，不令而行；其身不正，虽令不从”，“不能正其身，如正人何?”[②]特别值得辨析的是，在这些地方孔子所强调的更多是作风正派的“司法公正”。因为，在孔子时代，所谓政治说到底还是“家天下”的宗法专制政治，从税赋徭役和选拔任用官吏的实践看，统治者没有必要也很难做到“子帅以正”，唯有在司法活动中“子帅以正”才具有显示即形式的实际意义，这是历史常识。因此，我们也可以说，孔子在说“为政以德”的时候实际上同时也在说“为法以德”。在他看来，统治者个人的道德人格具有至关重要的示范作用，是一种无声的命令，有助于统治者维护和巩固自己的统治地位，即所谓“为政以德，譬如北辰，居其所而众星共之”[③]。

总之，孔子的“为政以德”的思想和主张，强调的是“为政”和“为法”都要从“爱人”出发，体现“爱人”的精神，而不是要将“仁学”伦理道德与当时的政治和法律及刑法制度对立起来。今人看孔子是否“轻法”，不应当拘泥于《论语》及其他有关孔子的著述的字面意思。

有的学者正确地指出：孔子“不是一个职业法律学家，更不是一个立法家或律学家，因而其对法的关心和思考，不在提出某些具体的法制建设措施，或刑事的、民事的、婚姻家庭的以及立法、司法的具体原则和条文，而是着重于从政治哲学、人生哲学的高度，比较德礼政刑的优劣、确立先王之法的法律价值标准、抨击严刑峻罚的虐政和竭泽而渔的苛政、歌

①《论语·颜渊》。

②《论语·子路》。

③《论语·为政》。

颂‘直道’的司法原则，设计‘无讼’和长治久安的生活蓝图和法制理想，从而为古代中国法和法文化的中国道路、中国模式奠定了基础”[①]。这种见解颇有见地。

三

从根本上说，儒家伦理思想是中国封建社会特定政治经济结构的产物。普遍分散、汪洋大海般的小农血亲家族经济，必然要求高度集权、带有宗法特征的专制政治与其相适应，家不过是国的缩小，国不过是“大家”而已，这才有“国家”之谓。这就一方面使得封建国家必然形成家国一体的宗法统治模式，反映这种统治模式的孝与忠成为封建社会最重要的伦理道德规范；另一方面又使得儒家伦理思想必然内含封建政治和法律的特质，伦理理念同时是立政立法理念，道德规范同时是政治法律规范，这就是有的学者指出的所谓“道德政治化”“道德法律化”的现象。

由此推论，自孔子始创建的儒家伦理思想体系，本身不仅带有政治特色，而且带有法和“法制”的基本特性，今人不应当以“纯伦理”的方式来理解和阐释。

孔子在论及他的“仁学”思想的时候，如上所述必言礼（政治和法律），而在阐明他的“仁”的道德标准体系的时候，又常将孝、悌、忠（在当时其实多含政治和法律的意思）等列在其中。就《论语》而论，孔子直接论及法和“法制”（“刑制”）、“法治”（“刑治”）的言论确实不多。从《论语》仅有5处说到法（刑）的情况看，孔子不仅不“轻法”，而且对法（刑）的作用也给予了充分的肯定。

孔子看到“仁学”伦理道德的巨大社会作用，认识到“爱人”的广泛渗透的特性和“爱人”对于政治司法活动和行政司法官吏的深刻影响。在道德人格上，孔子将人分为“君子”与“小人”两种基本类型。他认为，对待刑法的态度可以作为区分“君子”与“小人”的标准，“君子”既应

① 俞荣根:《儒家法思想通论》(修订本),南宁:广西人民出版社1998年版,第203页。

当“怀德”也应当“怀刑”，说：“君子怀德，小人怀土；君子怀刑，小人怀惠。”[①]同时，孔子并不认为道德教化是万能的，只是认为“不教（爱人）而杀”是违背仁义道德的。因此，他告诫从政为国者，“礼乐不兴，则刑罚不中；刑罚不中，则民无所措手足”[②]。从这些有限的文字中不难看出，孔子不仅不否认刑法的必要性，而且对法和“法制”（“刑制”）、“法治”（“刑治”）是持肯定态度的。

综上所述，可以清楚地看出，孔子将自己毕生精力放在创建“仁学”伦理文化以改造和发展传统周礼上；专制统治模式使他的“为政以德”主张“天然”地带有“为政以法”或“为政以刑”的色彩；封建社会的政治经济结构使得儒家伦理思想内含宗法政治和法律的文化底蕴；孔子不仅不反对法和“法制（‘刑制’）”，相反对此给予了充分的肯定。因此，学界关于孔子“轻法”的看法是没有道理的。

①《论语·里仁》。

②《论语·子路》。

论思想政治教育学科研究之批评及其意义*

思想政治教育作为一门学科的创建，始于20世纪80年代初思想政治教育第二学位专业的增设，成于2005年国家将思想政治教育作为二级学科置于新增的马克思主义理论一级学科之下，其间经历诸多艰辛的探索。20多年来，关于思想政治教育的研究一直受到相关主管部门的高度重视，在科研立项和获奖方面给予了必要的扶持，投身这一研究领域的有志之士越来越多，发表这一领域研究成果的专业报刊不断增加，有些非专业性的期刊也为此增加了相关的栏目，一些出版社还坚持不懈地组织出版这一研究领域的学术专著。这些研究活动及其成果，不仅促进了思想政治教育工作的发展，而且促进了思想政治教育学科的建设，引导和培养了一大批乐于献身思想政治教育工作和思想政治教育学科研究的专门人才。对思想政治教育研究所取得的诸多方面的重要成就，需要总结经验，宣传典型，发扬光大。但是，在这期间思想政治教育的学科研究也出现了一些问题，有些问题正在变得越来越突出。对此，无疑需要通过批评加以梳理，分析其原因，提出改进和纠正的措施。而从思想政治教育理论和实践的创新研究正在全国范围内逐渐兴起的情势及其发展趋势来看，更需要对思想政治教育的学科研究展开经常性的批评，以保障其健康发展。为此，有必要开辟一个可称之为“思想政治教育学科研究批评”的新的研究领域。

* 原载《新德育·思想理论教育》(综合版)2006年第10期。

为什么应当开辟思想政治教育学科研究批评这个新的研究领域？从逻辑的角度来认识，这是由人类思维特性和发展规律决定的。众所周知，任何事物的存在都是矛盾的存在，矛盾的对立统一构成事物的内在本质和整体性状，事物的发展和变化是其内部矛盾运动的结果。人的思维及某一成果体系的形成——学科的创建和丰富发展，也具有这一特性，所遵循的也是这一规律，而学科批评正是思维这一特性和规律的体现与要求。学科批评，简言之就是在思维活动领域发表不同意见，构建主观矛盾，自觉促进学科的建设和发展。人类科学发展史表明，一门学科的发展和繁荣离不开关于这门学科的研究，也离不开关于这门学科研究的批评。关于学科研究的批评，对于保障学科研究坚持正确的方向、改善学科研究的方法是至关重要的。在有些情况下，特别是在一门学科创建之初的情况下，其重要性甚至会超过学科研究本身。思想政治教育的学科研究目前正处于这样的发展阶段。

所谓思想政治教育学科研究之批评，是针对思想政治教育学科研究中存在的问题而言的，指的是运用批评的方式纠正学科研究背离马克思主义基本原理指导的不良倾向和问题，以确保学科研究健康发展，并不断走向繁荣的研究活动。这是思想政治教育学科建设一个亟待引起广泛关注的重要领域。

思想政治教育学科研究之批评的意义，总的来说是有助于思想政治教育学科的建设和发展，增强思想政治教育工作的科学性和实效性的。具体来说，可以从思想政治教育及其学科研究的功能和使命来认识。思想政治教育的功能和使命，在全社会的意义上，它是宣传党和国家的方针政策，动员和组织人民群众投身社会主义现代化建设事业的基本保障，也是提高国家公务人员和整个中华民族思想道德素质的根本途径。在学校教育的意义上，思想政治教育是坚持社会主义办学方向，培养德智体全面发展的社会主义现代化建设人才的根本保障。首先，思想政治教育学科研究的功能和使命表现在适应思想政治教育作为一门学科建设和发展的实际需要方面。经过改革开放近30年的思索和争论，人们对思想政治教育应当是一门科学、必须作为一门学科来建设的认识，总的来看已经尘埃落定，不再存有什么根本性的分歧。但是，如何在这一认识的基础上，通过积极而又审慎的研究，阐明思想政治教育这门学科的对象和范围，厘清学科的内涵和边界，建立学科的范畴体系和话语系统，仍然是一个需要继续深入研究的突出问题。其次，思想政治教育学科研究的功能和使命表现在适应思想政治教育理论与实践创新的实际需要方面。面对改革开放和发展社会主义市场经济的新形势，传统的思想政治教育观念和理论需要丰富和发展，实践操作方法和模式需要转换和改进，这些都依赖创新。再次，思想政治教育学科研究的功能和使命表现在适应思想政治教育工作队伍建设的实际需要方面。开展和加强思想政治教育工作，需要建设一支相对稳定的专门化、专业化的队伍。这个队伍的专业人员究竟需要什么样的素质，这些素质应当通过怎样的途径才能真正获得，以及队伍的人员构成、建设的原则和方法等复杂的问题，只有通过认真仔细的研究，才能逐步弄清楚。这一切都表明开展思想政治教育学科研究是十分必要的。而过去这些方面的研究究竟在多大程度上适应了上述思想政治教育的实际需要，尤其是存在哪些亟待解决的问题，本身也是需要研究的，这样的研究就是批评。从这个角度来看，开展思想政治教育学科研究的批评，其实是关于思想政治教育学科研究的评判性、评论性研究。它是保障思想政治教育学科研究正确展现其功能，承担其重大使命，坚持正确的研究方向和运用科学的方法的必要措施，也是思想政治教育学科建设的必要环节和题中之义。依此而论，思想政治教育的学科研究总体上也可以划分为三大领域，即思想政治教育工作、思想政治教育研究、思想政治教育研究之批评。

从思想政治教育学科研究的现状看，开展思想政治教育研究的批评性研究，其意义也是毋庸置疑的。改革开放近30年来，为了适应新时期新形势发展的客观要求，我们在加强思想政治教育工作的同时也加强了思想政治教育研究，出了大量的科研成果，涌现了一大批热心投身这方面研究工作的专门人员，包括一些造诣深厚的专家学者，为从事思想政治教育工作的人群提供了个人成才和发展的广阔空间。这些长足的进步，对于加强和改进新时期的思想政治教育工作，优化思想政治教育工作队伍，起到了极为重要的积极作用。可以说，思想政治教育工作近30年的进步，与开展思想政治教育的学科研究是分不开的。但是，与此同时还应当看到，思想政治教育学科研究也一直存在一些问题，有的问题已经变得越来越突出，如果不认真对待，并通过开展必要的批评性研究加以纠正，就会影响到思想政治教育学科研究健康深入的发展，最终会妨碍思想政治教育工作的正常进行。

在学科研究的意义上，目前思想政治教育研究存在的突出问题，笔者以为可以归纳为如下几个方面。

其一，在研究的指导思想上，存在淡化思想政治教育政治属性的问题。集中表现为一些研究者的主流意识形态意识比较淡薄，研究工作时常偏离马克思主义基本原理的指导。这是最需要引起高度重视并给予批评纠正的一种研究偏向。这种不正常的现象，在一些研究论著中屡见不鲜。如有的研究者公开主张思想政治教育要与西方的价值观念和文化传统“接轨”，将宗教信仰引进思想政治教育的内容体系。有的研究者在其关于思想政治教育研究的著述中极力规避“政治”“党的领导”“马克思主义”“社会主义”这类基本范畴，话语系统很少有这些概念，在不得不提及的情况下所采取的态度也是羞羞答答，让人感觉不是那么理直气壮。而在论及“社会主义市场经济”与思想政治教育的关系时，总是回避“社会主义”这个关键的限制词，力图淡化思想政治教育的意识形态特性和社会主义的制度属性。恕笔者直言，这样的学科研究充其量只属于“思想教育研究”的范畴，并不是我们加强和改进思想政治教育所真正需要的研究。须知，人类自古以来的政治与道德方面的灌输和教化、人生观与价值观方面的宣传和传播，从目的到内容无不体现统治阶级的意志，因而都具有鲜明的政治属性。在中国共产党领导的社会主义制度下，我们开展思想政治教育研究绝对不能离开作为主流意识形态的马克思主义的指导，不能淡化主流意识形态，范畴体系和话语系统绝对不能离开政治，不能离开社会主义的制度属性。

其二，在思维方式上，存在思想观念跟不上时代前进步伐的问题。这种问题是相当普遍的，即使是在一些一贯强调思想政治教育的理论和实践需要创新的研究者身上也存在这种情况。比如，在社会主义市场经济所构建的“生产和交换的经济关系中”形成的“伦理观念”，本是一种包含公平和正义的观念体系，既体现社会主义新时期的道德伦理观念，也体现社会主义新时期的政治伦理观念和法伦理观念。如何将这些适应当代中国社会发展客观要求的新观念引进思想政治教育领域，对人们尤其是青少年进行确立社会主义的公平和正义观念方面的教育，是思想政治教育研究者责无旁贷的任务。然而，目前的思想政治教育研究却极少涉足这一领域内的问题。而从实际情况看，正如许多有识之士指出的那样，我们的青少年群体中的不少人包括一些大学生，不能以公平的方式看待个人与他人、集体及国家之间的关系，缺乏正义感，他们恰恰需要接受社会主义公平观和正义感的教育。这一问题的存在，使得目前的思想政治教育在一定程度上脱离了当代中国社会发展的实际需要，也从一个角度表明思想政治教育的学科研究不能跟上时代前进的步伐。在学科研究的方法论上，这一问题的存在也是背离了马克思主义历史唯物主义基本原理的表现，只不过是另一种意义上的背离罢了。

其三，在研究的成果上存在学院化、本本化的倾向。也就是说，思想政治教育的学科研究与思想政治教育的工作实践结合的根本目的不仅在于逐步建设和完善一门学科，更在于促进思想政治教育逐步走向科学化的轨道，切实加强思想政治教育工作。诚然，思想政治教育研究需要深入探讨一些深层次的问题，拓宽研究视野，为此需要进行多方面的抽象思考，提倡必要的“务虚”，提供必要的“本本”。但是，所有这些都应当从思想政治教育的实际需要出发，密切联系思想政治教育的实际，指导思想政治教育的实际工作。这么多年来，思想政治教育的学科研究在涌现大批成果的过程中培育了不少专家学者，但大批的作品却没有相应地培育出大批从事思想政治教育工作的专门家。思想政治教育是一门实践性很强的学科，衡量其学科研究的社会成效，根本标准归根到底还是应当看其成果转化为思想政治教育实践的实际情况，而要如此，就必须强调其研究应紧密结合实际，从实际出发，指导实际工作。虽然不能说思想政治教育实践需要什么就研究什么，但密切联系思想政治教育的实际情况开展研究工作，应当是思想政治教育学科研究不可动摇的理念和信念。

其四，在研究方法和表达方式上，存在生吞活剥西方文化和盲目创新、忽视运用中国化的话语系统分析和阐述问题的倾向。思想政治教育是一门综合性很强的学科，其知识体系和话语系统的构建及运用自然会涉及别的学科，如行为科学、心理学、公共关系学等，而这些学科多数都是西方人先于我国建立的。所以，在思想政治教育学科研究中借用别国的一些研究方法和表达方式是在所难免的，在借用的同时实行创新也是必要的。但须知，在人文社会科学研究中，对同一门学科的研究，不同的社会会有不同的方法，不同的民族会有不同的话语系统。在这里，联系和借用是相对的，区别和创新才是绝对的。而真正的研究和创新，应当做到致力于把复杂的问题说清楚，不把简单的问题说复杂；尽可能运用中华民族的语言表达思想，不用让中国人看不懂的文字著述研究成果。

综上所述，开展思想政治教育学科研究领域内的批评，不仅具有重要的理论意义，而且具有十分明显的现实意义，应当认真加以提倡，使之在思想政治教育学科建设中发挥积极的作用。

“道德资本”研究的意义及其学科定位*

“道德资本”这一概念是王小锡教授在其《论道德资本》一文中首次明确提出并作系统论证的。此后，王教授及其他学者围绕“道德资本”相继发表了一系列的专题研究论文，并出版了学术专著《道德资本论》。这期间，一些关注和议论“道德资本”的短文也时而见诸报刊。综合起来看，这一具有拓荒性质的研究已经初见成效，但尚未形成应有的发展态势，在诸如“道德资本”研究的意义、概念的界说及学科定位等重要问题上，尚需通过总结和阐发以取得广泛的认同。本文试就这些重要问题对王小锡教授的“道德资本”研究发表一些述评性意见，意在引发话题，促使“道德资本”研究进一步深入。

一、“道德资本”研究的意义

不断发展变化的道德现象世界是伦理学研究永不枯竭的源泉和永不消退的主题，“道德资本”问题的研究从根本上来说顺应了当代中国社会发展变化对道德进步提出的要求。众所周知，中国经济改革起步不久就出现了经济增长与道德滑坡的悖论问题，围绕这一问题生发的关于“代价论”是否合理的旷日持久的争论至20纪末才出现偃旗息鼓之势，但与此同时

* 原载《道德与文明》2008年第1期，收录此处时标题有改动。

却把当代中国人投进一个灰暗的“奇异的循环”之中，引发了似乎永不可解的困惑和惆怅情绪：想要凭借“资本”发家致富、过上富裕的生活吗？那就牺牲我们的道德吧！“道德资本”问题的研究正是在这样的背景下提出来的，它以一个耀眼的新话题不仅“凸显了经济运作中道德因素的地位与作用”[①]，更重要的是为我们最终走出“二律背反”的困扰指出了一个有益的思维路向：在生产和经营活动乃至整个社会生活中，道德本来也是一种“资本”，资本（物质财富）和“道德资本”（精神财富）本来是可以通过我们的认识和建构实现逻辑与历史的统一的。概言之，“道德资本”研究问题的提出，对帮助当代中国人破解经济与道德“二元对立”的时代难题，无疑具有方法论的启迪意义。

“道德资本”是一个创新性的概念，体现了研究者对时代呼唤的理性自觉。这种自觉精神，我们可以从王小锡教授与他的合作者在《五论道德资本》中所作的感言性叙述中看得很清楚：“‘道德资本’概念确实是创新性的概念，这种创新并不是以空想为基础的文字游戏，而是对社会实践发展的自觉的、理论的把握。在概念创新的背后，是社会实践发展的强烈要求。”[②]这种感言，也透射出研究者们敢于探索真理的勇气。我们知道，资本这一概念在中国人的认识和理解中多是贬义的，因为马克思曾说：“资本来到世间，从头到脚，每个毛孔都滴着血和肮脏的东西。”[③]改革开放后，资本的概念虽然渐渐地为国人所接受，甚至被越来越多的人所青睐，但它的“名声”总是不那么好。不难想见，在这种情势下，作为知名的学者没有相当的勇气是难以响亮地提出“道德资本”这一新概念的。在我看来，对于理论研究者来说，这种勇气也是一种“资本”，张扬这种“资本”也是很有意义的，因为没有这种“资本”就难以有真知灼见，承担起理论研究者的历史使命和社会责任，在社会变革时期尤其是这样，这已经为人类文明发展史所反复证明。中国近三十年的经济和整个社会发展

---

① 郑根成、罗剑成：《试论道德的资本性特点——兼论道德资本》，《株洲工学院学报》2002年第5期。

② 王小锡、李志祥：《五论道德资本》，《江苏社会科学》2006年第5期。

③《马克思恩格斯全集》第23卷，北京：人民出版社1972年版，第829页。

走的是创新之路，其间伦理关系和道德观念的变化带有“翻天覆地”的性质，而我们的伦理学研究者至今仍然显得有些迟钝和滞后，这与我们在理论上缺乏创新意识和勇气是很有关系的。

作为一种开拓和创新，“道德资本”研究发展了道德价值学说，因而也丰富了伦理学的知识体系。在生产和经营活动中，资本一般是作为增值的工具价值而存在的，本身不是目的价值而只是实现目的价值的工具价值。在伦理学体系中，道德价值的情况恰恰相反，一般只是作为目的价值而不是作为工具价值，讲道德、做有道德的人不能有“为了什么”的目的，即不能带有任何功利意图，否则就是伪善作风——假讲道德，这是中国的传统。实行改革开放后，这种传统思维范式在悄悄发生着变化，道德在现实生活中实际上已经被广泛地当作手段使用，但是人们在感情上还是不能堂而皇之地接受和宣传。把道德作为一种“资本”看待，打破了这一传统的价值理解范式，给人们的第一意象就是道德首先是一种工具价值。王小锡教授注意到这样的心态，他在《五论道德资本》中，对此作了专门的分析。他认为，道德对于人来说应当是“目的性功能”与“工具性功能”的统一。“道德资本”概念是传统“道德”概念和“资本”概念在现代化过程中的产物，它一方面总结了道德功能格局的历史变迁结果，即从道德的目的性功能居于主导地位，到道德的目的性功能与工具性功能相分离，再到道德的工具性功能异军突起；另一方面体现了从“实物资本”发展到“人力资本”再到“文化资本”这一资本概念发展的时代趋势。提出道德资本概念，研究作为资本的道德，从而强调道德的工具性功能及在经济建设中的作用，既有利于动员一切能够促进经济发展的元素，也有利于推动经济生活中的道德建设。当然，我们不能因此就认为，道德作为“资本”在生产经营过程中的价值只是赚钱的手段和工具。

其实，只要我们不是在绝对的意义上理解道德价值的目的与手段的区别，就会发现手段在特定的情景下也是可以转化为目的的。不难想见，一个注重用“道德资本”赚钱的企业，它在为社会和消费者提供优质产品的过程中，不也同时在为企业职工和消费者提供着优良道德的精神消费吗？

在企业主那里道德主要表现为手段价值，在职工和消费者那里则主要表现为目的价值。这种情况，正是道德的目的价值和手段价值常见的“统一”方式。须知，绝对的目的价值和手段价值实际上是不存在的。

“道德资本”研究在拓展道德价值学说的边界的同时，也丰富了经济学尤其是应用经济学的理论内涵，为后者提供了某种方法论的支持。这种意义可以沿着这样的思维逻辑去解读：道德不是自然生成的，而是人类创造的——人类创造道德是为了运用道德、让道德为自己服务——这种运用和服务既有目的意义上的，也有手段意义上的——目的意义上的价值取向多反映在精神活动和精神生活方面，手段意义上的价值取向多活跃在生产和经营活动（包括精神生产和精神传播活动）之中。正如王小锡教授所指出的，改革开放以来经济学家和经济活动家们“不再关心经济生活的道德目的，但很关心经济生活中的道德工具，即哪些道德对于经济发展具有重要意义。对经济学家来说，一种品质或行为为什么是道德的，这不属于他们的研究范围，他们只关心一件事：从有利于经济发展的角度看，什么样的道德才是应该提倡的”[①]。这种变化，一般来说应视其为一种进步，这种进步与道德作为一种“资本”介入生产和经营过程的思想转变，是直接相关的。在这个转变过程中，“道德资本”研究无疑起到了推波助澜的作用，它为相关经济学的学科建设和发展提供了一种历史性的机遇。

二、“道德资本”的内涵界说

在“道德资本”概念正式提出之前，王小锡教授就曾追问道德为什么能够成为一种资本，亦即“道德资本”何以可能的问题。他在《21世纪经济全球化趋势下的伦理学使命》一文中作过这样的逻辑推理：“科学的伦理道德就其功能来说，它不仅要求人们不断地完善自身，而且要求人们珍惜和完善相互之间的生存关系，以理性生存样式不断创造和完善人类的生存条件和环境，推动社会的不断进步。这种功能应用到生产领域，必然会

① 王小锡、李志祥：《五论道德资本》，《江苏社会科学》2006年第5期。

因人的素质尤其是道德水平的提高，而形成一种不断进取精神和人际和谐协作的合力，并因此促使有形资产最大限度地发挥作用和产生效益，促进劳动生产率提高。”[①]他在此后发表的专论中，大体上遵循的也是这种分析路向。

他对“道德资本”概念的总的看法是：“道德资本”是一种“无形资产”和“创造社会财富的能力”。由此出发，他沿着两个思维路径阐述他对“道德资本”内涵的具体看法。一个路向是狭义的理解，沿着经济活动获利的一般规律将“道德资本”归结为一种具体的资本形式：科学的道德作为理性无形资产，它能在投入生产过程中以其特有的功能促使生产力水平的提高；在加强管理伦理意识和手段中增强企业活力；在提高产品质量的同时降低产品成本；在培养和树立企业信誉的基础上提高产品的市场占有率。因此，道德也是资本[②]。在《六论道德资本》中，他进一步明确指出：“道德资本是指道德投入生产并增进社会财富的能力，是能带来利润和效益的道德理念及其行为。”[③]这表明，狭义理解是他一以贯之的思想。另一个路向是借用别的研究者的意见，作广义的理解，从分析一般资本概念入手推论出“道德资本”的普遍形式，认为“所谓道德资本，从内涵上，它是指投入经济运行过程，以传统习俗、内心信念、社会舆论为主要手段，能够有助于带来剩余价值或创造新价值，从而实现经济物品保值、增值的一切伦理价值符号；从外延上，它既包括一切有明文规定的各种道德行为规范体系和制度条例，又包括一切无明文规定的价值观念、道德精神、民风民俗等。从表现形态来看，道德资本在微观个体层面，体现为一种人力资本；在中观企业层面，体现为一种无形资产；在宏观社会层面，体现为一种社会资本”[④]。广义的理解，虽然没有一以贯之，但也坚持到最后，说明王教授试图要将“道德资本”由经济活动的个别形态推向社会生活的普遍形式。广义理解和界说的方式扩充了“道德资本”的内涵，但

① 王小锡:《21世纪经济全球化趋势下的伦理学使命》,《道德与文明》1999年第3期。

② 王小锡:《论道德资本》,《江苏社会科学》2000年第3期。

③ 王小锡:《六论道德资本》,《道德与文明》2006年第5期。

④ 王小锡:《再论道德资本》,《江苏社会科学》2002年第1期。

同时也使“道德资本”的内涵在“外延”中变得模糊起来。不过,王教授似乎注意到了这一点,如他在《三论道德资本》和《四论道德资本》两篇专论中,就紧扣“道德资本与有形资本”的比较关系和“广义资本观”阐述“道德资本”的特性。概念内涵的统一性是概念的生命,也是确立科学研究命题和学科建设的第一要义。

然而,“道德资本”究竟是什么的问题似乎依然存在,需要进一步探讨。在一般伦理学的视阈里,“道德资本”属于道德价值范畴,就是一种道德价值,是道德价值的一种“经济形式”,因此,关于“道德资本的价值”的命题是不合乎语言逻辑的。由于道德价值历来可以分为事实形式和可能形式两种基本类型,因此道德资本也可以分为事实与可能两种基本类型。这是由道德价值的实现及其发展进步的规律决定的。所谓道德的事实价值,在社会指的是实际存在的合乎“实践理性”的伦理关系,在个人指的是合乎“实践理性”的道德品质,前者即人们常说的“风尚”(包括人际关系即所谓“人气”),后者即人们常说的“德行”(德性),两者是相辅相成的关系。在生产经营活动中,道德之所以能够推动经济发展和获得最大效益,简要地说来就在于它是由“同心同德”的伦理关系和“爱岗敬业”的个人品质整合起来的“无形资产”和精神资源。科学的道德理论、道德规范、道德教育、道德活动,都是有道德价值的,但都是道德价值的可能形式,它们的价值旨归并不在于其自身,而在于为建设“同心同德”的伦理关系和培养“爱岗敬业”的个人品质提供“质料”。不作如是观,道德理论、道德规范、道德教育、道德活动等就可能流于形式,成为假说和说教,不仅难以产生“道德资本”之“力”,相反,甚至还会产生对“有形资本”的破坏力。

如此看来,所谓道德资本,简言之就是生产经营活动中实际存在的合乎社会道德理性的职业风尚和职业品质。

三、“道德资本”研究的学科定位

如果对“道德资本”可以作如上所述的界说，那么关于“道德资本”的学科定位问题也就迎刃而解了。“道德资本”既不属于一般伦理学范畴，也不属于一般经济学范畴，不应归于一般经济学或伦理学的范畴体系。作为一个特定范畴，“道德资本”应归于应用经济学和应用伦理学的范畴体系，再具体一些，应归于企业经济学和企业伦理学的范畴体系。要确立这样的学科定位，重要的是要厘清学科定位的认知路向。

其一，赋予“道德资本”以特定的内涵和边界及普遍适用的价值形式，防止将其作绝对化和神圣化的理解。这应是为“道德资本”研究进行学科定位的首要问题。西班牙的西松在其《领导者的道德资本》中将“道德资本”界定为“卓越优秀的品格”和“适合人类的各种美德”，这种界说方法就将“道德资本”神圣化了，显然是欠妥的[①]。优秀和成功的企业领导，就他们个人而言不一定非得或已经具备“卓越优秀的品格”，在他们的身上一定非得聚集或已经聚集“适合人类的各种美德”，才算掌握了“道德资本”。西松正确地指出，诚信是一种重要的“道德资本”，同时又将其与“卓越优秀的品格”和“适合人类的各种美德”相提并论，这就又不合适了。在我看来，诚信是一切道德的基础，在某种意义上可称其为“底线伦理”，即如古人所说的“诚者万善之本，伪者万恶之基”；“道德资本”作为合乎“实践理性”的伦理关系和道德品质，是任何一个生产经营企业最重要也是最基本的“无形资产”。这样说，并不是说优秀或成功的企业领导非要具备“卓越优秀的品格”或“适合人类的各种美德”，才算拥有“道德资本”，也不是要否认“道德资本”研究追问这样的“道德资本”的必要性和意义，而是要主张在学科方法上不要把“道德资本”绝对化、神圣化。就是说，在界说“道德资本”问题上，我们同样需要运用“广泛性与先进性相统一”的结构方法。

---

① 王小锡:《六论道德资本》,《道德与文明》2006年第5期。

其二，改变固有的学科理念，创设新的学科，对于“道德资本”研究的学科定位也是十分重要的。在科学研究中，一个学科的某个概念由于与其他学科某种尚未经过抽象的对象领域存在内在的“相似性”而具有“普适性”的特点，资本就属于这样的概念。由此看来，从一般资本概念来考察和抽象道德资本的概念，不失为一种可取的方法。但是概念的内涵总是稳定的、滞后的，学科人维护或排斥固有概念的学科地位总是带有某种“思维定式”的倾向，这是“道德资本”概念的提出及其研究迟迟不能获得应有进展的一个重要原因——经济学人不愿把固有的“资本”让给伦理学，伦理学人不愿让“道德资本”取代固有的道德价值概念，结果自然就会出现两个方面的学人都不愿关心“道德资本”的情况。“道德资本”研究不应固守一般经济学和伦理学的方法。一般伦理学应参与“道德资本”研究，但它对于“道德资本”研究来说，只具有方法论的意义。如同哲学关涉文学、心理学、物理学、化学等学科一样，所持的是方法论态度，而不是要把文学、心理学、物理学、化学等学科的范畴收进自己的范畴体系。同样之理，一般经济学对于“道德资本”来说也只具有方法论意义。如此看来，伦理学和经济学都不应把“道德资本”作为自己的特定范畴。在我国，目前企业经济学和企业伦理学都没有建立起相对独立的学科形态，“道德资本”研究的发展无疑会推动企业经济学和企业伦理学的建设与发展（这也可以视作“道德资本”研究的另一种意义），而这两个“边缘学科”的创建又在根本上为“道德资本”找到了自己的学科位置。

其三，坚持揭示和阐释“道德资本”的实践性特质。这也是为“道德资本”研究进行学科定位的重要方法。企业经济学和企业伦理学，本质上都是实践性很强的学科。严格说来，“道德资本”是一个反映经济活动和道德水准的实践范畴，它的性状及生成和变化的规律主要不在研究者的思辨之中，而是在企业生气勃勃的活动之中，用“经院哲学”式的研究方式其实是很难真实、真正地把握它的面貌的。“道德资本”研究的学科定位及其拓展，依赖于对它的“实践性状”的不断认识和把握。因此，要开展实证研究，这也应是创建企业经济学和企业伦理学新学科的逻辑起点和基本方法。因为无论是从企业经济学还是从企业伦理学的角度看，“道德资本”都不应是学科的“元概念”，而是学科“元概念”演绎出来的一般概念，换言之，“道德资本”不可作为研究“道德资本”范畴体系的逻辑起点，即使是创建企业伦理学也不应当作如是观。“道德资本”研究本质上属于实证研究，属于经验科学的范畴，它的重心应当是研究“道德资本”的转化过程和规律、转化的经验与教训。因此，在“道德资本”研究中，一切轻视“经验科学”的看法都是不正确的。为了拓展“道德资本”研究，我们应当在认知路向上自觉克服“书生意气”，改变惯于做“书斋文章”的思维定式，走出书斋，走进企业，把开展关于“道德资本”的调查研究与实验研究结合起来。

综上所述，王小锡教授的“道德资本”研究时代感很强，是一种开拓性、创新性研究，具有十分明显的理论价值和实践意义，应当在科学地界说“道德资本”的内涵并对其进行学科定位的基础上，拓展这一重要的研究课题。

论道德作为一种生产力*

笔者曾在《“道德资本”研究的意义及其学科定位》[①]一文中谈到研读王小锡教授关于“道德资本”研究的感受和认识，近来读识他的关于“道德生产力”的研究成果，又生新的感触。“道德生产力”是在“道德资本”之前提出来的，之后不久就受到学界的关注，有的学者提出批评，批评“道德生产力”这一命题不能成立，当时王教授及他的追随者也作了反批评式的回应。反批评文章认为，“泛生产力论”和“道德生产力”之间存在明确的划界，因而道德生产力与泛化论无涉[②]。然而，这一问题至今依然存在，尚有从理论上厘清之必要。

一、道德作为生产力的道德阈限

反对“道德生产力”这一命题的人曾发出这样的责问：难道那些“旧的腐朽道德”“不利于经济发展的道德”能够成为生产力吗？[③]这就提出了

* 原载《道德与文明》2009年第2期，收录此处时标题有改动。

① 钱广荣：《“道德资本”研究的意义及其学科定位》，《道德与文明》2008年第1期。

② 参见郭建新、张霄：《道德是精神生产力——对一种批“泛生产力论”的反批判》，《江苏社会科学》2005年第1期；张志丹：《多重视域中的道德生产力——兼驳“泛生产力论”的观点》，《伦理学研究》2008年第4期。

③ 周荣华：《论道德在生产力发展中的作用》，《南京理工大学学报》（社会科学版）1997年第4期。

一个关于道德生产力的道德阈限的问题。说明这个阈限问题是从理论上研究“道德生产力”的逻辑前提，也是不同意见的对话平台。

从语言逻辑和语言习惯来看，“道德生产力”的命题实际上就是“道德作为生产力”的命题，其“道德”已经被指称在“新的进步的道德”“有利于经济发展的道德”的阈限之内，这是无须加以特别说明的。这就如同“做人要讲道德”“道德教育”“道德榜样”等话语中的“道德”一样，指的无疑都是“新”的“进步”的道德。至于所指“新”的“进步”的道德是不是有利于经济发展的“新”的“进步”的道德，那是另一话题，与“道德生产力”即“道德作为一种生产力”的命题无关。

道德，作为一种特殊的社会意识形态、社会价值形态和人的一种特殊的精神生活方式，以其广泛渗透的方式存在于社会生活的一切领域，无处不在，无时不有。这使得道德现象世界非常复杂，人们可以依据不同的分类方法将其划分为不同的具体形态，如可以依据主体类型将道德划分为社会道德和个体道德，社会道德可以划分为社会道德心理、道德规范、道德风尚，个体道德可以划分为道德认识、道德情感、道德意志、道德理想和道德行为；根据存在领域可以将道德划分为公民道德、社会公德、职业道德、婚姻家庭道德；依据文明属性又可以将道德划分为历史道德与现实道德、先进道德与落后道德，如此等等。而所有依据不同方法划分的道德又都是相互联系、相互依存的，人们只能在相对的意义上将它们区分开来。

在历史唯物主义的视野里，道德根源于一定社会的经济关系并受“竖立”在经济关系基础之上的上层建筑包括其他观念形态的上层建筑的深刻影响，同时又对决定和深刻影响它的经济关系和上层建筑诸形态具有巨大的“反作用”，这就是道德的社会作用——“社会作用力”。不难理解，（依据不同方法划分的）不同的道德具有不同的“社会作用力”，经济生产活动中的道德所表现出来的“社会作用力”就是“生产力”。因此，从逻辑分析的角度看，“道德生产力”这一概念的科学性是毋庸置疑的，否认“道德生产力”命题的科学性就等于否认道德在生产活动中的“社会作用力”。实际上，这里的关键问题不是“道德生产力”存在的真实性，而是作为“生产力”的“道德”所指的应是什么意义上的道德，也就是“道德作为一种生产力”的道德阈限问题。对此，研究者们至今并没有展开过认真的讨论。作为“生产力”的“道德”只能是与生产有关的道德，亦即生产领域中的职业道德。具体来说，一是生产活动中的道德规范，二是认同和体现道德规范的从业人员的道德品质，三是由前两者整合而成的生产企业的职业风尚。

生产活动中的道德规范作为一种“生产力”要素，是由道德规范的本性决定的。恩格斯说：“人们自觉地或不自觉地，归根到底总是从他们阶级地位所依据的实际关系中——从他们进行生产和交换的经济关系中，获得自己的伦理观念。”[①]一定的“伦理观念”经过理论特别是职业伦理学理论的“社会加工”，便形成一定的职业道德规范。在社会主义市场经济体制下，所有生产领域的“生产和交换的经济关系”都势必要以公平占有资源和市场为生命法则，由此而在自发的意义上势必会使得所有“经济人”产生崇尚公平的“伦理观念”。直接体现这种生命法则的“伦理观念”是自发的、感性的，经过理论的“社会加工”而被提炼出的职业道德规范，具有社会意识形态和价值形态的属性，就成为能够反映市场经济客观要求的合理的道德规范，从而可以充当调整生产企业的一种“生产力”了。道德规范之所以能够成为一种生产力或生产力的要素，全在于其“规范”的特性，在于其以合乎道义的特定的规则将“经济人”可能出现或事实存在的不规则的行为“整体划一”到“实践理性”的轨道上来，使之产生“团结就是力量”的经济效益。应当注意的是，职业道德规范体现的“团结就是力量”的“生产力”内涵和意义，不仅表现为对“经济人”违背道义行为的约束力量，也表现为对“经济人”合乎道义的行为的激励力量。

生产活动中从业人员的道德品质是认同和践履职业道德规范的结晶，其“生产力”意义是无须多加证明的，因为从业人员是生产力的第一要素，而其道德品质作为非智力因素无疑是从业人员素质结构中的第一要素，亦即“第一要素的第一要素”。从业人员具备了职业道德品质也就实

①《马克思恩格斯选集》第3卷，北京：人民出版社1995年版，第434页。

现了“道德人”与“经济人”的统一，使职业活动中的道德价值与科技价值集中于从业人员之一身。不过应当注意的是，只有作为“从业人员”的道德品质才具有生产力的性质，人离开生产领域，融会到公共生活领域或回到家庭生活中，其道德品质就不具有生产力的特性了，虽然一个人在公共生活和家庭生活中的道德品质对其在生产领域中所表现出的道德品质会具有一定的影响。正是在这种意义上，王小锡教授指出：“道德不是游离于生产力之外来推动生产力发展的一种力量，而是生产力内部的动力因素。”①

在任何社会，职业道德风尚都是社会道德风尚的主要组成部分。社会道德风尚一般也就是人们平常所说的社会风尚，在职业活动中也就是所谓的“行风”。社会风尚的实质是道德关系，属于“思想的社会关系”范畴，是“思想的社会关系”的主体和价值核心，正因为如此，社会风尚（党风、政风、民风、行风等）是评判一定时代的道德现实及其文明状态和水准的主要标尺，其评价的标识性用语是和谐。生产企业中的职业道德风尚作为企业活动中的道德关系的表征，一方面反映的是生产企业内部各种道德关系的实际状态，另一方面反映的是生产企业与其外部环境（主要是资源和市场）的道德关系状态，“行风”正则表明企业内外部的道德关系正常，处于和谐状态，这自然会是一种“生产力”，因为“和气生财”。

概言之，作为“生产力”的“道德”是由社会之“道”——职业道德规范、个体之“德”——职业道德品质和职业之“风”构成的职业道德总和，对此理解既不可偏弃，也不可泛化，否则就会在基本概念上发生混乱，引发关于“道德生产力”研究的不必要的论争。

二、道德作为生产力的生产力特性

首先，道德作为一种生产力属于“精神生产力”范畴，这是道德生产力的本质特性。对此，王小锡教授依据马克思关于生产力包括“物质生产

① 王小锡：《再谈“道德是动力生产力”——答周荣华同志》，《江苏社会科学》1998年第3期。

力和精神生产力”及“物质生产力”为“精神生产力”所“生产出来”的思想，在多篇文章中作了多次分析和阐述，读后让人颇受启发。但与此同时，王教授没有进一步明确指出道德作为“精神生产力”并不是“精神生产力”的全部，即使可以证明它是“精神生产力”的“核心”也不能等同和替代“精神生产力”，因为除了道德因素，“精神生产力”显然还包含科学技术和生产者智能结构中的诸因素。

道德生产力所具有的“精神生产力”的本质特性，是生产力诸要素中最具活力的精神力量。有人或许会问：既然如此，为什么不用“精神力量”“精神动力”之类的老话来表达道德在生产活动中的积极作用，而要创造一个新概念呢？这样发问不是没有道理，但是用“精神力量”“精神动力”这类老话显然都不如“道德生产力”更能生动地表达道德在生产活动中的道义力量。在科学尤其是人文社会科学发展史上，原生学科的最初概念渐渐被其他学科，特别是后发学科“借用”的现象是司空见惯的，如物质、人格、价值、生态等，这种普遍现象表明科学研究视阈在不断拓展和深入，是应当给予肯定的。难道我们能因马克思主义哲学“借用”物理学的“物质”、心理学“借用”伦理学的“人格”、伦理学（包括人生哲学）“借用”经济学的“价值”、思想政治教育学（包括德育学）“借用”生物学的“生态”，而指责它们侵犯了原生学科的领地、犯了概念混淆的逻辑错误吗？这样的“借用”在一定的时期内确实会造成概念混乱，也会给研究者的工作带来一些不便，但这正是原生学科建设和发展所面临的机遇，也是纵向意义上孕育着的新学科的生长点。在这种情况下，研究者的使命是沿着拓荒者的足迹继续往前走，而不是拽抑和阻拦拓荒者探索的脚步。

其次，道德生产力也是一种发展型的生产力，在社会经济变革时期同样会表现出变革和飞跃的特点。生产活动中的道德作为一种生产力的先决条件必须是能够真实反映生产活动中的客观关系及由此而形成的生产者的“伦理观念”，实现“应当”与“是”的有机统一。从人类社会文明的发展规律看，在由原始共产主义走向未来共产主义过程中的道德都不具有“共产主义”的特征，都是不那么合乎道德的，但这却是一个不断走向进步的发展过程。专制社会的整体主义相对于原始共产主义来说既是一种“倒退”却更是一个进步，个人主义相对于整体主义来说既是一种“倒退”却更是一种进步，同样之理，集体主义相对于个人主义来说也既是一种“倒退”却更是一种进步。依此逻辑推论，前文提及的社会主义公平和正义原则，相对于以往具有“义务论”倾向的道德不能不说是一种“倒退”，但它更是一种极为重要的进步，因为它体现和倡导的是道德义务与道德权利相应的对等性，能够与社会主义市场经济相适应，与社会主义法律规范相协调，因而能够充分发挥自己。就是说，道德作为一种生产力具有非常明显的发展特性，这一特性决定了道德只有适应经济关系及“竖立其上”的上层建筑的要求，才可能成为生产力。

最后，道德作为一种生产力具有支配和整合其他“精神生产力”的功能。用人才学和心理学的方法来分析，人的智能素质结构总体上可以分解为智力因素和非智力因素两个基本层次和结构序列，前者主要包含感觉、知觉、思维、想象等因素，后者主要包含兴趣、情感、意志、气质等因素。智力因素表现为人的知识和技能方面的水平，其功能评判用语为“会不会”，非智力因素主要表现为道德（人生）价值观，其功能评判用语为“愿不愿”。在人参与社会活动的实际过程中，智力因素是受非智力因素支配的，亦即“会不会”是受“愿不愿”支配的：虽“会”却不“愿”，“会”也无用或用处不大，反之，虽“不会”却“愿意”学习和行动，“不会”就能变“会”，就能由少“会”变为多“会”。经验也证明，一个人的感觉是否灵敏、知觉是否准确、思维是否活跃、想象是否丰富，都受到非智力因素的“愿不愿”的价值取向的深刻影响。在这种意义上我们完全可以说，非智力因素中的主体部分即道德（人生）价值观在人的社会活动过程中起着决定性的支配作用。在生产活动中，“经济人”参与生产活动中的智力因素主要是与生产相关的知识和经验、专门的生产知识和技能，非智力因素主要是与生产相关的职业认知、职业情感、职业意志及其显现的坚持精神等。经验证明，后一序列对前一序列具有支配和整合的影响力，从而在根本上影响着企业的生产效益。

道德作为一种生产力的上述特性，使得职业道德在生产力诸要素中成为最活跃的生产力因素，也是最重要的生产力因素。现代企业在建设和发展生产力的过程中，应当始终把建设和发展职业道德文化、推动职业道德文化进步放在重要的位置。

三、道德生产力研究的意义及应有理路

从以上分析和阐述不难看出，道德生产力研究具有重要的理论与实践意义，不仅有助于拓展经济学和经济伦理学的理论视阈，丰富和发展生产力理论，而且有助于在企业生产过程中实现“经济人”与“道德人”的有机统一，从根本上加强现代企业建设，提高现代企业的生产力和竞争力，进而从根本上提高公民的道德素养，加强和促进社会主义精神文明和道德建设。然而这一研究目前并不景气，尚处在举步维艰的阶段，要改变这种状况就需要探讨其深入发展的应有理路。

其一，应坚持历史唯物主义的方法论原则，改变“冷战思维”方式。众所周知，在道德与经济的逻辑关系问题上，历史唯物主义认为经济关系决定道德，道德对经济关系具有反作用。所谓“道德生产力”不过是关于“反作用”的一种特殊的语言形式而已。在过去“左”的思潮盛行的年代，我们片面强调“反作用”，脱离物质生产力的发展水平和人们可能达到的道德觉悟鼓吹“抓革命，促生产”，由于违背了经济和生产力发展的规律，结果“革命”没有“抓”起来，“生产”也没“促”上去。党的十一届三中全会胜利召开之后，经过拨乱反正和解放思想，我们纠正了这种形而上学的错误，但有些人却又走上另一个极端，片面强调经济对道德的“决定作用”，轻视以至诋毁道德对经济的“反作用”。有的人说：“道德作为意识形态和上层建筑，其变化的根源是社会经济关系，其最终的根源是生产力，因此，应该说生产力是道德进步的根本动力。如果说道德是生产力，

那正好颠倒了道德与生产力的关系。”[①]这种思维和表达方式实际上是一种“冷战思维”，表面看来是在坚持历史唯物主义，其实是肢解了历史唯物主义的方法论原理，其危害在于给人以一种有关唯物史观的似是而非的认知满足，动摇了人们对包括道德在内的社会意识形态的巨大“社会作用力”的信念和信心。正如有论者指出：“实际上，道德生产力是在坚持物质决定意识的逻辑前提下，更多地将注意力转移到作为意识的道德对于生产力的渗透、作用以及两者之间的复杂关联。”[②]

其二，应给“道德生产力”研究进行科学定位，将其纳入“道德资本”的研究视阈。多年来，王小锡教授及其追随者在这两个方面进行了积极的探讨，取得了不少令人注目的有益成果。现在需要厘清的问题是：“道德生产力”与“道德资本”这个概念及其研究之间究竟是什么关系？对此，我的基本看法是不应当将这两个领域的问题截然分开，因为它们都属于经济伦理学的范畴，都是经济活动中的“道德动力”，区别仅在于“道德生产力”只关涉到生产活动中的道德问题，“道德资本”关涉的除了生产活动中的“道德动力”之外尚有经营活动中的“道德动力”，两者之间是部分与整体的关系（“道德生产力”也可以说是一种“道德资本”）。因此，试图创建一个道德生产力学科或道德生产力的学科领域的努力，是不必要的。如同道德资本研究需要在经济学和伦理学的交叉地带拓展和深入一样，道德生产力研究的拓展和深入也离不开经济学和伦理学的视野交汇，需要在这种交汇的视野里将其纳入现代企业生产力建设的研究工作之内，以伦理文化软实力的价值形式丰富和发展现代企业的生产力和竞争力的内涵。须知，强调开展“道德生产力”研究工作的必要性和意义旨在引起更多学科的重视，吸引更多的人参与，以取得应有的成果，而不在于突兀其问题域，使其单兵突进，孤军深入。

其三，运用多学科的方法。道德作为一种生产力，显然既不是经济学

① 周荣华：《论道德在生产力发展中的作用》，《南京理工大学学报》（社会科学版）1997年第4期。

② 张志丹：《多重视域中的道德生产力——兼驳“泛生产力论”的观点》，《伦理学研究》2008年第4期。

的概念，也不是伦理学的概念，而是经济学和伦理学的交叉学科——经济伦理学的概念，因此，研究道德生产力与研究道德资本一样需要运用经济学和伦理学的学科方法。但仅作如是观是不够的，研究道德生产力还需要运用经济学和伦理学以外的其他学科的方法。比如文化学尤其是企业文化学的方法，在构建和提升道德生产力的过程中就应当给予特别的关注。道德广泛渗透的生态特点决定了其一切价值存在和实现方式都需要“寄生”和“借用”其他社会现象（活动），在生产活动中则需要“寄生”和“借用”企业的文化建设，通过企业文化建设构建和谐的人际关系，营造崇尚公平正义的行业之风，在这个过程中培育“经济人”的“道德人”品格，由此而提高企业的道德生产力。再比如人才学和组织行为学的方法，由于其关乎“经济人”和“道德人”的培育及其相互关系的建构原理，也是应当给予高度重视的。总之，道德作为一种生产力，其形成和发展的研究涉及多种学科的方法，不能仅仅游弋在经济学和伦理学的交叉学科——经济伦理学的视界之内。

“伦理就是道德”质疑*

中国伦理学自20世纪80年代初应运复兴以来通行在“伦理就是道德”的命题之下将其对象界定为道德，围绕道德构建自己的学科体系。近几年有学者质疑“伦理就是道德”的命题，试图从学理上将两者区分开来，做了一些有益的探讨。这种探讨是很有意义的，不仅有助于客观地认识和把握伦理与道德这两类不同的社会现象，更重要的是有助于在学理的意义上科学地界说伦理学的对象，梳理伦理学的基本问题，丰富和发展伦理学的学科体系。

一、从一个“老问题”说起

在中国高等学校的伦理学课程教学中，大学生常问他们的老师：伦理学既然以道德为对象，为什么不称其为“道德学”或“道德哲学”而称其为“伦理学”呢？这是一个“老问题”。对此，老师们通常从两个思维路向进行应答和解疑：一是出于一种偶然的历史原因。清代末年，日本学者在翻译英文“ethics”（道德学问、道德哲学）时，由于在日文中找不到相应的词来表达，便借用了汉语中的“伦理”，译为“伦理学”。这一译法被当时留学日本的中国学子回国沿用。二是“伦理就是道德”，就是说伦理

* 原载《学术界》2009年第6期，收录此处时标题有改动。

与道德两个概念的含义没有什么不同，因此“伦理学”也就是“道德学”。第二种解读方式在目前中国的有关工具书中几乎千篇一律，如《辞海》说：伦理就是“处理人们相互关系所应遵循的道理和准则……现通常作为‘道德’的同义词使用。”《现代汉语词典》说：伦理就是“指人与人相处的各种道德准则”。依据这种理解范式，《中国大百科全书》认为，伦理学是“哲学的一个分支学科，即关于道德的科学。亦称道德学、道德哲学或道德科学”。《伦理学名词解释》认为，“伦理学是从总体上和联系上考察各类道德现象，并从世界观和方法论上说明道德的本质、功能和各方面规律的理论科学……在语源意义上，‘伦理’和‘道德’是相通的”。一些较有影响的论著和教科书，也几乎无一例外地是在“伦理就是道德”的命题之下将伦理学的对象归结为道德，并由此出发建构伦理学的学科体系。有的学者甚至进一步认为，伦理学应以优良的道德为对象，由此主张“伦理学是关于优良道德的科学，是关于优良道德的制定方法和制定过程以及实现途径的科学。因此，伦理学分为元伦理学和规范伦理学以及美德伦理学”①。

显而易见，第一种应答和解疑的理由是难以令人信服的。人们不禁要问：当初日本人在找不到可以与英文“ethics”（道德学问、道德哲学）相匹配的名词进行翻译的情况下，为什么不用汉语言中的“道德”而偏偏用“伦理”来替代呢？这不正好说明“伦理”与“道德”是两种不同的社会现象、两个不同的社会概念吗？再说，20世纪初以来，不少主张伦理学应当以道德为对象的学者就是在“道德学”或“道德哲学”的意义上言说他们的伦理学体系的，这方面比较有代表性的著作有商务印书馆1931年出版的张东荪的《道德哲学》、复旦大学出版社2005年出版的高国希的《道德哲学》等。不过，这种应答理由尽管不能令人信服却并不重要，重要的是第二种应答理由，因为“伦理就是道德”的命题涉及伦理学的对象问题，在“伦理就是道德”的认知范式下势必会产生根本学理性的误导。

人类在几千年不断远离野蛮和走向文明的历史进程中，为应对生存和

① 王海明:《伦理学是什么》,《伦理学研究》2002年第1期。

发展之需而不断发展着伦理自觉和道德自律，从而使得伦理与道德在社会生活和思维活动中逐渐成为彼此不同又密切相关的两种社会现象和社会概念，使得“伦理与道德”和“伦理就是道德”成为两个不同的命题和思维方向，沿着“伦理就是道德”与沿着“伦理与道德”的命题和方向所构建的伦理学体系不可能是一样的。在人类的经验活动和精神体验中，伦理总是被人们习惯地理解为一类特定的社会关系，合乎“伦常”的人际关系被视为天经地义，“乱伦”的性关系被视为大逆不道；而道德总是被人们习惯地理解为一类观念或意识体系，一种规矩或规范体系。所以，沿着“伦理就是道德”——以道德为对象构建伦理学体系，势必会出现两个方向上的学理性误导：引导伦理学规避构建社会伦理关系的现实要求和永恒主题，肢解伦理学的学科使命和宗旨；引导道德的知识和理论远离社会伦理关系的实际需要，使之成为“纯粹理性”而失却其“实践理性”的价值本质和功能。笔者以为，这两个方向上的学理性误导，正是目前中国伦理学学科建设和道德教育领域存在的突出问题。其集中的表现和危害就是：伦理学不研究伦理即一种特殊的社会关系，而只研究道德知识即特殊的社会意识形态和价值形态；从而使得道德教育成为只是灌输道德知识的活动，而忽视促使受教育者具备关注和谐、善与人处的伦理关系的意识和能力。道德教育和道德建设不在其本身，而在于构建和谐的伦理关系，促进社会和谐。

改革开放以来，中国社会为应对经济建设、政治和法制建设快速发展的过程中出现的“道德失范”问题，加强了道德和精神文明建设，但其效果一直不佳，人们一直为此所困扰，希望“两手”中的这一“手”能够真正地“硬”起来，然而一直不是那么尽如人意。人们在追问其中的原因时，普遍地将此归咎为“市场经济的负面效应”，归咎于道德建设的内容和方法缺乏科学性，而没有或极少反思伦理学自身的问题，没有从学理的角度揭示“伦理与道德”的区别及其内在的逻辑关系。理顺两者的关系，并由此出发拓展伦理学学科建设和发展的视野，重构伦理学的对象及学科体系，把道德建设与伦理建设结合起来。

二、词源和词义意义上的伦理与道德

伦理与道德作为特定的概念，词源不同，词义也不一样。

在中国，伦理是由“伦”与“理”联结而成的，道德是由“道”与“德”联结而成的。“伦”出现在公元前8世纪前后，当时意为条理、次序，如《尚书·舜典》有“八音克谐，无相夺伦”之见（意为：要想八种乐器能够和谐，就不要让它们乱了次序），《诗经·小雅》中有“维号斯言，有伦有脊”[①]之怨。至春秋战国时期，“伦”的含义有所扩充，其义有二：一是“法度”的意思，属于社会规则范畴，如孔子说：“柳下惠、少连，降志辱身矣，言中伦……”（意为：柳下惠、少连降低自己的意志，屈辱自己的身份，可是他们的言语还是合乎法度的……）[②]二是辈分和顺序之意，属于描述人伦性状的范畴，如孟子说：“人之有道也，饱食、暖衣、逸居而无教，则近于禽兽。圣人有忧之，使契为司徒，教以人伦：父子有亲，君臣有义，夫妇有别，长幼有叙，朋友有信。”[③]春秋战国时期“伦”的内涵由“事理”向“人理”的扩充和发展，经历了两百多年的演变过程，应对的是当时代社会变革和人际关系变化的客观要求。在这个过程中，“伦”的核心和要义不仅没有失落，相反凸现出来。所谓伦，就是人与人之间以差别为前提的顺序关系，即辈分。“理”的本义是按照玉的纹路治玉、琢玉。后来许慎解释道：“伦，从人，辈也，明道也；理，从玉，治玉也。”从中我们可以看出，“伦”与“理”联用成“伦理”一词是依照主谓方式结构而成的，“伦”是陈述词，“理”是被陈述词，“理”是用来说明“伦”的，所谓“伦理”也就是需要“治理”“梳理”的社会秩序、人际辈分的关系。“伦理”一词第一次出现是在《礼记·乐记》篇：

---

① 此句语境为：“谓天盖高，不敢不局。谓地盖厚，不敢不蹐。维号斯言，有伦有脊。哀今之人，胡为虺蜴？”直译意为：天虽高而不敢不弯腰，地虽厚而不敢不蹑脚！（我们）发出这些呼号，是有可考证的次序和道理的。可怜如今的人，为啥要做毒蛇蜥蜴？

②《论语·微子》。

③《孟子·滕文公上》。

“乐者，通伦理者也。是故知声而不知音者，禽兽是也；知音而不知乐，众庶者也。唯君子为能知乐，是故审声以知音，审音以知乐，审乐以知政，而治道备矣。”伦理学界大多引用者都略去“乐者，通伦理者也”之后的补充说明语，而被略去的恰恰是最重要的，因为它指明伦理所反映的对象是特定的社会关系，具体来说就是以高低贵贱等级为标志的政治和政治伦理关系。至《礼记·乐记》所见，伦理属于特定的社会关系范畴的属性已经确定。

“道”，最早出现在《诗经·小雅》中：“周道如砥，其直如矢”。以后，引申为自然之“道”和社会之“道”。前者是指外在于人的自然规律或自然力量，如老子说的“道生一，一生二，二生三，三生万物”的“道”[①]；后者指的是人们应当遵循的社会规则和行动准则，如孔子说的“志于道，据于德”的“道”[②]。孔子之后，“道”的含义渐为宽泛，但基本意思没有离开过社会规则和行动准则，即封建社会的礼乐制度。“德”，初见于《尚书·周书》，指人内心的情感和信念，本义为“得”。“得”（“德”）的心理基础是“性”，对象和内容是“道”，在“性”的基础上“得”“道”即为有“德”。所以，《礼记·乐记》说：“礼乐皆得谓之有德，德者得也。”后来朱熹在《四书章句集注·论语注》中注释孔子所说的“据于德”的“德”时，也言简意赅地指出：“德者得也，得其道于心，而不失之谓也。”概言之，“德”的基本含义是得“道”，即对“道”发生认知和体验之后的“心得”，亦即“得道”之后的知性、情感和信念。古人的这种构词逻辑有两点值得注意：其一，“道德”一词一般是指个体道德即道德品质，与今人所言“道德”在内涵上存有重要的差别。其二，所谓“道德”其实是“德（得）道”，揭示了个人道德品质形成和发展的一般规律。中国伦理思想史上曾发生旷日持久的关于“性”的“善”“恶”与否的争论，这种争论的主题并非关于个人道德品质的“善”与“恶”是否与生俱来的问题，而是个人道德品质的形成和发展有没有与生俱来的基础即

①《老子》四十二章。

②《论语·述而》。

所谓“善端”的问题，孟子的“四端”说强调的是个人“善德”形成和发展需要“善”的始基，而这种始基是与生俱来的。

最早将“道”与“德”联结为“道德”一词的现象，出现在《周易·说卦传》：“和顺于道德而理于义，穷理尽性以至于命。”意思是说，八卦温和顺从于道德又为义所控制，穷尽事物的道理和人的本性以达到与天命的一致。后来，不少典籍里都说到“道德”，如《韩非子·五蠹》说的“上古竞于道德，中世逐于智谋，当今争于气力”，《荀子·强国》说的“威有三，有道德之威者，有暴察之威者，有狂妄之威者”，《后汉书·种岱传》说的“仁义兴则道德昌，道德昌则政化明”，韩愈《原道》说的“凡吾所谓道德云者，合仁与义言之也，天下之公言也”，等等，这些“道德”所指都是个体道德。中国今人所说的道德与古人讲“道德”的范式不一样，一般都把道德看成是“特殊的社会意识形态”即社会之“道”，如《现代汉语大词典》说道德是“社会意识形态之一，是人们共同生活及其行为的准则和规范”[①]。而伦理学人自20世纪90年代以来，多在社会之“道”和个人之“德”的“总和”的意义上言说“道德”这一概念。

从以上简要分析不难看出，伦理与道德在汉语的词源和词义上是两个不同的名词，伦理是特殊的社会关系，道德是特殊的社会意识形态和价值形态，今人将两者混为一谈的认知方法是违背这一传统的。

在西方，“伦理”与“道德”也是两个不同的名词，词源和词义都有所不同。“伦理”是ethic（ethics为名词“伦理学”），在赫拉克里特那里是“寓所”之意，具有“生活场所”的意思。“道德”是morality（moral为形容词“道德的”），由前缀mor（本义为规则和习惯）演变而来。有学者曾据此仔细分析过西方人所理解和运用的“伦理”与“道德”，指出它们之间存在“质的区别：源自希腊语的‘ethical’或‘ethics’，无论是作为形容词还是作为名词都具有更多的理性特征，如强调‘规则’、‘规矩’、‘标准’、‘处方’等；而源自拉丁语的‘moral’或‘morality’无论是作为形容词还是作为名词则包含更多的情性特征，如强调‘精神’、‘心理’、

①《现代汉语大词典》，上海：上海辞书出版社1992年版，第1804页。

‘内心’等”[①]。作如是区分的意义在于指出“伦理”与“道德”之间存在“质的区别”，至于区分的具体意见是否科学我们没有必要深究。然而，中国人编写的各类“英汉辞典”的解读范式却不是强调区分，而是强调认同，既混淆了ethic和ethics的界限，也混淆了morality和moral的界限，以至于公开说“伦理”与“道德”在西方人的话语系统中是不作明确区分的。这种想当然的混淆，同中国人自己长期恪守“伦理就是道德”或“道德就是伦理”的汉语理解范式也是有关的。

换言之，在西方人习惯理解中，伦理属于“我们”所需要的规则，道德是属于“我”对“我们”的规则的选择及由此形成的习惯。亚里士多德说：“道德是一种在行为中造成正确选择的习惯，并且，这种选择乃是一种合理的欲望。”[②]他所说的“道德”属于个体道德即个人之“德”，所谓“合理”就是“我们”的规则即社会之“道”。英国学者齐格蒙特·鲍曼在其《后现代伦理学》的“导言”中开宗明义地指出：“正如题目所表现的那样，本书是关于后现代伦理而不是关于后现代道德的研究。”[③]美国学者蒂洛认为，如今“一些人在各种职业如法学、医学、商业等以外的个人道德问题上使用‘道德’这个字眼，在‘职业内的问题上使用伦理’这个字眼，从本质上讲，我觉得这两个词及其对立面‘不道德’和‘不合乎伦理’几乎可以互用”[④]。蒂洛肯定了西方人在“我”的私生活方面使用“道德”、在“我们”的公共生活领域使用“伦理”这一传统习惯，同时他又不经意地认为这两个概念“几乎可以互用”，然而究竟为什么“可以互用”、应当怎样“互用”，他并没有作进一步说明。西方思想史上也有一些不能分别伦理和道德界限的例外，如《大不列颠百科全书》既没有伦理词条，也没有道德词条，只有“伦理学”和“道德教育”词条，它认为伦理学是一门以道德为对象的学科，是“哲学的一个分支。它研究什么是道德

① 尧新瑜:《“伦理”与“道德”概念的三重比较义》,《伦理学研究》2006年第4期。

② 周辅成编:《西方伦理学名著选辑》(上卷),北京:商务印书馆1964年版,第331页。

③ [英]齐格蒙特·鲍曼:《后现代伦理学》,张成岗译,南京:江苏人民出版社2003年版,第1页。

④ [美]J.P.蒂洛:《哲学理论与实践》,古平、肖峰等译,北京:中国人民大学出版社1989年版,第215页。

上的‘善’与‘恶’、‘是’与‘非’。伦理学的同义语是道德哲学。它的任务是分析、评价并发展规范的道德标准，以处理各种道德问题”。

总的来看，在语源和语义的意义上，中西方人对伦理与道德的看法基本上是一致的：伦理是属于“我们”的特殊的社会关系形态，道德是反映“我们”的社会之“道”及由此转化的个人之“德”，两者属于不同的社会范畴。日本人借用中国古汉语的“伦理”一词，在“伦理学”的意义上翻译西方社会的“道德学”或“道德哲学”的做法其实是一种误读和误译，当初中国人的袭用其实是不可取的。就是说，如今流行的“道德就是伦理”的命题在词源和词义上并不能成立。然而，我们却沿用了一个多世纪，不仅误导后人忽视了伦理与道德的区别，也误导后人忽视了伦理与道德的共同点及其相互关系。

三、作为“思想的社会关系”的伦理及与之相适应的道德

历史唯物主义把整个的社会关系划分为物质的社会关系和思想的社会关系两种基本类型，并认为思想的社会关系是依靠一定的社会意识形态来建构和维系的。中国学界的权威说法认为，思想的社会关系包含政治关系、法律关系、道德关系、思想文化关系四大类型[①]。这里所说的“道德关系”，其实是对伦理（关系）的误读，误读显然还是缘于“伦理就是道德”这一理解范式。道德本身不是什么社会关系，以为在一定经济关系基础上，按照一定的道德价值观，或者说按照一定的道德原则和规范形成的社会关系就是所谓的道德关系的看法，其实是不正确的。

伦理（关系）作为一种特殊的“思想的社会关系”，是以广泛渗透的方式存在于物质的社会关系和其他的思想的社会关系之中的。首先，渗透在“生产和交换的经济关系”之中。恩格斯说：“人们自觉地或不自觉地，归根到底总是从他们阶级地位所依据的实际关系中——从他们进行生产和

① 参见《中国大百科全书》“社会关系”词条。

交换的经济关系中，获得自己的伦理观念。”[①]正确理解这一著名的历史唯物论的论断应当注意两个问题，一是要把握由“经济关系”转换到“伦理观念”所必经的伦理关系这一中间环节，亦即遵循经济关系决定伦理关系、伦理关系决定“伦理观念”的方法论路径。在经济与道德的关系问题上，强调把握伦理关系这一中间环节是至关重要的。如果看不到这一中间环节，即看不到渗透在各种各样的社会关系中的伦理关系及其对道德发生与发展的决定性和支配性影响，机械地以为经济决定道德就是经济关系和经济活动直接决定道德，那么，我们就无法解释整个上层建筑包括意识形态与道德的关系，无法解释政治关系和政治活动、法律关系和司法活动、文化关系和文化活动何以会需要相应的职业道德的调节，更无法解释社会公共生活领域内的“公共关系”和“公共生活”何以也需要相应的道德调节，道德就失去了普遍实用的社会形态和价值意义。二是要看到“伦理观念”是对伦理（关系）的反映，是关于“伦理（关系）”的“观念”，即建构和维护伦理（关系）的道德观念，并非“伦理的观念”。其次，渗透在“竖立”在“生产和交换的经济关系”基础之上的上层建筑各个领域的关系之中，使得政治关系、法律关系、文化关系等社会关系都“包含”伦理关系，相应存在政治伦理、法律伦理、文化伦理等的“关系问题”，都需要社会道德的说明和调节、个体道德的体现和支持。由于是以广泛渗透的方式存在，伦理关系的生态具有普生性和普适性、相对性和隐蔽性等特点，既可以广泛地借助其他社会关系实现其社会价值，又易于“广泛”地被人们所忽视而失落其社会价值，究竟如何取决于社会道德对它的客观反映和科学调节，个体道德对它的适时体现和有力支持。

道德因伦理的广泛渗透而广泛渗透，形成各种各样的道德（社会之“道”和个人之“德”），把隐蔽的伦理关系和伦理问题在建设和发展上的客观要求彰显在特定时代的人们的面前。也许正因如此，在道德与伦理之间，人们往往只看到道德而看不到道德背后的伦理，忽视了两者之间在认知上是反映与被反映的关系，在实践上是建构与被建构的关系。这样说，

①《马克思恩格斯选集》第3卷，北京：人民出版社1995年版，第434页。

并不是要否认道德在内涵上具有“关系”的特质，而是要强调道德在本质上是反映和维护伦理关系的观念形态和价值理性；道德自然也会因伦理之需而具有“关系”的内涵，但它本身不是“思想的社会关系”。

也就是说，伦理与道德的逻辑关系应当被解读为：伦理是本，道德是末；伦理是体，道德是用。两者相辅相成、相得益彰。有学者认为：“道德较多的是指人们之间的实际道德关系，伦理则较多的是指有关这种关系的道理。”[①]这种意见恰恰是把伦理与道德的关系说颠倒了。

特定时代的人们应当从伦理与道德的这种客观关系中获得这样的启示：道德的科学性和价值理性取决于与建构和维护伦理的客观要求相适应。社会和人为什么需要道德？因为社会伦理和人际伦理都需要道德（社会之“道”和个人之“德”）来建构和维系。两者之间，道德总是充当着建构和维系伦理的“支柱”和“质料”，其价值实现总是在建构和维系伦理的目标和过程中展现出来。一个社会如果很重视道德建设却不能赢得应有的伦理环境，这个社会就应当反思自己的道德建设是否反映、适应了伦理建构和维护的客观要求，否则就不仅难能赢得社会道德进步，相反还可能会诱发文牍主义和形式主义，造成虚假的道德进步景象。同样之理，一个人如果自以为道德高尚却不能拥有适宜其发展及精神生活的伦理环境，这个人就应当反思自己的人格是否存有缺陷，否则他的“高尚”就只能满足他的清高和孤芳自赏的心理需要，不仅有碍自身，也无益他人和社会。

最后，我们还要强调指出，如果越过伦理（关系）只在经济与道德的关系上直接解释道德的发生和功能，还会将道德庸俗化，从根本上抽走了道德的精神意义。是的，在社会之“道”的意义上“道德是调整人与人之间关系的一种特殊的行为规范的总和”，然而问题在于这里所说的被调整的“人和人之间关系”是什么样的关系。恩格斯说经济关系首先是作为利益表现出来的，普列汉诺夫认为道德基础是利益关系，他们所说的利益和利益关系所指都是物质利益关系，当代中国伦理学人在自己的学术话语系统和“潜意识”里一般也持这种看法。不难理解，无视经济与道德之间的

① 肖群忠：《伦理学的对象与性质新探》，《西北师大学报》（社会科学版）2001年第3期。

伦理（关系）的客观存在，必然会把道德的基础简单、片面地解读为物质利益关系，抽走了道德反映作为特殊的“思想的社会关系”的伦理的本质内涵，剩下的只是赤裸裸的“物质利益问题”，必然会“合乎逻辑”地产生这样的误导：社会道德只是因调整和维护物质利益关系而设置的，由社会道德转化的个人品德只是善待物质利益关系的“德性”。中国历史上发生的“义利之辨”，中国人一直把如何看待物质利益的态度作为衡量人的品德是否高尚的主要标准，其实都与这种“合乎逻辑”的误导直接相关，而这样的误导又与“伦理就是道德”的理解范式有关。由此看来，把“人与人之间关系”误读为物质利益关系，不仅肢解了伦理的应有内涵，掩盖了伦理的本质，而且淡化了道德的社会意识形态和价值形态的特性，使之成为简单的处理物质利益关系的价值标准和行为准则。

综上所述，伦理与道德是两种不同的社会现象和社会概念，伦理是一种特殊的“思想的社会关系”，道德是反映、建构和维护这种特殊的社会关系的行为准则和规范体系以及由此转化的个人道德品质，按照以道德为对象的传统范式展开的伦理学必然是“半截子伦理学”，不能真实展现伦理与道德这一彼此不同又密切相关的特殊的社会精神现象领域，因此是需要重新审视的。完整或科学的伦理学应当以伦理与道德及其关系为自己的对象来构建自己特殊的学科体系，由此来担当伦理学在人文社会科学家族中特殊的历史使命，展现其特殊的社会价值。

“纯粹个人消费”的伦理审思*

个人消费观念和方式中必然存在道德的问题，因而必须成为道德评价的对象，并列入道德教育和道德修养等道德实践的范围，这是世界各国各民族劳动者自古以来的伦理共识。在这个问题上中华民族表现得尤为突出，“在中国文化传统中，‘崇俭黜奢’是其消费观的主流”[①]，在伦理思维和道德评价活动中一直视勤俭节约为美德，以此为荣，视铺张浪费为缺德，以此为耻。这种与落后的小生产方式和自力更生、自食其力的消费水平相联系的伦理思维和道德行为习惯及道德评价标准，改革开放以来已经发生了根本性的变化。人们除了对个人消费与不义之财和化公为私（如公款私宴、公车私用、公物私占等）相关联的非正义的消费问题尚能够发表评价意见、加以批评和抨击以外，对“纯粹”的个人消费即“自己挣钱自己花——想怎么花就怎么花”的个人消费是否存在“美德”与“缺德”的伦理分野问题，已经漠不关心或因感到“困惑”而无言以对了，以至于面对诸如狂飙豪华车之类的“纯粹个人消费”，不少人虽然心存不满甚至愤怒，却也只是感到无奈，而伦理学等相关学界对此也迟迟不能发表自己应有的学理性意见，存在着“集体失语”的现象。

诚然，就拉动内需刺激经济发展而言，特别是相对于不劳而获、化公

* 原载《齐鲁学刊》2010年第5期，收录此处时标题有改动。

① 郭金鸿：《老子的消费伦理思想及其现代意义》，《齐鲁学刊》2005年第1期。

为私（如公款私宴、公车私用、公物私占等）而言，“纯粹个人消费”即“自己挣钱自己花——想怎么花就怎么花”无疑是一种“善”，无可非议。但是，“自己挣钱自己花——想怎么花就怎么花”是否一定就是“善”或只是一种“善”呢？

从实际情况来看，狂飙豪华车之类的“纯粹个人消费”，在拉动内需刺激经济发展的同时已经在社会上造成并且仍在造成明显的消极影响，以至恶劣的影响，甚至诱发和激化了一些严重的社会问题和社会矛盾。在笔者看来，这就是道德悖论现象——“善果”与“恶果”同在的自相矛盾现象，对此持熟视无睹、避而不谈的态度是不可取的。从维护社会基本道义看，我们需要对“纯粹个人消费”进行必要的伦理审思，并进一步探讨个人消费的正义问题。这是一个有重要现实意义的伦理学课题。

一、“纯粹个人消费”行为社会伦理属性上的两面性特征

众所周知，任何消费行为都是在特定的社会关系中进行的，具有公共性的社会关系特质，真正的“纯粹个人消费”其实并不存在。这使得一切个人消费行为都具有社会伦理属性。

诚然，从个人消费品即个人消费行为所涉及的衣、食、住、行、用等物的抽象形式看，个人消费是“纯粹个人的”。但是，从个人消费品的来源及个人消费的实际过程看却必定涉及诸方面的社会关系，属于社会行为，具有社会属性。就是说，个人消费品的获得过程必然要与生产经营者发生各种各样的联系：个人消费的实际内容及方式和过程势必会与他人和社会发生千丝万缕的联系，从而势必会发生广泛的社会“影响”，由此而使个人消费的实际过程形成广泛的伦理关系。从这个角度看，任何个人消费都不可能是“纯粹”的个人行为，不可能不带有社会伦理属性。

马克思曾将全部社会关系划分为物质的社会关系和思想的社会关系两种基本类型，后来列宁明确指出“思想的社会关系”就是“不以人们的意志和意识为转移而形成的物质关系的上层建筑，而物质关系是人们维持生

存的活动的形式（结果）”[①]。中国学界一般认为，思想的社会关系包含政治关系、法律关系、道德关系、思想文化关系四种基本类型[②]。而“道德关系”其实就是伦理关系，亦即人们通常所说的伦理，它是“思想的社会关系”的最典型最普遍的形式，其伦理话语形式就是人们平常所说的“风气”和“人气”。个人消费的行为过程，也是通过所发生的广泛的社会“影响”、参与建构与他人和社会之间的伦理关系——“风气”和“人气”的过程，从而使得个人消费行为具有不依消费者个人意志为转移的社会伦理属性。这种客观的“消费逻辑”，即使在自给自足的小农经济社会也是普遍存在的，在现代市场经济社会更是如此。现代市场经济社会的生产和交换多带有公共生活的特质，需要拓展相应的公共生活空间，这样的拓展通常伴随着个人消费行为的延伸，使得个人消费行为大多直接地带有公共生活的方式和特质，从而使得个人消费行为的社会伦理属性更为凸显起来。

在一定的社会里，伦理关系一旦形成就会以其广泛渗透的方式对决定它的各种各样的物质的社会关系发挥巨大的支配性的影响，它虽然不具有量化的可视性，但人们都能感觉到它无处不在、无时不有。中国人认知和评价这种真实存在的学理术语是“和谐”，其道德学理用语是“同心同德”或“离心离德”、“心心相印”或“貌合神离”等。在实际的社会生活中，“和谐”的“风气”和“人气”是社会和人发展与进步必备的伦理环境，至关重要，在有些情况下对一个人的人生发展和价值实现具有支配性的决定作用。“同学”“同事”之间重要的不是“同”什么“学”、“同”什么“事”，而是如何“同学”和“同事”——是“同心同德”还是“离心离德”、“心心相印”还是“貌合神离”。在当今社会，个人消费包括“自己挣钱自己花——想怎么花就怎么花”的所谓“纯粹个人消费”，对“风气”和“人气”所产生的影响是“同心同德”还是“离心离德”、是“心心相印”还是“貌合神离”，人们多有切肤的感触和体验。

---

①《列宁选集》第1卷，北京：人民出版社1972年版，第18页。

②《中国大百科全书·哲学》(Ⅱ)，北京：中国大百科全书出版社1987年版，第946页。

由上分析可以得出一个结论：任何“纯粹个人消费”行为都会对社会和谐和人际和谐的建设发生一定的影响，与道德无关的所谓“纯粹”的个人消费行为实际上是不可能存在的。诸如狂飙豪华车的个人消费行为，不论其个人消费品的获得是如何的“纯粹”，都必定会损害社会和谐和人际和谐。它在警示我们：在个人消费的问题上，“挣自己的钱”即使是合乎正义的，“花自己的钱”也可能会是非正义的。

需要特别指出的是，在社会关系（首先是利益关系）需要通过国家意志进行调整、不可避免会出现新的社会分层的改革与发展的年代，应当特别注意个人消费行为的社会伦理属性。因为，在这期间，个人消费行为的社会伦理属性在道德评价上通常与人们对国家推行的方针政策的评价相联系，因而具有“政治伦理”的特色和影响力，与维护社会稳定以求社会持续发展的根本问题直接相关。这是因为，个人消费在能力和水平上的差别本是社会分层的主要标识，所以人们总是习惯于在“消费分层”的意义上来评判社会分层及由此带来的社会矛盾。在阶级社会里，“消费分层”是阶级差别与对立的直接标记，“朱门酒肉臭，路有冻死骨”就是对这种差别与对立的生动描绘。当代中国的社会分层问题同样是以“消费分层”为标志的，虽然一般并不具有阶级差别与对立的性质，但应当看到它同样具有某种“政治伦理”的特色和影响力。一些富人的个人消费行为，在以个人消费的特别方式拉动内需刺激经济发展的同时，实际上也是在肆意夸大贫富差距和社会分层及由此产生的社会矛盾，扩大着社会分层形成的不同阶层的人们之间的心理距离，不仅损害了消费者的身心健康，而且会产生“涣散人心”式的恶劣影响。关于这个问题，我们只要稍微关注一下时下网民对此类的个人消费所发表的极为不满的评论就可以看得很清楚。

二、个人消费观对社会主导价值观的双重影响

个人消费总是受一定的消费观念的支配，而消费观念是人生价值观的重要组成部分，一个人怎样消费也就同时在宣示和传播他的人生价值观。

迈克·费瑟斯通指出："在当代消费文化中，它（个人消费及由此表达的生活方式——引者注）则蕴涵了个性、自我表达及风格的自我意识。一个人的身体、服饰、谈吐、闲暇时间的安排、饮食的偏好、家居、汽车、假日的选择等，都是他自己的或者说消费者的品位个性与风格的认知指标。"① "消费行为模式的选择一定是对某种文化及其观念的认同，是一种文化选择，是消费者文化价值取向的具体体现。"②个人消费观作为一种人生价值观包括伦理道德价值观，一个人的消费观念如果与社会主导价值观相一致或大体一致，就会有益于社会主导价值观的倡导和推行，反之则会干扰以至阻扰社会主导价值观的倡导和推行。

在历史唯物主义视野里，一定社会的主导价值观，在归根到底的意义上是由一定社会的生产方式及由此形成的生活方式决定的，其形成之后便会作为社会意识形态的重要组成部分经由"得其道于心而不失"（朱熹语）的转化路径内化为人们的人生价值观，支配人们参与社会生产和社会生活包括个人消费的实际行为。就是说，个人消费观一般是在接受社会倡导的主导价值观的情况下形成的，而其一旦形成又会对社会主导价值观的提倡和推行发生根本性的影响。不过，应当看到的是，个人消费观念的形成及其对社会主导价值观的影响也存在某些特殊的情况：在特定的历史变革时代和某些特殊的人生境遇中，由于受到一些复杂的特殊因素的刺激和影响，有些人也会"发明"和"创造"某些消费观念，并通过自己独特的消费方式表现出来，表达某种"与众不同"的人生价值观和道德观。在当代社会，这种"发明"和"创造"一般都会通过传媒被迅速地"推介"到社会上，影响到他人的消费行为，以至于渐渐形成某种时尚或流行的人生价值观。相对于社会倡导的主流的人生价值观，这样的个人消费观——人生价值观属于"多元价值观"范畴，在价值趋向上有的与社会主导价值观相一致或大体一致，有的则可能有所不同甚至完全不同。前者，如中国20

① [英]迈克·费瑟斯通:《消费文化与后现代主义》,刘精明译,南京:译林出版社2000年版,第121页。

② 于雪丽:《消费行为与文化选择》,《北方论丛》2008年第4期。

世纪90年代以来逐渐流行的“小资”“布波”等“我酷故我在”的个人消费方式。它们虽然“不合主流”却无伤社会主导价值观，也不会损伤社会伦理和人际伦理，相反还或许会使我们的生活显得丰富多彩。后者，诸如狂飙豪华车之类极端怪异和奢侈的个人消费所表达的人生价值观，多是一些富人在我国变革年代“发明”和“创造”的，它们与走共同富裕道路和实现中国特色社会主义共同理想、“以辛勤劳动为荣，以好逸恶劳为耻”、“以艰苦奋斗为荣，以骄奢淫逸为耻”等社会主义荣辱观格格不入，干扰着社会主义核心价值体系和核心价值观的倡导和推行，危害社会与人的发展与进步，尤其会对年轻一代的健康成长造成不良的影响。

顺便指出，近几年一些地方盛行的“三俗”（即庸俗、低俗和媚俗）文化和精神的消费方式，无视精神文化生活的质量，无视社会主义文化和道德文化对精神生活健康文明的要求，腐化着我们社会应有的文明风尚，毒化着未成年人的待塑灵魂，动摇着人们对社会主义道德文明与道德建设的信念和信心，其消极的伦理影响与狂飙豪华车之类的“纯粹个人消费”有异曲同工之处，同样不可等闲视之，必须给予伦理审思，坚决地进行抵制。

三、个人消费应当尊重消费正义原则

消费正义是近几年经济伦理学界提出来的一个新概念，其学理性的基础和前提是政治哲学意义上的一般社会正义和经济哲学意义上的生产正义、交换正义、分配正义等。如果说，政治哲学和经济哲学研究正义问题是立足于社会群体和社会制度的话，那么消费正义问题作为一种特殊的研究领域则应立足于个体，并且应主要是针对个体消费不义而言的。

研究个人消费的正义问题，首先需要转变关于个人消费之道德评价的视点和标准。在广大普通劳动者看来，合乎正义的消费就是自力更生，自食其力，反之就是非正义消费或不义消费。由于中国过去长期是小生产者社会，“纯粹个人消费”多为自力更生意义上的“自食其力”，劳动者群体的消费一般不带有不劳而获的性质，所以长期没有关注自力更生、不劳而获之外的个人消费是否存在正义问题。现在，个人消费正义问题的提出，是经济社会发展的必然要求，它为创建适应社会主义市场经济条件下的经济伦理学特别是消费伦理观提供了一个十分有意义的全新课题。

在我看来，伦理学视野里的正义范畴，一般应是指人的言行具有的合乎道义的公正性和合理性，评判伦理正义的基本原则和价值标准应是道德自由与道德责任的相应对等性。虽然，伦理正义与其他学科视野里的正义一样也是历史范畴，不同的社会、不同的阶级有不同的正义原则，但是其价值核心和解读范式都应是自由与责任的相应对等性；主张正义的言行要符合社会上大多数人的愿望和要求，要对社会和他人负道义责任，有利于促进社会和人的发展与进步。对评判个人消费是否合乎正义的问题，自然也应作如是观。是的，你“花自己挣的钱”可以“想怎么花就怎么花”，这是你的自由，但必须同时对这种自由产生的后果承担相应的责任。

为此，应当制订评判个人消费正义原则的标准和约束机制。这样的标准和机制应当以不危害、不侵害为价值核心，体现物质消费与精神消费相一致、表现个性与尊重社会理性相统一的消费理性。不危害，即不对社会造成不良的影响，不妨害国家关于建设社会主义和谐社会与和谐人际关系的理路和实践，不妨碍社会主义主导价值观的倡导和推行。不侵害，即不侵害他人应有的权利。以个人消费自由为例，你想怎么消费那是你的自由，但这种自由不应当侵害自己和他人的人身自由权利和人格尊严，不应当对他人尤其是未成年人的心理健康造成伤害，如此等等。

制订和实行个人消费正义原则的标准和机制，需要国家和社会作出多方面的努力。如可以探讨制订和试行个人消费税制度，通过必要的税制对非正义的个人消费特别是极端奢侈和怪异的消费，加以遏制。也可以探讨制订或修改相关的法律，对肆意危害社会和谐与安宁、不尊重他人自由和感情的消费方式加以法律约束，（如对飙车造成的人身伤害，除了以“交通肇事罪”或“危害公共安全罪”论处之外还应有“罪加一等”的法律依据）如此等等。而对源于拜金主义、物欲主义和个性主义，只会对社会造成消极影响的“三俗”之类的个人文化和精神消费，则应坚决加以禁止。从道德调节的角度看，需要制订和实行关于个人消费的伦理制度，在介于法律规范和道德规范之间的意义上通过社会舆论和相应的行政措施，对违背基本道义的极度不当消费进行处罚。这样的伦理制度所维护的基本道义的精神，还应当列入未成年人的思想道德教育的内容体系，使之从小接受不危害、不侵害社会和他人，也不妨碍个人健康成长的个人消费观念，养成良好的个人消费习惯。

齐格蒙特·鲍曼伦理学方法的得与失*

近几年，国内一些重要刊物相继发表了一些介绍和评述“当代社会科学领域里声名显赫的人物”齐格蒙特·鲍曼（Zygmunt Bauman）的学说的文章[①]。也许是因为“鲍曼是现代性与后现代性研究最为著名的社会理论家之一”，而“他的思想飘忽不定，既具有说服力和启发性，又令人费解”[②]，其伦理学说见解更为晦涩难解，所以介绍和评述的多是鲍曼的社会学思想，很少涉论他的伦理思想，对其在《后现代伦理学》（1993年）尤其是在《生活在碎片之中——论后现代道德》（1995年）中所阐发的后现代伦理观，几乎没有涉及。这两本书已分别在2003年和2002年被翻译成中文出版，影响较为广泛。在这种情况下，探讨齐格蒙特·鲍曼伦理思维方法的得与失显然是有意义的。

* 原载《伦理学研究》2010年第4期，收录此处时标题有改动。

① 参见刘晓虹：《齐格蒙特·鲍曼：现代性的辩证法》，《国外理论动态》2003年第9期；[澳]彼得·贝尔哈兹：《解读鲍曼的社会理论》，郇建立编译，《马克思主义与现实》2004年第2期；王凤云：《鲍曼的后现代伦理学批判视角》，《道德与文明》2005年第1期；张成岗：《鲍曼论“后现代伦理危机”及“后现代伦理学”》，《哲学动态》2005年第2期等。

② [澳]彼得·贝尔哈兹：《解读鲍曼的社会理论》，郇建立编译，《马克思主义与现实》2004年第2期。

一、“令人烦恼”的“道德模糊性时代”：客观主义的描述方法

齐格蒙特·鲍曼给后现代人类的伦理境遇作了这样概括的描述：“我们的时代是一个强烈地感受到了道德模糊性的时代，这个时代给我们提供了以前从未享受过的选择自由，同时也把我们抛入了一种以前从未如此令人烦恼的不确定状态。”[①]而与之相呼应的便是后现代文化：“时下的文化反复地讲那些我们每一个人愉快或痛苦地从我们自己的经验中学到的东西。它将这个世界描述为一连串的碎片和情节。”[②]生活在这种“碎片和情节”之中，人们普遍的心态是：“事物毫无前兆地突然引起我们的注意接着又消失或渐为人遗忘而不留痕迹。”[③]应当说，这种描述大体上是客观的，具有强烈的时代感。在这里，齐格蒙特·鲍曼在主客观即道德现象与道德感知相统一的意义上提出了他的伦理学说的两个基本命题。“道德模糊性的时代”是客观事实，“令人烦恼的不确定状态”是关于客观事实的主观感受，两者都是道德现象世界的真实情况。这表明，齐格蒙特·鲍曼具有强烈的后现代问题意识，在其伦理思维的逻辑起点上没有规避后现代的道德现实问题，没有拘泥于传统形而上学关于“道德是什么”的本体论追问，这就为当今人类实行伦理思维创新和道德价值重构提示了一个方法论的新视野，其积极的意义是不言而喻的。现代西方伦理思潮的一大特点就是关注资本主义社会发展进程中出现的突出的道德问题，从杜威极力鼓吹“新个人主义”、哈耶克区分“个人主义的真与伪”，到罗尔斯试图重建功利主义的“正义论”原则，都体现了这种伦理思维的价值取向。但是，它们或者蹒跚在叙述资本主义社会个别严重问题的泥潭，或者升腾到形似超越资本主义社会现实的形而上学彼岸，缺乏齐格蒙特·鲍曼在《后现代

---

① [英]齐格蒙特·鲍曼：《后现代伦理学》，张成岗译，南京：江苏人民出版社2003年版，第24页。

② [英]齐格蒙特·鲍曼：《生活在碎片之中——论后现代道德》，郁建兴、周俊、周莹译，上海：学林出版社2002年版，第310页。

③ [英]齐格蒙特·鲍曼：《生活在碎片之中——论后现代道德》，郁建兴、周俊、周莹译，上海：学林出版社2002年版，第309页。

伦理学》和《生活在碎片之中——论后现代道德》所表现出的那种直面现实的、彻底的客观主义方法论的问题意识和批评精神。

麦金太尔认为，现代西方社会的道德危机集中表现在不同意见之间没完没了的争论，而争论中所发表的道德意见又多是主观主义和情感主义的，缺乏客观态度。他说："当代道德言辞最突出的特征是如此多地用来表述分歧，而表达分歧的争论的最显著特征是其无终止性。我在这里不仅是说这些争论没完没了——虽然它们确实如此，而且是说它们显然无法找到终点。"[①]应当看到，在这种情势之下，齐格蒙特·鲍曼试图运用客观主义方法从整体上描述现代西方社会的道德危机，显然是具有一定的科学意义的。事实胜于雄辩，唯有立足于客观现实、从道德现象世界的实际出发才有可能"终止"一切伦理学说之争，尽管这种"终止"也许是完全不必要的。

然而，在客观描述"令人烦恼"的"道德模糊性的时代"的问题上，齐格蒙特·鲍曼又失之于主观片面的形而上学。他所指称的"我们的时代"，其实并不是整个现代西方社会的"时代"，更不是当今整个人类的"时代"，而是一些高度发达的资本主义国家的现时代，"令人烦恼"的"道德模糊性的时代"是由后现代极度的工具理性的诸因素造成的。全球范围内的资本主义国家绝大多数并不怎么发达，并没有出现发达资本主义国家那些严重的"令人烦恼"的社会伦理问题。有一些发达的资本主义国家，尤其是一些受到中国传统儒学伦理文化深刻影响的发达资本主义国家，在接受现代工具理性的过程中仍然恪守着其传统理性，传统理性给它们带来的多是福音而少为"烦恼"。就是说，"令人烦恼"的"道德模糊性的时代"，其实是资本垄断及极度发达的工具理性冲撞其传统理性造成的，并不是全人类的普遍问题，虽然带来的"灾难"殃及全人类。就是说，齐格蒙特·鲍曼客观描述"我们的时代"的话语权立场，其实并不真正属于"我们的时代"，其考量当今人类社会道德现象世界的方法并未走出传统形而上学的方法窠臼来真正揭示出"令人烦恼"的"道德模糊性的时代"的本质。

① [美]A.麦金太尔:《德性之后》,龚群等译,北京:中国社会科学出版社1995年版,第9页。

二、颠覆“道德普遍性”：相对主义的解构方法

在齐格蒙特·鲍曼看来，“令人烦恼”的“道德模糊性的时代”令我们“生活在碎片之中”，让我们陷入种种困境，感到无所适从，而造成这种后现代道德危机的根本原因就是人类在此以前一直相信和遵从传统道德理性的普遍性原则。他所说的普遍的道德原则指的是意识形态意义上的“非习俗道德”，认为这样的道德所主张的“责任”是构成与“他者”相遇时“无法忍受的不确定性”的形上根源。基于这种认识，他把颠覆“道德普遍性”、恢复“道德的本相”作为解构“令人烦恼”的“道德模糊性时代”的根本的方法论路径。他在《后现代伦理学》中专门安排了两章内容批评传统道德理性“难以捉摸的普遍性”及其“难以捕捉的根基”，认为“道德的本相”所要求的并不是“个体行为的一致性”，诉求这种并不存在的“一致性”本来就是一种“幻觉”。在此后出版的《生活在碎片中——论后现代道德》中，他又开门见山地指出：“我认为，现代企望及雄心的破碎，和社会化调整及个体行为一致化幻觉的消褪，使我们能比以往更加清楚地洞悉道德的本相。”[①]

沿着这个方法路径，齐格蒙特·鲍曼提出了两个至关重要的解构命题。一是从理论上说明关于“普遍性所持有的信念”不过是一种“假设”和“假定”[②]，二是在实践上促使和实现个体行为一致化幻觉的消褪，否认普遍的理论对于实践的意义[③]。前一个命题的核心概念是“时间代表层次”。他指出，从时间因素来看，“‘他物’在历史上的‘进步’是‘暂时化’的，‘较后的’等同于‘较好的’；‘恶’的等同于‘过时的’或者‘已经不再证明正确的’。”因此，以往“所有人类创设的他物，包括伦理

① [英]齐格蒙特·鲍曼：《生活在碎片之中——论后现代道德》，郁建兴、周俊、周莹译，上海：学林出版社2002年版，第1页。

② [英]齐格蒙特·鲍曼：《后现代伦理学》，张成岗译，南京：江苏人民出版社2003年版，第44页。

③ [英]齐格蒙特·鲍曼：《后现代伦理学》，张成岗译，南京：江苏人民出版社2003年版，第45页。

学上创设的他物”都是后现代的“相异之物”[1]。因此，道德的普遍性价值原则在今天已经失去时效了，成了一种“假设”和“假定”，真正的善“存在于未来”[2]。后一个命题的提出是前一个命题合乎逻辑的延伸，既然“时间代表层次”“善存在于未来”，那么就不应当以“信念”的态度“顺从”普遍的道德原则。尼采从宣称“上帝死了”开始“重估一切价值”，试图打碎以信仰为特征的普遍性原则，却又在另一个端点上重构道德的普遍性原则，没有真正摆脱“对道德规则之顺从与对其普遍性所持有的信念之间的密切联系”的困扰。他认为，这正是传统形而上学的“忧虑”之所在。在他看来，“什么是正在被做的和什么是追求的目标，这些并不重要；重要的是现在正在被做的应该赶快完成，追求的目标应该永远不能实现，应该移动，不停地移动”[3]。

不难看出，这种抽象地用时间形式来割断历史联系的方法本身就是相对主义的形而上学。一方面，“时间代表层次”只是时间特性的一个方面，一种形式。另一方面，就事物存在——运动、变化和发展的性状而言，任何时间都只是事物的形式，不是事物的内容，时间的联系本质上是事物在不同阶段的性状。因此，试图以“时间代表层次”和排解传统形而上学“忧虑”的方法来颠覆“道德普遍性”原则，割裂现代性与传统理性之间的内在联系，是不可能做到的，不仅不能恢复“道德的本相”，相反只会离“道德的本相”远去。

在历史唯物主义视野里，道德的普遍性原则是由道德的本质特性决定的。道德作为一种特殊的社会意识形态和由此推定的社会价值形态（价值标准和行为准则），既不是人类社会以外的神秘力量赋予的，也不是生命个体与生俱来的，在归根到底的意义上是由一定社会的经济关系决定的。恩格斯说：“人们自觉地或不自觉地，归根到底总是从他们阶级地位所依

---

① [英]齐格蒙特·鲍曼:《后现代伦理学》,张成岗译,南京:江苏人民出版社2003年版,第45页。

② [英]齐格蒙特·鲍曼:《生活在碎片之中——论后现代道德》,郁建兴、周俊、周莹译,上海:学林出版社2002年版,第69页。

③ [英]齐格蒙特·鲍曼:《生活在碎片之中——论后现代道德》,郁建兴、周俊、周莹译,上海:学林出版社2002年版,第80页。

据的实际关系中——从他们进行生产和交换的经济关系中，获得自己的伦理观念。”[①]根源于一定社会的“生产和交换的经济关系”的“伦理观念”经过理论的加工、提升和细化便形成一定社会的道德意识形态和价值形态——道德的普遍原则，从而对一定社会的“生产和交换的经济关系”及其“物质活动”（马克思恩格斯语）发挥“反作用”。只要人们生活在同一种经济关系及“竖立其上”的上层建筑的制度环境中，就势必要尊重乃至遵循同一种具有主导地位的普遍的道德价值原则。这种客观辩证法及其演绎的历史轨迹，是不以任何学术家个人或学术派别的“意见”为转移的。社会道德的普遍原则（社会之“道”）经由道德建设和道德教育转化为个体道德的个性形式（个人之“德”），从而在“个体行为的一致性”的意义上实现道德现象世界的整体建构，这是人类有史以来道德文明生成和发展进步的普遍现象和普遍法则。在这种意义上我们完全可以说，解构道德的“普遍性”和“一致性”，也就解构了社会之“道”与个体之“德”的内在逻辑，虚化了个体之“德”，最终解构了道德自身，必将使道德现象世界变得更加“模糊”和“不确定”。

三、“多元主义的解放”：个人主义的重建方法

面对“道德模糊性的时代”的现象世界和“令人烦恼的不确定状态”的伦理心境，齐格蒙特·鲍曼在解构“道德普遍性”之后，又合乎其逻辑地碰到了要如何进行道德价值重新建构的问题。如何重建？他的基本主张是充分肯定和发挥“多元主义的解放作用”[②]。

在齐格蒙特·鲍曼看来，人类的“行为和行为的后果之间有一个时间上和空间上的巨大鸿沟，我们不能用我们固有的、普遍的知觉能力对此进行测量——因而，几乎不能通过完全列出行为结果的清单去衡量我们行为

①《马克思恩格斯选集》第3卷，北京：人民出版社1995年版，第434页。

②［英］齐格蒙特·鲍曼：《后现代伦理学》，张成岗译，南京：江苏人民出版社2003年版，第25页。

的性质”[①]。这使得“我们永远不可能确切地知道‘人本身’是善还是恶(虽然也许我们将不断就此进行争论，好像可以得到真理一样)”[②]。解决这个问题的根本出路，就是要充分肯定生命个体的自由，使“人像空气一样自由，可以做他想做的所有事”[③]，使“我们可以成为我们希望的样子”[④]。基于这个基本认识，他提出“多元主义的解放作用”的道德价值重建方法。

从字面上看“多元主义”是一个模糊概念，究竟是“三元”“四元”还是“五元”以至更多的“元”？齐格蒙特·鲍曼没有明说，但很显然，“多元”不是一个数字概念，而是一个关于伦理道德观念多样化的价值概念。

齐格蒙特·鲍曼的“多元主义”的重建方法有两个基本特性。其一，立论逻辑和学术方向是反对“普遍主义”，以把解构和颠覆传统道德理性的普遍性和统一性的任务推向价值重建领域为主旨。其二，“多元”的形态是散乱和不确定的，没有某种既在或“假定”的“主元”(主导价值)与之相对应。这就使得他的“多元主义的解放”主张具有非常明显的个人自由主义的倾向。他的逻辑是：“自我向他者伸展，就好像生活向未来伸展；两者都无法理解其伸展所要触及的事物，但正是这种充满了希望和不顾一切的、从未有过结论和从未被放弃的伸展中，自我被再造，生命再现。”[⑤]他认为，传统道德理性的普遍性原则的弊端在于，确认“在一个道德的世界，只应听到理性的声音。一个只能听到理性的声音的世界是一个道德的世界”[⑥]。针对这种他认为的弊端，他宣称：“我主张道德是地方性的，并且不可避免地是非理性的——在不可计算的意义上，因此，不能表

①[英]齐格蒙特·鲍曼：《后现代伦理学》，张成岗译，南京：江苏人民出版社2003年版，第20页。

②[英]齐格蒙特·鲍曼：《生活在碎片之中——论后现代道德》，郁建兴、周俊、周莹译，上海：学林出版社2002年版，第299页。

③[英]齐格蒙特·鲍曼：《后现代伦理学》，张成岗译，南京：江苏人民出版社2003年版，第25页。

④[英]齐格蒙特·鲍曼：《后现代伦理学》，张成岗译，南京：江苏人民出版社2003年版，第26页。

⑤[英]齐格蒙特·鲍曼：《生活在碎片之中——论后现代道德》，郁建兴、周俊、周莹译，上海：学林出版社2002年版，第70页。

⑥[英]齐格蒙特·鲍曼：《生活在碎片之中——论后现代道德》，郁建兴、周俊、周莹译，上海：学林出版社2002年版，第300页。

达为遵从非个人的规则，不能描述为遵从在原则上可以普遍化的规则。”[①]否则，“成为道德的意味着放弃我自己的自由”[②]。在他看来，“地方性”和“非理性”与“遵从非个人的规则”或“普遍化的规则”是相悖的。这就表明，所谓“地方性”和“非理性”的“多元主义”实际上就是个人选择至上的个人主义。

诚然，齐格蒙特·鲍曼在其《后现代伦理学》和《生活在碎片之中——论后现代道德》中，没有公开宣示个人主义，《生活在碎片之中——论后现代道德》的结尾部分甚至公开反对霍布斯系统创建的利己主义学说传统，认为霍布斯的利己主义学说“直截了当”地发布了一个“简单信息”：人们“不应受感情的支配”，“依赖人们的冲动、倾向和天性”表达的感情“必须被根除或压抑”[③]。但是，这不能表明齐格蒙特·鲍曼的关于道德价值重建的方法不是个人主义的。从其学说主张的本质特性来看，仍然是个人主义的，或者说是西方个人主义传统的一种现代形式。这表明，齐格蒙特·鲍曼是试图用“碎片”式思维方法解决“生活在碎片中”的后现代道德危机，把重构道德秩序的可能诉诸、寄托在每个人的自觉性上。不难理解，这样的方法只会使“碎片”更“碎”，造成更多的混乱，不可能引领人们走出“道德模糊性的时代”和“令人烦恼的不确定状态”的伦理心境。这种方法的缺陷不仅如此，它还会使“我们所拥有的也只是一个概念体系的残片，只是一些现在已丧失了那些赋予其意义的背景条件的片段”[④]。

四、“错失真正的问题”：齐格蒙特·鲍曼方法失误的原因

马丁·科恩在其《101个人生悖论》中开宗明义地指出：“伦理学关心

① [英]齐格蒙特·鲍曼：《后现代伦理学》，张成岗译，南京：江苏人民出版社2003年版，第69页。

② [英]齐格蒙特·鲍曼：《后现代伦理学》，张成岗译，南京：江苏人民出版社2003年版，第70页。

③ [英]齐格蒙特·鲍曼：《生活在碎片之中——论后现代道德》，郁建兴、周俊、周莹译，上海：学林出版社2002年版，第300页。

④ [美]A.麦金太尔：《德性之后》，龚群等译，北京：中国社会科学出版社1995年版，第4页。

的，是些重要的选择。而重要的选择，其实是两难问题。”[①]他甚至认为，伦理学应当以解决“两难问题”为己任：“伦理学之所为，在于困难的选择——也就是两难。”但是，伦理学却往往忽视自己应当承担的历史责任：“伦理学太容易错失真正的问题了。”[②]这个看法是颇有见地的。齐格蒙特·鲍曼客观描述的“令人烦恼”的“道德模糊性时代”只是问题的表象，不是“真正的问题”，他的解构方法和建构方法的失误使他“错失真正的问题”。

如果进一步来分析，“令人烦恼”的“道德模糊性的时代”所包含的“真正的问题”有两个层面。第一个层面是“真正的问题”的本身，这就是道德悖论现象问题[③]。它的悖论现象以善恶同在的自相矛盾性状使人产生“奇异的循环”的认知困扰。如果我们不能用道德悖论的方法来认识和把握，就难以“寻求一种从困境中逃离的出口”[④]，就会因走不出困扰转而走向道德相对主义和虚无主义，最终将社会和人的道德需求诉诸生命个体的自救。第二个层面是“真正的问题”的本质。我们的时代之所以成了一个“令人烦恼”的“道德模糊性的时代”，“真正的问题”的本质不是道德自身出了问题，而是极度膨胀的私有资本与快速发展的工具理性结盟全面冲撞传统理性所产生的矛盾。这种矛盾，一方面给资本主义增添了文明和进步，另一方面又给资本主义带来野蛮和堕落，由此造成的强权政治和民族利己主义殃及整个人类。

实际上，齐格蒙特·鲍曼并没有回避道德“模糊”世界存在的“令道德思想家们感到苦恼”的悖论现象[⑤]，他看到了“我们和他人的行为确实有‘副作用’和‘不可预料的后果’，这些‘副作用’和‘不可预料的后

① [英]马丁·科恩：《101个人生悖论》，陆丁译，北京：新华出版社2007年版，第1页。

② [英]马丁·科恩：《101个人生悖论》，陆丁译，北京：新华出版社2007年版，第4页。

③ 笔者渐渐发现道德悖论是一个“道德问题群”，道德悖论现象是社会和人的道德行为选择（包括不是直接意义上的道德选择却又富含道德价值）和价值实现的过程同时显现的善与恶自相矛盾的现象，它是道德悖论问题研究的逻辑基础和起点。参见钱广荣：《把握道德悖论需要注意的学理性问题》，《道德与文明》2008年第6期。

④ [英]齐格蒙特·鲍曼：《后现代伦理学》，张成岗译，南京：江苏人民出版社2003年版，第25页。

⑤ [英]齐格蒙特·鲍曼：《后现代伦理学》，张成岗译，南京：江苏人民出版社2003年版，第33页。

果'可能窒息有良好企图的目的，并且带来任何人都不希望或者不能预料的灾难和痛苦"[①]。他甚至明确指出："从逻辑上讲，这是一个逻辑悖论，它使哲学的创造力伸展到了极限。"[②]但是，齐格蒙特·鲍曼并没有自觉地把道德悖论作为一种认识"道德模糊性的时代"的方法来看待，没有在此前提下探寻、分析和提出解悖、解构和建构的方法路径，积极地"寻求一种从困境中逃离的出口"，相反，他采取的是相对主义的解构方法和自由主义——个人主义的建构方法，并在一种极其消极和悲观的情绪中运用这些方法。他说："对我们行为后果的测评可能已经阻碍了我们本应拥有的道德能力的生长，它也使我们从以往继承下来的、被教导去遵守的、尽管很少但是经过检验的、值得信赖的伦理规则变得软弱无力。"[③]不能自觉运用道德悖论的分析方法，自然就更不可能尊重和运用历史唯物主义的方法论原理。

安托瓦纳·贡巴尼翁在其《现代性的五个悖论》中曾批评道："现代性最隐蔽的悖论在于现代性所认同的对现时的激情应该被理解成为某种苦难。"[④]这种颇具思辨性的概括，是非常适合齐格蒙特·鲍曼的研究方法和情绪取向的。

中国经过30多年的改革开放取得了举世公认和瞩目的辉煌成就，同时也出现了不少问题，其中包含"道德失范"及由此而产生的"道德困惑"。我们不能说这些问题就是后现代伦理思潮描绘的"道德模糊"与"不确定性"，但是，说其与后者存在某种相似性应当是确定无疑的。在这种情势之下，我们应当怎样进行我们的道德"价值重估"和"价值重建"，事关中国社会道德建设前途和道德进步的方向，厘清应有理路是至关重要的。

不言而喻，我们不能用齐格蒙特·鲍曼的解构和建构方法来把握当代

① [英]齐格蒙特·鲍曼:《后现代伦理学》,张成岗译,南京:江苏人民出版社2003年版,第20页。

② [英]齐格蒙特·鲍曼:《后现代伦理学》,张成岗译,南京:江苏人民出版社2003年版,第33页。

③ [英]齐格蒙特·鲍曼:《后现代伦理学》,张成岗译,南京:江苏人民出版社2003年版,第21页。

④ [法]安托瓦纳·贡巴尼翁:《现代性的五个悖论》,许均译,北京:商务印书馆2005年版,第27页。

中国社会发展进程中的道德现实及其逻辑走向。我们道德现实的“真正的问题”是“道德失范”和“道德困惑”，“道德失范”和“道德困惑”的“真正的问题”是在市场经济的“生产和交换的经济关系”及其“物质活动”中新生的“伦理观念”与中华民族传统的伦理精神发生了悖论性状的矛盾，其间的新旧对立与冲突并非仅是善与恶的对立和冲突，对此产生“说不清，道不明”的“困惑”是正常的，其孕育着的新的道德进步需要我们实行伦理思维的创新。因此，当代中国的伦理思维和道德建设的基本理路应是在历史唯物主义一般方法论原理的指导之下，从维护和适应改革开放与发展社会主义市场经济的客观要求出发，审慎地分析和说明“道德失范”中的新与旧、善与恶的知识边界，为人们逐步走出“道德困惑”提供理论支持。在这个过程中，我们无疑需要借用包括“正义论”“德性伦理”之类的他山之石，但也同时应当看到，这种借用不应该走出唯物史观的视野。

“思想政治教育生态论”献疑*

我国改革开放的序幕拉开后，传统的社会秩序和社会心理、人的政治思想和道德观念迅疾发生着变化，思想政治教育工作面临从未有过的严峻挑战和创新性的发展机遇。为应对这种急剧变化的形势，一些长期从事思想政治教育的工作者，以开拓者的人生姿态致力于思想政治教育的理论研究，在“原理”的层面为新时期思想政治教育工作的科学化乃至最终发展成为一门新兴的专业和学科，作出了奠基性的贡献。他们自己也在这种奠基性的辛勤劳作中成为我国思想政治教育理论研究和学科建设方面的著名学者和专家。现在回过头来看，这些先驱者的杰出贡献与他们坚持在历史唯物主义的指导下实行研究方法的创新是密切相关的。然而近几年，在思想政治教育研究方法创新问题上却出现了一些偏离历史唯物主义的学术主张，所谓“思想政治教育生态论”就是其中之一。

笔者通过研读相关论文发现，“思想政治教育生态论”是直接移植现代生态学的“世界观”和“方法论”的产物。据研究者介绍，现代生态学“把世界，包括人、自然和社会都看作有机的生命体，这些生命体广泛而普遍地内在联系着，这就是生态的世界观”，这种世界观“用和谐、平衡、

* 原载《高校理论战线》2010年第8期。

综合和内在关联的观点来认识世界和改造世界，这就是生态的方法论”[①]。在笔者看来，用这样的“生态世界观”和“生态方法论”研究思想政治教育理论与实践的重大问题，是一种不恰当的选择。

用“生态世界观”和“生态方法论”来看思想政治教育，就是要在整体上把思想政治教育看成是一个有生命的“生物”或“生命体”。表面看来，这似乎只是一个生动有趣的“比喻”，其实不然。正如“思想政治教育生态论”主张者所反复申明的那样，现代生态学的“世界观”和“方法论”的立论前提和核心价值观念是坚决“反对人类中心主义思维的价值取向”的，它主张构成生态各要素关系的“整体性、系统性、平等性和协同进化的动态和谐性”。所谓整体性，“主要是指人与自然和社会共同构成一个大的生态系统”；所谓系统性，“是指以整体的、全面的、联系的观点把握生态系统中各要素之间的相互关系及其系统与环境之间的关系”；所谓平等性，“是指在整个生态系统当中，各生态要素都是构成系统的一个组成部分，它们之间是相互依赖、相互制约，其地位不存在任何差别，消解任何生态要素先验的价值霸权”；所谓动态和谐性，“主要表现为系统内部各生态要素的平衡互动及系统与外部环境的高度协调适应”[②]。如果说，“系统性”和“动态和谐性”尚能用来“比喻”思想政治教育“生命体”的某些“生态特征”的话，那么，用所谓“整体性”来“比喻”思想政治教育“生命体”的“生态特征”，就不伦不类了，而用“平等性”来“比喻”思想政治教育“生命体”的“生态特征”，就更令人费解了。自古以来的任何国家和社会的教育，在目标和内容体系的设计与安排上，都必定具有以主流价值为核心取向的特性，思想政治教育更是如此。在这个意义上，我们完全有理由说：抽去了思想政治教育中的主流价值核心，再凸显“反对人类中心主义思维的价值取向”，思想政治教育的“生命体”也就将失去其“生命”特质、“徒有虚体”了。直言之，用“生态世界观”和

① 薛为昶：《超越与建构：生态理念及其方法论意义》，《东南大学学报》（哲学社会科学版）2003年第4期。

② 李伟、邹绍清：《大学生思想政治教育生态论方法探究》，《思想政治教育研究》2009年第4期。

“生态方法论”把思想政治教育解读和描述为一种“生命体”，势必会淡化思想政治教育所承担的社会意识形态功能和极为重要的历史使命，这对思想政治教育理论研究和实践来说无疑是十分有害的。

“思想政治教育生态论”的倡导者，一般都会涉及“思想政治教育生态系统优化”的问题。“系统优化”是他们方法创新的核心命题和价值目标。他们认为，实现“思想政治教育生态系统优化”的关键是要贯彻主导性原则。所谓主导性原则，是由整体性原则、多样性原则和开放性原则构成的，其中又以多样性原则最为重要。在“生态方法论”视野里，贯彻多样性原则就是要承认和尊重“生态系统”中每个物种的个性差异特征。这无疑是合乎逻辑的，因为世界上的事物总是千差万别的，自然生态系统中的事物也存在着个体、种、群的个性差异。在思想政治教育的人工智能系统中，无疑也要承认和尊重受教育者的个性差异特征。但是，这种承认和尊重，与承认和尊重自然生态系统中的个性差异特征有着本质的不同。“生态方法论”推崇的多样性原则，旨在承认和尊重个性差异特征的天经地义的合理性，而思想政治教育承认和尊重受教育者的个性差异特征，并不是教育的目的，而是教育目的的实现途径，其实质是遵循和贯彻一般寓于个别的认识论路线，旨在尊重和激发不同受教育者个体的认知个性和能力，促使受教育者用其独特的个体方式承认和接受马克思主义的世界观和方法论以及社会主义核心价值体系，以使其成为合格的公民。就高校的思想政治教育而论，就是促使大学生成为中国特色社会主义现代化事业的合格建设者和可靠接班人。简言之，多样性原则运用在自然生态系统中，目的是尊重和实现个体（包括种、群）的“价值霸权”，运用在思想政治教育系统中，目的是在承认和尊重个体差异的前提下，实现社会主导价值的传播和渗透。有的研究者认为在高校思想政治教育工作中落实多样性原则，就是要“在充分尊重学生个体的差异性、主动性和选择性的基础上，实现教育目标的全面化”[①]。不难看出，这里所说的“教育目标的全面化”其实就是主张全面实现个体差异性的“价值霸权”，这样的无限度的“教

① 吕新云、李海霞：《高校思政教育生态系统优化分析》，《人民论坛》（学术前沿）2009年第8期。

育内容的丰富化”则可能导致社会主义核心价值观的淡化。由此，我们可以合乎逻辑地推导出这样的结论：全面贯彻这样的“多样性原则”，是以否认和排斥统一性、普遍性为前提的，其实是一种推崇个性主义、个人主义的教育主张。在高校思想政治教育中贯彻这样的“多样性原则”，客观上难免会产生淡化乃至否认思想政治教育的统一性要求的不良倾向。没有统一性要求，也就没有教育，知识教育旨在帮助受教育者认识和把握规律，按照规律办事；价值教育旨在促使受教育者认识和遵循规则，按照规则办事。规律和规则的立足点都不是个体，而是自然的规律和社会的规则。思想政治教育是集知识与价值教育于一体的教育，应正确理解和谨慎使用“多样性原则”。

思想政治教育，就其属性和功能来看，在战争年代是我们党领导工农大众克敌制胜的法宝，新中国成立后特别是改革开放以来是我们党凝聚全国力量、领导全国人民进行社会主义现代化建设的基本保障，其意识形态属性是毋庸置疑的。我们并不反对在思想政治教育方法创新中引进现代生态学的方法或其他“西学”的方法，但不应因此而偏离历史唯物主义，脱离中国特色社会主义现代化建设的基本国情，放弃思想政治教育研究的优良传统，淡化以至遮蔽思想政治教育的意识形态属性。

置疑“德育生活化”*

近几年，我国德育理论研究领域出现了一种“德育生活化”的学说主张，它因如今德育存在某些脱离实际生活的现象而主张对德育实行“生活化”的全面改造和根本转型。笔者仔细研读相关论文后发现，所谓“德育生活化”也就是“生活化德育”，其核心概念——“生活”并没有特定的反映对象，内涵既不确定也不统一，主要观点多缺乏科学的理论依据，不能正确表达德育的本质、目标与任务。

一

“生活”，是“德育生活化”学说的核心概念，也是整个学说主张的立论基础。然而大多数主张者并没有就“‘生活’是什么”给出明确的界说意见，不少人甚至连界说“‘生活’是什么”的意识也没有。

诚然，在日常生活中，“生活”是一个含义十分宽泛而不确定的名词，我们可以不去考究它的特定含义。但是，作为一种学说主张特定的核心概念和立论基础，“生活”则必须要有特定的反映对象和确定、统一的含义，这是学说研究和建构的逻辑前提。“德育生活化”学说因缺失这个逻辑前提而实际上带有某种伪命题的性质。

---

* 原载《思想理论教育导刊》2011年第12期。

在任何历史时代，德育所处于和面对的“生活”都是特定的、具体的、现实的，不仅有种类差别意义上的内容和形式的不同、质量与属性差别意义上的“好生活”与“坏生活”（陶行知语）的不同，也有社会制度和国情差别意义上的“本土”和“异域”的不同，如此等等，表明“生活”是一种丰富而又复杂的“现实生活”。试问：作为“德育生活化”的核心概念和立论基础的“生活”所指究竟是哪一种“生活”？如果不是专指哪一种或哪一方面的生活，而是指整个丰富又复杂的“现实生活”，那么，我们当如何确定德育的目标、任务和内容乃至原则与方法呢？

一些“德育生活化”的主张者可能意识到存在这种致命的“硬伤”，于是便试图给予自圆其说。有的主张者说：我们的“生活”指的是“学生生活”[①]或“学生的现实生活”。然而殊不知，如是解说“生活”又出现了一个新的逻辑矛盾：“学生生活”或“学生的现实生活”是不是特定历史时代的“现实生活”的一个组成部分或一种缩影？若不是，那么“学生生活”这“一方净土”是怎么形成的？如果说离不开发挥德育（课程德育和校园文化德育）之功能，那么，德育与“生活”的关系在这里岂不陷入自相矛盾、从而使得“德育生活化”学说被“先在”地植入逻辑悖论的“基因”了吗？观此“悖论基因”的演绎方向和实践张力，人们无论如何都不可能推断出“德育生活化”或“生活化德育”的逻辑结论来。

还有的主张者解释道：“德育生活化”的“生活”所指既是特定历史时代的具体的“日常生活”，也是“非日常生活”，即“不可直接感知的抽象”的“超越个体日常生活”的“有组织的或大规模的社会活动层面”，包括“人类精神生产和生活”。因此，“‘德育生活化’之‘生活’应该是指包含日常生活和非日常生活的生活世界”[②]。不难看出，用这种“生活世界”来“化”德育，便抹掉了德育改造和优化“日常生活”的社会使命和社会功能。所谓“非日常生活”之所以存在与可能并不是自发的，它本来就与发挥德育之社会功能密切相关。

① 李卫平：《德育生活化的理性阐释》，《周口师范学院学报》2009年第1期。

② 何庄：《德育生活化理念概说》，《哈尔滨学院学报》2008年第2期。

在特定的历史时代，德育所处于和面对的“生活”，既不是“学生的现实生活”，也不是似是而非的“包含日常生活和非日常生活的生活世界”，而是丰富而又复杂的“现实生活”。德育与“生活”之间，历来都是一种相互依存、相互促进、共同发展和进步的辩证统一关系，而不是一方“化”另一方的关系。“生活”作为复杂的现实环境和资源因素影响德育，德育不可置“生活”于不顾，但也不可因此而将就甚至迎合“生活”。在每个历史时代，德育在汲取和运用“生活”营养与平台的同时都担载着优化、改造和引领“生活”的社会使命。如同“生活德育化”的命题不合逻辑一样，“德育生活化”的命题也是不能成立的。

进一步来看，“德育生活化”学说把握“生活”这一核心概念和立论基础之所以会出现如上所说的问题，是因为它没有运用科学、理性的思辨方法，揭示“生活”的本质特性。它对“生活世界”的认识，借助的是经验描述和归类的方法，所获得的只是“生活”的现象，因此不可能赋予“生活”以明晰、统一的特定内涵。这种“生活”对于德育而言并不具有科学的认知意义，更不具有指导实践的实际价值；用这种“生活”来“化”德育，势必会从根本上抹杀德育的意义和价值。

二

“德育目标来源于生活”是“德育生活化”学说的核心观念和主张，其他的观点和主张如“德育以生活为中心”“根据学生的现实生活制定德育内容”“德育回归生活世界”等，都是依据这个核心观点和主张演绎出来的。

为什么说“德育目标来源于生活”？较具有代表性的解答是：因为“人是社会的人，不可能生活在真空中。正因为这样，德育目标应当来源于学生的生活”[1]。有的主张者进一步解释道：因为“生活化是新世纪德

①康淑霞:《德育生活化——增强德育效果的新途径》,《教书育人》2006年第6期。

育的本质属性”[1]。这样来理解和阐释德育目标和德育的本质属性，不全正确。

德育目标是“培养什么样的人”的问题，它涉及德育的本质，因此谈论德育目标不可离开把握德育本质问题的基本理路。德育本质上反映的是特定历史时代的国家意志和社会理性，因此一般以国家法规或法令的形式予以颁布，明晰而统一。在德育本质的问题上，不存在“旧世纪”与“新世纪”的差别，不存在是否背离国家意志和社会理性，也不存在本质上是否脱离生活因而需要“向生活回归”的差别。不论是在社会本位还是在以人为本的教育理念支配下，对德育目标及其所体现的德育的本质问题都应当作如是观[2]。1995年，当时的国家教育委员会先后颁发了《中学德育大纲》和《中国普通高等学校德育大纲（试行）》，明确规定中学的德育目标是“把全体学生培养成为热爱社会主义祖国的具有社会公德、文明行为习惯的遵纪守法的公民”；高等学校的德育目标是：“使学生热爱社会主义祖国，拥护党的领导和党的基本路线，确立献身于有中国特色社会主义事业的政治方向；努力学习马克思主义，逐步树立科学世界观、方法论，走与实践相结合、与工农相结合的道路；努力为人民服务，具有艰苦奋斗的精神和强烈的使命感、责任感；自觉地遵纪守法，具有良好的道德品质和健康的心理素质……并从中培养一批具有共产主义觉悟的先进分子。”今天，对这两个大纲关于德育目标的规定是否需要实行与时俱进的调整和补充，自然可以或应该加以探讨，但是有一点是必须肯定的：德育目标必须反映党所领导的社会主义国家的国家意志和当代中国社会改革与发展的客观要求，而不是“来源于生活”，其“培养什么样的人”的本质属性不能因为进入“新世纪”而改变。

事物的本质属性是反映事物自身要素之间相对稳定的内在联系及由此构成的矛盾运动。德育的本质反映的是德育目标、德育内容、德育方法等

① 徐涛、齐亚静:《新世纪德育:向生活回归》,《湖南师范大学教育科学学报》2004年第1期。

② 反映在德育目标问题上,“以人为本”的理念应当被理解为立足于受教育者适应其所处时代社会建设与发展的统一性要求,而不应当被理解为背离社会建设与发展统一性要求的“以个人为本”或“以个性为本”。

要素之间的内在联系及由这些要素构成的矛盾运动。其间，德育目标反映的是矛盾的主要方面，在矛盾运动中对德育任务、内容与方法起着支配的作用。有位学者认为：德育有“三重本质形态”，其中“目的性本质是最为深层、最为根本的本质”[①]。他说的“目的性本质”就是德育目标所反映的德育本质的主导方面，对德育任务和内容与方法起着支配的作用。

如果把德育目标的设定归于“学生生活”，那就势必会“有什么样的‘学生生活’就提出什么样的德育目标”，这样就会在根本上否认德育目标所内含的国家意志和社会理性的统一性要求，使之变得分散而模糊，在具体的德育实践中人们就可以自行其是。仔细分析一下就可以看出“德育目标来源于生活”这一核心观点和主张表明，“德育生活化”带有“反本质主义”的思维特征和相对主义、虚无主义的价值趋向，实际上是后现代哲学伦理思潮的消极一面在道德教育上的反映。

基于“德育目标来源于生活”的认识，大多数研究者都主张“德育以生活为中心”和“回归生活世界”，也就是要让“道德教育内容、德育方式、德育原则等都应围绕回归生活来重建”[②]。表面看来，这种以“中心”和“回归”来呼应“来源”的推演是合乎逻辑的，其实不然。德育目标既然“来源于生活”，就应当高于和优于“生活”，担当超越和引领“生活”的职能，德育内容、方式和原则等就应当围绕德育目标来“重建”，怎么可能又“回归生活世界”的源头并“以生活为中心”来“重建”呢？联系到大多数主张者并没有就“‘生活’是什么”和“德育目标是什么”发表过明晰的意见，人们不难发现：所谓“德育目标来源于生活”的核心观念和主张其实是一个没有实际内容的虚假命题，“德育生活化”不过是一种无视德育目标之重要性和必要性的学说。

实际上，所谓“生活世界”，不论是如胡塞尔所言，还是如同哈贝马斯所说的由“客观世界”“社会世界”和“主观世界”构成的“事实世界”，相对于德育而言都不过是具体而又特定的“现实生活”。

---

① 张澍军：《德育哲学引论》，北京：人民出版社2002年版，第89页。

② 钱同舟：《回归生活世界 重建德育模式》，《郑州工业高等专科学校学报》2004年第1期。

三

从目前能够检索到的文献来看，几乎每一篇宣示“德育生活化”学说主张的文章都会谈到其“理论依据”的问题。这些“理论依据”归纳起来主要有如下几个方面。

一是胡塞尔现象学的“生活世界”理论构想和哈贝马斯的“交往世界”及其“主体间性关系体”的“伦理本体”论。胡塞尔认为，人类面对的世界包括“生活世界”和“科学世界”，“生活世界是永远为我们而存在的，是总是预先存在的”，因此它优于“科学世界”，是“科学世界”的基础并在主体实践中包容“科学世界”[①]。哈贝马斯认为，在经验的意义上“生活世界”的核心和基本形式是“主体间性关系体”，社会的道德意义就在于通过人们的“交往”而使得“主体间性关系体”成为“伦理本体”[②]。应当看到，胡塞尔的“生活世界”的理论构想和哈贝马斯的“主体间性关系体”的“伦理本体”论所描述的“生活世界”，都是经验的现象世界，符合人类所处于和面对的社会生活的客观情况，对于特定时代的德育即道德教育都具有某种“先在”的意义。但是，由此而认为胡塞尔和哈贝马斯的“生活理论”“为我们探索高校德育回归生活提供了强有力的理论依据”[③]，并进而否认德育对于“生活世界”同样具有某种决定性的“先在”的意义，却是片面的。实际上，就基础条件和逻辑前提而言，“生活世界”与道德教育是互为“先在”的，任何“生活世界”“主体间性关系体”或“伦理本体”对于一定的道德教育所具有的价值和意义，都不是自在和先在的，而是道德教育的经验结果，或与道德教育的实际过程相关联。一定的德育在“结果”和“过程”的意义上，为后续的德育提供“生

① 张庆熊：《熊十力的新唯识论与胡塞尔的现象学》，上海：上海人民出版社1995年版，第123页。

② 龚群：《道德乌托邦的重构——哈贝马斯交往伦理思想研究》，北京：商务印书馆2003年版，第46—108页。

③ 耿丽萍：《回归生活——高校德育改革与创新的基本理念》，《黑龙江教育学院学报》2009年第6期。

活世界”的“先在”性条件，同时又改造、优化和引领“生活世界”，这便是“生活世界”与道德教育客观的辩证关系。如果因为“生活世界”对于道德教育具有某种“先在”的价值和意义而否认道德教育对于“主体间性关系体”或“伦理本体”的形成同样具有“先在”和“自在”的价值和意义，那么，所谓“主体间性关系体”或“伦理本体”的“生活世界”其实就是一种“道德乌托邦”，就会在根本上否认胡塞尔和哈贝马斯的思想理论内涵的合理性和经验论意义。“道德乌托邦”对于人类精神生活是必需的，但其建构若是离开必要的道德教育就会失去其应有的价值。

由此看来，正确理解和吸收胡塞尔和哈贝马斯的“生活世界”和“伦理本体”理论构想与分析方法的合理成分，恰恰应当从中引出德育对于“生活”之“先在”的认知价值和意义，接续和发展德育立足与领跑“生活”的社会功能，而不是站在德育的对立面，为实现“德育生活化”或“生活化德育”寻找“理论依据”。

二是杜威的“教育即生活”和陶行知的“生活即教育”的“生活教育”理论。杜威和陶行知都主张教育要立足于社会生活实际，关注社会生活的实际需要，培养社会生活实际需要的有用之才。区别在于，杜威视学校教育为一种社会生活方式，主张教育要贯穿学校的全部生活中，实行学校生活社会化。陶行知则视社会为大课堂，主张“在社会生活中进行教育”，但他并不反对课堂教学，虽然曾以诗文告诫过那些使“学堂成了害人坑”的“糊涂的先生”：“……你的教鞭下有瓦特，你的冷眼里有牛顿，你的讥笑中有爱迪生。”[①]无疑，杜威和陶行知的“生活教育”理论对我们改进和加强德育工作是有参考价值的。但是，在理解和吸收它的有益思想时，有几个问题是必须注意的：其一，“生活教育”理论中的“教育”所指多是智育而不是德育，因此不可将“生活教育”理论理解为“生活德育”理论，直接用作“德育生活化”的理论依据。其二，“生活教育”理论的“生活”所指是社会的“日常生活”，既不是专指学校的“学生生活”，也不是专指社会的“非日常生活”，因此与“德育生活化”的“生

①《陶行知全集》第4卷，长沙：湖南教育出版社1985年版，第120页。

活”不具有可比性；与我们今天德育所处于和面对的社会的“现实生活”也不可同日而语。其三，“生活教育”论及的德育与我们今天的德育，在目标、任务、内容、原则与方法等方面有重要的不同，甚至有根本性的差别。其四，“生活教育”所论及的德育理论的基础，在杜威那里是“新个人主义”，在陶行知那里是“教人求真，学做真人”的中国传统伦理文化。这与我们今天倡导的“以人为本”也是不可以相提并论的。由此看来，把“生活教育”理论当作“德育生活化”的理论依据，是望词生义了。

三是“道德内在于生活”的伦理学理论。著名学者鲁洁先生发表过“道德是意义世界中的一员，它内在于生活”[①]的观点。在笔者看来，这是关于伦理学理论的一种真知灼见。道德不论是“社会之道”还是“个人之德”，都以广泛渗透的方式存在于“生活世界”的各个领域。在这种视界内，完全可以说“道德内在于生活”。“德育生活化”主张者据此认为，“以生活为中心”的“德育生活化”遵循的就是这种“道德生成的内在逻辑”。如此理解的“理论依据”是不正确的，它混淆了两个不同的伦理学理论命题，将“道德内在于生活”和“道德生成的内在逻辑”混为一谈了。如上所说，“道德内在于生活”，说的是道德作为一种价值标准和事实（意义）的存在方式；而“道德生成的内在逻辑”，说的则是道德形成和发展的客观规律。道德作为“意义世界中的一员”，其形成和发展的逻辑基础并不是“生活”，归根到底它是一定社会经济关系的产物。恩格斯说：“人们自觉地或不自觉地，归根到底总是从他们阶级地位所依据的实际关系中——从他们进行生产和交换的经济关系中，获得自己的伦理观念。”[②]恩格斯在这里说的就是“道德的生成逻辑”。把道德的“存在逻辑”当成道德的“生成逻辑”，其理论思维上的失误在于走出了历史唯物主义方法论的视野，没看到道德生成和发展进步的社会物质条件，因而看不到道德和道德教育都本是一种具体的历史范畴，从而使得“德育生活化”之“德育”在理论和实践层面走向抽象和空洞，失却其特定历史时代的意识形态

① 鲁洁:《生活·道德·道德教育》,《教育研究》2006年第10期。

②《马克思恩格斯选集》第3卷,北京:人民出版社1995年版,第434页。

属性。

与“道德来自生活”的所谓“理论依据”相关的观点就是“道德教育来自生活”，认为“人类早期的道德教育产生于社会生产和生活之中，是为了生活并通过生活而进行的”；“道德源于生活、为了生活，生活世界是道德践履的土壤”[①]。这种观点不可以作为“德育生活化”的理论依据。众所周知，在发生学和目的论的意义上，道德教育不是产生于社会生产和生活之中，而是产生于统治者的上层建筑建构之中，不是源于“生活”和为了“生活”，而是源于阶级统治。在封建宗法统治的专制社会，则是源于“齐家、治国、平天下”的“大一统”的政治需要。道德教育（教化）的生产和生活特征，是统治者在实现这种政治需要、推进道德世俗化的过程中形成的。

四

最后需要特别指出的是，一些主张者力图把“德育生活化”拓展到高校思想政治教育领域，提出“大学德育生活化”或“高校思想政治教育生活化”“高校思想政治理论课教育教学生活化”的主张。作这种拓展和延伸，就更不符合高校德育和思想政治教育的认知与实践逻辑了。

高校德育和思想政治教育除了道德教育和日常思想政治工作以外，还有对大学生进行系统的马克思主义理论教育的思想政治理论课的教学，后者作为关于马克思主义世界观和基本方法论的教育是无论如何也不可能做到“生活化”的。如果实行“大学德育生活化”或“高校思想政治教育生活化”，那就势必会给高校思想政治教育造成带有根本性的逻辑混乱，干扰党和国家关于高校思想政治教育的指导方针和基本策略的贯彻落实，产生难以预料的严重后果。

---

① 赵惜群:《德育生活化路径新探》,《马克思主义与现实》2008年第6期。

不应模糊和倒置德育与生活的关系*

近几年，颇为流行的“德育生活化”学说主张给人一种似是而非的新鲜感，不少人以为它有助于改进和优化中国德育，其实不然。笔者曾对它的科学性和可行性提出过质疑①，本文试在此基础上进一步指出，模糊和倒置了德育与生活的关系是其问题的症结所在。

一、“德育生活化”症结所在是模糊和倒置了德育与生活的关系

“德育生活化”将德育与生活关联起来，强调德育不可离开生活，对于纠正德育脱离生活的现象具有某种提示的意义。然而，它关于德育与生活关系的核心观念是“德育以生活为中心”，由此推演出三个基本主张，即“德育目标来源于生活”、“根据学生的现实生活制定（重建）德育内容”、“德育回归生活世界”。这显然是模糊和倒置了德育与生活的关系。对此，笔者在《置疑“德育生活化”》一文中已经作过较为全面的分析和批评，此处只是通过分析“德育生活化”立论存在的逻辑矛盾，指出它的症结所在。

我们研读了能够检索到的近百篇“德育生活化”的文章，发现“德育

* 原载《中国德育》2012年第19期。

① 参见钱广荣:《置疑“德育生活化”》,《思想理论教育导刊》2011年第12期。

生活化”立论的构词逻辑存在三个问题：其一，“德育”的缺位。只是抓住德育实务脱离生活的一些现象说事，没有在德育科学的意义上交代“什么是德育”，使得关于德育的本质及其目的和目标、任务和内容等基本概念和关键词，在言说德育与生活的关系中成了“潜台词”。其二，“生活”的模糊。没有界说“生活”的基本内涵，对“生活”概念的把握没有形成大体一致的看法，尚处于“见仁见智”的状态，如“学生现实生活”“日常生活”“非日常生活”“生活世界”等。其三，“化”的含混。没有对“生活化”的词义作出说明，而在中国人的思维方式和话语体系中，“化”的本义是彻底改变事物的性质和形态。这样，所谓“德育生活化”，自然而然地就会被人们理解为要用不确定、似是而非的“生活”，彻底改变中国德育的理论和实务的性质与形态。由此可见，用于“德育生活化”立论的三个基本概念，含义是不确切的、模糊的。缺乏从事任何一种学说（学术）或理论研究的逻辑前提，即不能在大体一致的意义上确切、清晰地理解和把握基本概念，说明其立论是不能成立的。

这里有必要指出的是，“德育生活化”不仅不能正面分析论证自己的核心观点和基本主张，还有不少直接违背德育科学和贬低科学德育的错误意见。如：指责德育内容的道德知识都是抽象的概念，否认对学生进行道德知识传授和学生接受、掌握道德知识的必要性；认为“生活应该是最好的老师”，否认教师在德育过程中应当处于主导地位，发挥主导作用；指责教师是所谓的“德育的权威”和“真理的化身”，反对学生在德育过程中“处于一种接受者和被塑造者的客体地位”；嘲讽国家和社会关于德育目标和内容的规定是“高高在上的神圣价值”，称学生不接受这种“模式化和标准化”的统一性要求是学生的“权利”，每个学生“只能接受他的生活所能接受的影响”；等等。这些错误意见清楚地表明，“德育生活化”的学说旨趣不是摆正德育与生活的关系，而是要用“生活”彻底“化”掉德育。这显然是错误的，不论研究者的愿望如何。

二、模糊和倒置德育与生活之关系的原因是研究方法失误

开展任何科学研究，特别是试图创建一种新的理论或学说主张，运用科学的研究方法是关键。“德育生活化”之所以会出现模糊和倒置德育与生活这样的错误观念和主张，与其研究方法的失误是直接相关的。

其一，偏离了科学社会历史观的视野，将德育与生活及其关系抽象化。在历史唯物主义看来，德育与生活都是具体的历史范畴，德育与生活的关系也是具体的历史范畴，不同的国家和同一国家的不同历史时代，德育与生活及其关系必然有所不同，乃至存在重要的、根本的差别。因此，试图创造超越具体国度和时代的德育理论或学说主张，既无必要，也无可能。当代中国德育，既不能等同于中国传统德育，也不能混同于当代资本主义国家的德育，研究德育与生活的关系实际上就是要研究中国德育与中国当代社会生活的关系，唯有立足于中国特色社会主义现代化建设这一社会现实及其客观要求实行与时俱进的创新，才有可能推动中国德育的科学化进程。这样说，并不是要否定不同国家或同一国家的不同时代存在一般性的德育理论或学说主张方面的共同元素，而是要强调一般寓于个别之中，不可离开特定的国家和具体的历史时代，抽象地谈论和探讨一般性的德育理论或学说主张。

其二，缺乏实事求是的客观态度和辩证分析的方法。诚然，不可否认我国各级各类学校的德育过去曾长期存在脱离生活的现象，这种不良现象今天依然没有彻底改变，但也不能因此就笼统地说德育脱离了生活，更不应该无视我们在纠正这种问题方面已经取得的成就和进步。科学的态度和方法应当是实事求是，从实际出发，在尊重已经取得成就和进步的基础上，揭示德育与生活之间的逻辑关系，在德育理论研究和德育实务操作的两大领域，探讨如何才能把德育对于生活的合规律性要求与合目的性要求有机地统一起来，而不是只盯着存在的问题，站在“生活”一端对德育横加贬责，直至主张用“生活”来“化”德育、彻底改变德育的性质和形

态，致使德育与生活的关系变得模糊起来，甚至被倒置。

其三，研究范式错位。所谓研究范式或范式，简而言之可将其理解为由特定的思维方式和话语体系构成的研究模式或模型。在涉论德育与生活的关系问题上，“德育生活化”遵循的是一般哲学的范式。发生研究范式错位，表现之一是遵循本体论范式：本体论把整个世界“化”为“物质”，“德育生活化”把整个德育“化”为“生活”，赋予“生活”以德育本体论的学说地位；表现之二是遵循认识论和实践论范式：不知不觉地套用理论与实际的关系或理论与实践的关系的认知模型，来解读德育与生活的关系。正因存在这种范式错位的方法失误，“德育生活化”在论证自己的合理性时才反反复复地强调德育不可离开生活实际这种常识。德育，作为人类认识和改造社会及自身的最为重要的实践活动之一，它与社会生活的关系并非如同理论与实际的关系，也不同于理论与实践的关系，其研究不可套用一般哲学的本体论、认识论和实践论的研究范式。不然，势必就会把包括德育本质论在内的所有德育问题都“泛化”进了“生活”。

三、正确认识和把握德育与生活之关系的基本思路

要真正看出“德育生活化”问题的症结及其危害性，必须要科学把握德育的根本问题，正确认识德育与生活的关系。德育，整体上包含德育目的和理念、目标和任务、内容和途径及方法等结构要素。在历史唯物主义视野里，任何历史时代的德育本质上都是国家意志和社会理性的反映，它通过培养什么样的建设者和接班人的德育目标体现出来。所以，德育目标一般都以国家法规或法令的形式予以颁布，或被包容在国家颁布的相关法规或法令之中，而绝对不是“来自生活”或被“生活化”的。德育内容多是根据德育培养目标制定的，是分解和表达德育目标的道德观、人生观、价值观和政治观的具体结果和形式，其“制定”并不是依据“学生的现实生活”或其他什么生活。德育途径和方法，功用在于通过“传道”“解惑”德育内容而实现德育目标，这一实现过程的真谛是在德育实践的意义上贯

通和建构德育内容与德育目标之间的逻辑联系，实现德育目标和任务，而不是要促使“德育回归生活世界”。

德育与生活之关系的逻辑可以这样表述：德育目标，要培养学生具备科学认识和理解生活的问题与困难、合理优化和提升生活的质量与水平、善于应对和把握生活的挑战与机遇的素质。德育内容，作为体现德育目标的道德观、人生观、价值观和政治观的素质要求，要能够贴近社会现实生活，反映社会现实生活对学生学习成才和今后人生发展的客观要求，改变只是记载和传授德育文本知识而脱离社会现实生活的不当做法。德育途径及方法，也要联系生活实际。在具体的德育实务工作中，在有些情况下根据需要考虑让德育“走到实际的生活中去”是必要的，而不能理解为让德育“回归生活世界”，“走到”与“回归”是两种根本不同的命题和主张。“走到生活世界”是德育的一种途径，但不是唯一途径，不是所有的德育实务都必须“走进生活世界”。

在我国，德育一般是专指学校德育。当代中国德育，本质上体现的是中国共产党领导的中国特色社会主义国家意志和社会理性，是有目的、有计划、有系统地对受教育者施加思想、政治和道德等方面影响的思想品德教育活动。这一本质特性和要求，在我国相关德育文献中都有明确的规定。1995年，国家先后颁发了《中学德育大纲》和《中国普通高等学校德育大纲（施行）》，明确规定中学的德育目标是“把全体学生培养成为热爱社会主义祖国的具有社会公德、文明行为习惯的遵纪守法的公民”；高等学校德育目标是：“使学生热爱社会主义祖国，拥护党的领导和党的基本路线，确立献身于有中国特色社会主义事业的政治方向；努力学习马克思主义，逐步树立科学世界观、方法论，走与实践相结合、与工农相结合的道路；努力为人民服务，具有艰苦奋斗的精神和强烈的使命感、责任感；自觉地遵纪守法，具有良好的道德品质和健康的心理素质……并从中培养一批具有共产主义觉悟的先进分子”。今天，对这两个《大纲》的目标规定是否需要实行与时俱进的调整和补充，自然可以或应该加以讨论，但是有一点是必须肯定的：我国德育关于“培养什么样的人”的目标不可以是“来源于生活”的。否则，就会把我国德育推向“反本质主义”的迷途，滑向相对主义、虚无主义的泥潭。

概言之，在德育与生活的关系中，德育始终处于主导和支配的地位，发挥着指导和干预生活、改进和优化生活、借用和驾驭生活的作用。生活对于德育的作用和意义，在于优化德育的途径和方法，帮助受教育者体验德育的内容，进而实现德育的目标，促使受教育者成为适应社会发展进步和实现自身价值的新型人才。

“经济伦理”论辩*

20世纪70—80年代，经济伦理学在美国兴起。从一开始被认为是“无稽之谈”到成为“热门话题”再渐而发展成为一门新兴学科——经济伦理学，人们一直对“经济伦理学是什么并不很清楚”[①]。经济伦理学自20世纪末在中国出现以来，不少人在谈论经济伦理学却也是对“经济伦理学是什么并不很清楚”。其所以如此，与涉足这一领域的人们轻视以至忽视对“经济伦理”的科学理解和把握是直接相关的。

毫无疑问，“经济伦理”是经济伦理学的对象和核心范畴，关涉经济伦理学的研究范围，在立论前提和逻辑基础上影响这门新型学科的建设和发展。如果说，经济伦理学当年在美国兴起是得益于“经济伦理学运动”的造势，汇集了哲学家、企业家、工商管理者、消费者和政府的责任和智慧的话，那么，在中国则是改革开放和推进社会主义市场经济的产物，涉足这一新型学科的人至今主要还是伦理学和哲学界的一些学者，智慧资源远不及经济伦理学当初在美国的命运。诚然，经济伦理学在中国的持续建设和发展，或许也需要借用某种“运动”的给力，但我以为，从学科建设和发展的客观要求来看，辨析和厘清其对象、范围和基本范畴似更为重要。本文试对“经济伦理”这一关涉经济伦理学的对象和范围的核心范

* 原载《学术界》2011年第9期，收录此处时标题有改动。

① 陆晓禾：《经济伦理学研究》，上海：上海社会科学院出版社2008年版，第3页。

畴，发表几点批评意见，以期引起相关学界对这一问题的关注。

一、不可将“经济伦理”与“经济道德”相提并论

认识和把握不同事物之间的相关性，应当以分析和说明它们的不同之处或差别为前提，不然就可能会将它们“相提并论”以至于“混为一谈”，失却对相关性的认识和把握。对同为经济伦理学之对象物和基本范畴的“经济伦理”与“经济道德”的认识和把握，无疑也应作如是观。

不少研究经济伦理学的人一直沿袭一般伦理学长期恪守的“伦理就是道德”的理解范式，将“经济伦理”等同于“经济道德”。这种理解范式夸大了“经济伦理”与“经济道德”之间的相关性，在逻辑起点上就遮蔽了经济伦理学的特殊对象和范围。因此，要理解和把握“经济伦理”这一概念，首先就需要辨析“经济伦理”与“经济道德”的不同之处。

笔者曾在《“伦理就是道德”质疑》[①]中指出，在语源的意义上，伦理与道德是两个不同概念。伦理一词是由“伦”与“理”两个单词演变整合而成的，最早出自《礼记·乐记》：“乐者，通伦理者也。是故知声而不知音者，禽兽是也；知音而不知乐者，众庶是也。唯君子为能知乐，是故审声以知音，审音以知乐，审乐以知政，而治道备矣。”这段解释文字表明，伦理的初始含义指的是政治上的等级秩序，内涵是一种政治关系，即所谓“政治伦理”，而并非政治道德。后来，许慎在《说文解字》里解释道：“伦，从人，辈也，明道也；理，从玉，治玉也。”郑玄注释道：“伦，犹类也；理，犹分也。”自此之后，伦理逐步为孟子说的“人伦伦理”所替代，特指人与人之间的辈分关系，一直沿用至今。所谓伦理，指的就是一种存在辈分、身份——“类”的差别的特殊的社会关系。马克思曾将全部的社会关系划分为“物质的社会关系”和“思想的社会关系”两种基本类型。伦理作为一种特殊的社会关系，当属于“思想的社会关系”范畴，是“思想的社会关系”之结构的主要成分。《中国大百科全书》将“社会

① 钱广荣:《“伦理就是道德”质疑》,《学术界》2009 年第 6 期。

关系”划分为四种基本类型，其中所说的“道德关系”所指其实就是伦理(关系)。而道德，在语源的意义上如同伦理一样，也是由“道”与“德”演变整合而成的。最早表达这种演变逻辑的是孔子，即所谓“志于道，据于德”[①]。道德作为一个独立的概念，内含社会之“道”和个人之“德”，后者是前者的个性化结晶。社会之“道”作为特殊的社会意识形态和价值形态，是因维护和优化特定的伦理（关系）之需而被特定时代的人们创建起来的。

从意识形态属性看，道德根源于一定社会的经济关系，并受“竖立其上”的上层建筑包括其他“观念形态的上层建筑”的深刻影响。在历史唯物主义视野里，伦理与道德的关系及道德的意识形态意义可以简要地表述为：伦理（关系）作为“思想的社会关系”和“伦理观念”是由一定社会的“生产和交换的经济关系”的出现而“自然”形成的，“伦理观念”经由一定社会的意识形态的梳理和提升之后便成为特殊的社会意识形态和价值形态——道德，道德通过调节社会生活和人的心态与行为方式，发挥其维护、调整和优化经济活动中的伦理（关系）及“竖立其上”的整个上层建筑的“文化软实力”作用。

概言之，伦理属于社会关系范畴，道德属于社会意识范畴，伦理与道德的逻辑程式应为：“伦理是本，道德是末，伦理是体，道德是用”，也就是说“道德，不论是社会之‘道’还是个人之‘德’，其对社会和人的发展和进步的积极影响，最终都是通过形成特定的伦理关系而实现的”[②]。因此，囿于“伦理就是道德”的思维窠臼，沿着“经济伦理”等同于“经济道德”的思维路向来理解和把握“经济伦理”的概念，是不正确的。

也许正因为不大关注伦理与道德、经济伦理与经济道德乃至于社会之“道”与个人之“德”的学理界限，有的学者提出了“经济德性”的概念，认为“经济德性”即“经济之适度行为”和“经济之道义”。这就把“经济伦理”与“经济道德”相提并论、混为一谈了。实际上，经济本身是无

---

①《论语·述而》。

② 钱广荣:《中国伦理学引论》,合肥:安徽人民出版社2009年版,第5页。

所谓“德性”的。“经济伦理”之内涵应是经济本身的“伦理（关系）问题”，而“经济道德”则是一定社会的人们为分析、说明和规范经济的“伦理（关系）问题”而提出的关于“生产和交换的经济关系”及其实践活动的社会之“道”及由此教化和演化而成的个人之“德”。诚然，我们不可离开社会和人抽象地谈论经济的伦理与道德问题，但是一切属人的社会现象都有其“自在属性”；否则，我们就难免会陷入现象学的“生活世界”之理论构想，把一切属人的东西（如“德性”）都给了“经济世界”，丢失“经济社会”和“经济人”的独立品格，走不出“鲸与地球”孰上孰下之“奇异的循环”的悖境。

二、“经济伦理”的词义逻辑究竟为何

“经济伦理”是一个复合词，作为经济伦理学的对象和核心范畴其语义逻辑应当是怎样的？中国经济伦理学界的理解大体有如下三种情况。

一是经济与伦理。在这种语义逻辑程式中“经济”与“伦理”是并列关系，而从实际情况看则是主从关系，即“伦理”为主而“经济”为从。这种语义逻辑，多是伦理学人基于中国传统伦理精神和道德主张，主动对话经济活动和经济学的产品。它生动地表达了当代中国伦理学人试图运用伦理学的观念和方法干预经济活动、指导和规范市场经济活动的社会责任感。这是为什么至今投身经济伦理学研究的人多是过去从事伦理学研究者而少有从事经济学研究者的“人力资源”原因。或许有人会套用经济哲学的某种观念和方法，经济伦理学就是以经济与伦理为对象，研究经济与伦理之间的关系的，因而在“经济与伦理”的意义上理解和把握“经济伦理”的内涵无可厚非。这里，我们没有必要推敲把经济学与哲学的关系作为经济哲学建构的观念和方法是否需要商榷，只是特别指出，从经济学和伦理学中分别取出“经济”和“伦理”、以“经济与伦理”的语义逻辑来构建“经济伦理”，不该是经济伦理学应持的学科观念和方法。因为，依照“经济与伦理”的语义逻辑理解和把握“经济伦理”，“经济伦理”只是

一个融合经济学与伦理学相关知识的“两张皮”概念，缺乏内在的统一性，并不具有经济伦理学独立的学科意义，因此难能作为经济伦理学的对象。经济与伦理，就其各自本身特性来看本是相悖的，经济以牟利为出发点和运作张力，追求“为我”，伦理关注的是和谐，追求与“他者”之间的协调。因此，把经济学关于经济的知识和伦理学关于伦理的知识融合在一起，并不能揭示经济本身的“经济伦理”的本质问题。严格说来，相对于经济伦理学的创建和发展而言，经济学和伦理学只具有学科方法的意义，并不具有学科观念和构建知识与范畴体系的意义，作为一门独立学科，经济伦理学的对象和基本范畴的经济伦理、经济道德及其他知识与范畴体系必须是经济伦理学的，不能既是经济学的，又是伦理学的。不作如是观，就不可能创建作为经济伦理学的对象和基本范畴独立的“经济伦理”之概念，就不能在逻辑起点上揭示和说明经济本身的伦理属性，解决经济在自发的意义上与伦理之间存在的相悖问题。诚如一个新生儿，我们不能因为他（她）带有父母的遗传基因，就说他（她）既是爸爸的，又是妈妈的，而只能说他（她）就是他（她），因为他（她）与父母相比已经发生了质的变化，有了本质的不同。在理论思维的意义上，为经济与伦理之间的相悖“天性”问题“解悖”，只有借助于经济伦理学自身的建设和发展，不能希冀经济学向伦理学看齐或伦理学向经济学靠拢。唯有如此，才能避免“经济伦理”成为“经济”与“伦理”的“两张皮”概念。

总之，依照“经济与伦理”的语义逻辑理解和把握的经济伦理，作为经济伦理学的对象是不确切、不明晰的。

二是“经济的伦理”。在这种语义逻辑中，“经济”与“伦理”是主从关系，即“经济”为主、“伦理”为从的关系，“伦理”是为说明“经济”才成为“经济伦理”的逻辑要素的。这样，伦理及其维护和优化伦理的道德实际上就被工具化了，成了说明经济的工具和手段；伦理（关系）和道德体系乃至“道德人”都是为经济服务的。同“经济与伦理”一样，“经济的伦理”的语义逻辑内涵也不是一个具有完整的学科对象意义上的概念，依照这种语义逻辑建构的“经济伦理”，作为经济伦理学的对象物同样是既不确切、也不明晰的。

三是“经济活动中的伦理”。这种语义逻辑离“经济伦理”的本义最近却也最片面，因为它舍弃了“经济”本身形而上层面的伦理问题，关注的只是“经济”的形而下层面的伦理问题。如果按照“经济伦理”就是“经济道德”的思维范式来看，它所关注的实则只是“经济活动中的道德”问题。这样，就把“经济伦理”局限在“经济道德”的层面上了，实际上舍弃了“经济伦理”应有的本体含义。

概言之，作为经济伦理学的对象，“经济伦理”既不是“经济与伦理”，也不是“经济的伦理”，不是“经济活动中的伦理”，而是“生产和交换的经济关系”及其实践活动本身所固有的伦理属性和伦理形态，以及其实践活动张力所表现的伦理要求。“经济与伦理”“经济的伦理”“经济活动中的伦理”，不过是“经济伦理”作为经济伦理学的对象，在拓展和深入经济伦理学的研究范围而已。

在我看来，所谓经济伦理，指的应是“生产和交换的经济关系”及其实践活动本身内含的伦理属性和伦理形态与伦理要求。伦理属性，本质上反映的是“生产和交换的经济关系”的社会属性和制度特征，在阶级社会里反映的则是“生产和交换的经济关系”中所有制的性质。伦理形态，简言之就是渗透在“生产和交换的经济关系”及其实践活动过程所包含的“思想的社会关系”形态，包含经济关系及其实践活动本身和直接与经济相关的其他方面的“思想的社会关系”形态。伦理要求，是伦理属性和伦理形态从维护和优化自身的客观要求出发向道德发出的指令。

三、“经济伦理”与“经济道德”的逻辑当如何建构

经济伦理的伦理属性和伦理形态，需要有相应的经济道德给予维护和优化，这就需要经济伦理学把建构经济伦理与经济道德之间的逻辑关系摄入自己的视野。我们大体上可以从三个思维向度来分析和把握经济伦理与经济道德之间的逻辑建构问题。

第一，从“生产和交换的经济关系”及其实践活动本身的伦理属性的向度来分析、说明和把握，在经济哲学的形而上层面建构经济的伦理属性与其道义属性之间的逻辑关系。

学界一般认为，经济哲学的兴起是经济学和哲学相互融合和范式变革的产物。马克思是将哲学与经济学相结合的典范，他从哲学与经济学的结合之处走向历史的深处，创建了政治经济学。关于经济哲学的学科性质即经济哲学的对象问题，学界目前的看法并不一致。有的学者认为是社会经济系统；有的学者认为是经济理论的发展规律、经济学的前提和基本概念；有的学者依据经济学和哲学对于创建经济哲学的方法论意义，认为经济哲学的对象是经济学与哲学的关系，如此等等。笔者认为，作为一种哲学范式，经济哲学的对象应是经济的形而上层面的问题，其成果对于经济学、经济法学、经济伦理学等学科应具有一般方法论的启迪和指导意义。

经济生产是一切社会存在的基础和第一条件。如前所述，经济关系包含物质的社会关系和思想的社会关系两种基本形式，后者的结构主体是伦理（关系)。“思想的社会关系”在把一定历史时代的人们“合乎伦理”地联系起来的同时，“自发”形成的“伦理观念”形式为梳理和提升伦理（关系）要求的社会道德提供了思想质料，从而贯通“生产和交换的经济关系”及其实践活动本身的伦理属性与其道义要求之间的逻辑关联。这一社会意识形态化的思辨过程及逻辑建构的成果，唯有在经济哲学的形而上层面才能获得，其真谛就在于在“相左”的意义上建构经济的伦理属性与道义属性之间的逻辑关系。如：汪洋大海式的小农经济作为封建社会的基础和第一条件，以自力更生、自给自足的社会关系和“各人自扫门前雪，休管他人瓦上霜”等“伦理观念”，经由封建政治哲学的思辨过程，获得与小生产者私有观念“相左”的“大一统”的整体性道义原则和“推己及人”的道义精神。资本主义私有制中，“人的本质都是自私的”和“人人都是主观为自己”的“伦理观念”，违背了经济的一般伦理属性和道义精神。经由自霍布斯以后西方经济学和社会哲学的思辨，最终形成了以合理利己主义和人道主义为基本标志的现代资本主义文明。社会主义市场经济的生产和交换关系及其实践活动的伦理属性，无疑要遵循市场经济的世界通则或一般规范，实行机会、过程和结果意义上的公平竞争的运作机制与价值原则。但是，社会主义市场经济本质上是以公有制为主体和主导的市场经济，不实行自由主义的运行机制和价值原则，分配制度上坚持实行以按劳分配为主、其他分配形式为辅的社会主义公平正义原则。这就在“相左”的意义上赋予社会主义市场经济的道义属性。可见，经济哲学（抑或包含其他哲学范式）的思辨对于构建经济的伦理属性与道义属性之间的逻辑关系，是十分重要的。

经济伦理，作为一种经济关系和经济活动中的“思想的社会关系”，其伦理属性总是随着“生产和交换的经济关系”的变迁而变化，因而总是具体的，不是抽象的；并非总是绝对的善或绝对的恶，而总是同时表现为向善与向恶，市场经济的这种两面性的伦理属性尤为突出。所谓“经济繁荣了、人情却淡薄了”，表述的就是市场经济伦理属性之恶的一面。经济的道义属性则不同，它总是向善的或应当是向善的，所维护和优化的总是经济伦理属性的善的一面。王小锡教授赋予“资本”和“生产力”这两个经典的近现代经济学范畴以“道义”内涵，提出了“道德资本”和“道德生产力”的新概念，多年来矢志不渝，作了多方面的拓展性研究。虽然，从语义逻辑来分析，“道德资本”和“道德生产力”明显是伦理学对话经济学的产物，并非着力于构建“经济伦理”及与之相对应的经济道德，所谓“道德资本”和“道德生产力”作为“道德经济学”“经济道德学”的范畴或许更为确切一些；但是我们应当看到，提出这两个创新性概念并孜孜不倦探寻其中的学理问题，精神实在可嘉，其有益的成果对于呼唤“经济伦理”问题、推进中国经济伦理学的理论建设和发展实在是大有裨益的。

第二，从经济活动实际过程的伦理形态和伦理情境的向度来分析、说明和把握，在经济运作和管理之一般客观规律及其对道德提出的规则要求的意义上，建构经济伦理与经济道德之间的一般逻辑关系。这种建构的最终成果应当是在围绕维护和优化经济伦理的价值观念和道德体系。人类是在经由“经济活动”的劳动过程中创造自身的，在进入文明发展时期后

“生产和交换”的“经济活动”长期十分简单，内含的伦理属性、形态和情境并不复杂，伦理（关系）对道德规则和德行的要求多为简要的行规和习俗，缺乏（也不需要）“经济伦理”的形而上说明。市场经济则不同，其“生产和交换的经济关系”及其实践活动几乎波及社会生活的所有领域，影响所有人尤其是消费者的切身利益，使得研究经济的人绕不开伦理与道德问题，必定会自觉或不自觉地问津经济伦理与经济道德，这是西方经济学领域内一些大师级的人物同时在伦理道德研究方面也有诸多建树的主要原因。所以，近代以来西方经济伦理学发展很快，围绕经济活动过程的伦理形态和情境探讨了一系列的经济伦理和经济道德问题。正因如此，西方经济学的理论样式多为市场经济学，且带有市场经济伦理学的特征。沿着从经济活动实际过程的伦理形态和伦理情境的向度来构建经济伦理与经济道德之间的逻辑关系，势必会使得经济伦理学的范围要伸展到现代人的生活方式和消费方式，从而涉及消费伦理与消费道德问题。

第三，从推进和完善社会主义市场经济体制的向度来分析和说明，在维护和促进社会公平正义、建设社会主义和谐社会的意义上，构建经济伦理与经济道德之间的逻辑关系。

这里，首先必须解决两个逻辑前提性的认识问题：

其一，要看到构建经济伦理与经济道德之间的逻辑关系是一个全新的课题。如前所说，与产生于小农经济基础上的“伦理观念”相适应（“相左”）的是“大一统”的封建意识和“推己及人”的他人意识。儒学的伦理思想和道德主张本质上是政治伦理和行政道德，“经济道德”中仅有行规和习俗意义上的经商（做生意）道德，没有生产道德。次之，尚有较有影响的师德和医德，可视其为应用伦理学的传统。总之，在当代中国社会，立足于推进和完善社会主义市场经济体制、建设社会主义和谐社会的客观要求来构建经济伦理与经济道德之间的逻辑关系，我们缺乏传统伦理文化的背景和土壤。

中国实行改革开放和发展社会主义市场经济以来，社会上出现较为普遍的“道德失范”及由此引发的“道德困惑”现象。“失范”并非就是

“失德”，“困惑”并非就是“疑惑”，它提出的时代性课题是：必须坚持运用历史唯物主义的方法论原理，适时分析和厘清社会主义市场经济及其实践活动过程中的伦理关系和伦理形态，立足于新的伦理关系和伦理形态，构建适应社会主义市场经济及“竖立其上”的民主政治建设的客观需要，构建经济伦理与经济道德之间的逻辑关系。然而，中国伦理学和道德建设多年来并没有高度关注这个重大的时代新课题，缺乏与时俱进的新时代意识，一些人把“道德失范”等同于“道德失德”、“道德困惑”等同于“道德疑惑”，试图仅凭高扬中华民族传统道德来解决“失德”和“疑惑”的问题。而另一些人，则试图彻底丢弃中华民族传统的伦理道德精神，移植西方市场经济学和经济伦理学的价值观念和规则系统，用抽象的公平正义等一般原则来构建经济伦理与经济道德之间的逻辑关系。事实已经证明并将继续证明，这样的分析和说明向度是不可能真正建立起适应当代中国社会建设和发展的经济伦理与经济道德的。

其二，要区分社会主义市场经济的两种不同的经济伦理与经济道德。有学者指出：“资本主义道德与资本主义社会的道德是两个不同的概念。”[①]这种学术思想颇有见地。它揭示了一个通常被人们忽视的重要的普遍性的学理问题：属于一定社会的伦理道德不同于一个社会实际存在或可以被允许存在的道德。对属于社会主义市场经济的经济伦理与经济道德同与其同时存在的经济伦理与经济道德，也应作如是观。

前文提到，经济关系和经济活动中的“思想的社会关系”的伦理属性总是随着“生产和交换的经济关系”的变迁而变化，因而总是具体的，不是抽象的。一定社会的伦理道德，根源于当时代的“生产和交换的经济关系”并与“竖立其（经济关系）上”的上层建筑相适应，属于现实的决定论范畴，反映一定社会的制度特性，为一定社会倡导的主导价值；一个社会实际存在或被允许存在的伦理道德，多为以往时代传承下来的伦理道德，属于存在论的历史范畴，多为一定社会的“多元”价值。社会主义市场经济的“生产和交换的经济关系”就其应有的经济伦理属性和伦理形态

① 参见王小锡：《道德资本与经济伦理》，北京：人民出版社2009年版，第95页。

与伦理要求而言，必须体现广大人民群众当家作主的社会主义制度属性，与此相呼应的经济道德必须贯彻社会主义的公平原则和正义精神，同时能够与集体主义的道德原则和为人民服务的“他者”精神相衔接。两者之间的逻辑建构，旨在维护和建设社会主义市场经济应有的主导性伦理关系和道德体系，用属于社会主义市场经济的经济伦理和经济道德统摄社会经济活动中的其他伦理形态和道德价值。

应当看到，在传统的意义上，中国缺乏与现代市场经济相适应的经济伦理和经济道德。在当代中国特色社会主义市场经济领域内实际存在的经济伦理和经济道德，多为移植或仿效资本主义社会的经济伦理和经济道德，而且还存在违背社会主义公平正义原则的“官商伦理”和“潜规则”，建立与社会主义市场经济相适应的经济伦理和经济道德还任重道远。

综上所述，经济伦理，在经济伦理学对象的意义上是指“生产和交换关系”及其实践活动本身所固有的伦理属性和伦理形态与伦理要求，在经济伦理学对象拓展和演绎的范围意义上包含与经济活动直接相关的其他社会生活中的伦理问题，以及与此相适应的“经济人”和“道德人”应当具备的伦理精神和道德品格。

“反传统”现象与道德文化安全问题*

一

人类社会道德发展进步过程中一直存在“反传统”现象，或者表现为违背、否定不良的传统道德，或者表现为违背、否定优良的传统道德即传统美德。人们对前一种“反传统”现象多能理解和接受，而对后一种“反传统”现象却多感到“困惑”。卢梭曾对文明社会发展进步过程中存在的与人类美好的“自然状态”相悖的“邪恶”现象感到大惑不解，发出“文明社会的发展只不过是一部人类的疾病史而已”的慨叹[①]。他所说的“邪恶”和“疾病”，其实就是社会道德发展进步过程中存在的违背、否定传统美德的“反传统”现象，所谓“疾病史”也就是违背、否定传统美德的“反传统”史。卢梭的“发现”描述了人类社会道德发展史的实际轨迹，虽然他并未对自己的“发现”作出合乎历史辩证法的说明。

社会道德发展进步史上最早出现的“反传统”现象，以“自然状态”的解体和私有观念的出现，以及此后逐渐走向普世化的自给自足和“各人自扫门前雪，休管他人瓦上霜”的小生产者的道德态度和社会心理为表

* 原载《滁州学院学报》2012年第1期。

① [法]卢梭：《论人类不平等的起源和基础》，李常山译，北京：商务印书馆1962年版，第79页。

征。所“反”的“传统”是人类在“原始共同生活体”时代实行共同劳动和平均分配的原始共产主义，用以“反传统”的道德是小私有观念，包括“普天之下莫非王土”“以天下之大私其子孙”的皇权私有观念。在资本主义私有制基础上萌发和理论化的利己主义与个人主义社会历史观和道德价值学说，所“反”的“传统”，不仅是原始共产主义，也包括小生产者的私有观念和专制特权私有观，它不再主张自力更生、自给自足和“大一统”的封建国家观念，而是推崇自由竞争和个性扩张、弱肉强食，虽然它同时倡导利己主义的“合理性”、博爱精神和国家民族意识。孕育在为建立社会主义制度而进行的革命战争中的集体主义，在社会主义制度确立后成为评判全社会道德发展与进步的基本准则，它以反对在资本主义社会占主导地位的个人主义和自由主义为自己的历史使命。虽然，在中国关于什么是科学理解的集体主义至今仍然莫衷一是，有的人甚至公开反对把集体主义作为社会主义道德文化体系的基本原则，但是有一点是不应当置疑的，这就是：社会主义道德在应然的意义上作为人类有史以来最先进的道德，必须公开打出“反”标志资本主义道德“传统”的利己主义和个人主义的旗帜。

由上可以看出，特定历史时代“反传统”所“反”的多为此前占据主导地位的道德观念，而用以“反传统”的道德观念多为被当时代人们视为“错误”的新生的“伦理观念”。有学者指出：“观念对人类生活所具有的支配力量，与其中的错误程度恰好成正比。尽管如此，唯有睿智的眼睛才能洞察真理与谬误之间的分界。”[①]这里所说的“错误观念”及其“错误程度”所指，就是用以“反传统”的新生“伦理观念”。在历史唯物主义视野里，人类社会道德发展与进步的历史轨迹，正是用这样的“错误观念”及由此提升的意识形态形式“反”以往时代占据主导地位的道德观念的实际过程。这就表明，“反传统”所演绎的逻辑张力正是社会道德与发展进步最重要的内在动力，是社会道德发展进步之客观规律的反映。

历史唯物主义认为，一切道德归根到底都是一定社会的经济关系的产

① [英]约翰·伯瑞：《进步的观念》，范祥涛译，上海：三联书店2005年版，第1页。

物。恩格斯说："人们自觉地或不自觉地，归根到底总是从他们阶级地位所依据的实际关系中——从他们进行生产和交换的经济关系中，获得自己的伦理观念。"[①]在特定的历史时代，产生于"生产和交换的经济关系"基础之上的"伦理观念"起初多为自发的道德经验，经由"理论加工"被提升为道德意识形态的国家意志和社会理性之后，才能适应当时代经济及"竖立其上"的整个上层建筑的建设和发展，发挥调节社会生活和人们行为与心态的积极作用。相对于适应以往历史时代的经济和社会的传统道德包括传统美德而言，新"伦理观念"的萌生和蔓延过程势必会在人们自发的意义上与传统道德抗衡，其"加工"和提升的过程势必要在社会自觉的意义上对传统道德进行与时俱进的批判和创新。特定时代的"反传统"只是现象，为新的"伦理观念"提供生长和提升的社会条件才是实质。

二

正因如此，"反传统"现象在社会处于制度或体制变革和创新的转型时期表现得特别激烈，也特别复杂。中国实行改革开放和大力推进社会主义市场经济体制建设以来，社会发展包括人们的伦理道德观念的变化所取得的巨大进步是举世公认的，与此同时出现了以"道德失范"及由此带来的"道德困惑"为表征的"反传统"现象，也是有目共睹的。它同样存在"反"不良的传统道德和"反"优良的传统美德（包括革命传统道德）这样两种情况。从实际情况看，多数国人对前一种情况能够理解和接受，而对后一种情况则多感到难以理解和接受，包括相关学界的一些专业人士也一直以为这是"改革付出的代价"。意思是说，中国的改革开放和社会发展进步需要以牺牲中华民族传统美德包括革命传统道德为代价，流露出的"困惑"和"无奈"情绪与卢梭当年十分相似。"代价论"只看到社会道德发展进步中"反传统"的现象，没有看到这一现象的本质所在，遮蔽了社会道德发展进步的内在要求和客观规律，不能引导人们正确看待当代中国

①《马克思恩格斯选集》第3卷，北京：人民出版社1995年版，第434页。

社会发展进步过程中出现的道德问题，难能认同和跟踪深化改革和构建社会主义和谐社会的时代步伐，放松乃至放弃了与时俱进地创新道德理论和实践的历史机遇。这就使得科学说明和认识社会道德发展进步过程中存在的“反传统”现象，成为当代中国道德理论研究和道德实践建设一个不容回避和逾越的重大课题。

特定历史时代尤其是社会变革时期所“反”的“传统”，一般多是当时代初期实际上需要的传统美德。这就增加了认识和把握“反传统”现象的复杂性，同时也就使得正确认识和把握“反传统”现象更具有科学意义和实践价值。当代中国社会普遍出现的“反传统”现象，所“反”的“传统”可以一言以蔽之：中华民族传统道德之核心价值的“推己及人”和中国革命传统道德之核心价值的“专门利人”，它们实际上都是当代社会生活不可或缺的传统美德。而用以“反”这些“传统”的道德，则多为萌生于市场经济的“生产和交换的经济关系”基础之上、尚处于自发的经验状态的新“伦理观念”，如尊重个性、自由竞争、公平正义等。它们还远没有被“理论加工”和提升为新时期新阶段的社会主义的道德意识形态。因此，在理论和实践上应对当代中国社会的“反传统”现象所提出的问题，本质上和主要任务不是直接传承和发扬传统美德的问题，而是如何运用历史唯物主义的方法论原理，在批判地承接传统美德的基础上，不失时机地对萌生于改革开放和发展社会主义市场经济过程中的新“伦理观念”实行与时俱进的创新和创建，使之与新时期新阶段经济政治建设之客观要求相适应的社会主义思想道德体系的问题，并通过宣传和教育等实践途径使之逐步成为国人的新道德共识和全社会的道德舆论的问题。作如是观，就要注意防止和纠正“固守传统”的思想情绪，借“反传统”之势，把握推动当代中国社会道德与发展进步的历史机遇。

历史上，“反传统”现象在社会处于变革时期多会受到“固守传统”的抵触。这是因为，道德作为一种特殊的社会意识形态和价值形态一旦形成便具有滞后的特性，这种特性通过转化为个人之“德”而使人们养成留恋和欣赏传统美德的习性和社会心理。因此，当“反传统”现象普遍出现时，社会上就会弥漫着“今不如昔”的怀旧情结和对新“伦理观念”的抵触情绪。而这种怀旧的情结和情绪，在传统美德失落或缺失其调节现实生活的功能、新的“伦理观念”尚待经由理性梳理上升到道德文化的社会意识形态层次的特殊时期，或是新的制度已经确立、社会却仍需要传统美德调节现实生活的时期，多表现得比较强烈和普遍。它在“守旧”的意义上呵护着传统美德，保障着社会变革和转型初期必不可少的伦理秩序和道德日常生活，同时又阻碍着社会道德创新和发展进步，实际上成为一种落后的道德文化心理。从而使得社会转型期的道德矛盾和冲突多带有“说不清，道不明”的“悖论”特征。这就要求，在把握社会转型期“反传统”的历史机遇、推动社会道德进步的过程中，一方面要理性地解构“固守传统”的道德文化心理，另一方面也要警惕“反传统”造成道德功能弱化和“缺场”的境况，出现道德文化安全问题。

三

道德作为社会意识形态和价值形态，属于深层次的观念文化。它是人格和民族精神的实质内涵，关乎社会制度的形成、巩固和发展，维系着社会的稳定与繁荣。所谓道德文化安全，是指道德的观念文化之存在状态与功能发挥基本达到正常值。社会处于变革和转型时期，在借“反传统”现象之势推动社会道德发展与进步的过程中，确立道德文化的安全意识并在此前提下厘清道德文化建设的基本思路，是至关重要的。

毋庸讳言，当代中国道德文化安全在面对“反传统”的过程中受到多方面的挑战和威胁。如在经济活动中，一些生产经营企业对人类公认的基本道义毫无尊重和敬畏之心，致使“毒奶粉”“瘦肉精”“地沟油”“彩色馒头”等恶性食品安全事件屡屡发生；在个人生活观念和生活方式方面，崇尚“我酷故我在”的个性主义和唯我主义，炫耀奢侈怪异的个人消费方式，推崇“三俗”的颓废文化，无视个性表达应有的道德文化内涵。再如在道德文化的理论研究及实践中，无视道德文化的国情差别和中国特色社会主义道德文化建设的客观要求，淡化和规避道德文化的国家意识形态属性及其主导功能，热衷于抽象谈论和追随西方道德文化的“范式”和概念；在道德教育的问题上一般地反对统一性要求和“灌输原则”，主张“德育目标来自生活”，实行“德育生活化”，从根本上否认道德教育必须体现国家意志和社会理性的本质要求，如此等等，表明当代中国社会生活确实存在道德功能弱化和“缺场”的道德文化安全问题，需要在历史唯物主义指导下加强道德文化建设。

首先，要坚持以社会主义核心价值体系为主导，积极开展适应社会转型期经济发展和社会全面进步要求的道德文化研究，维护和促进社会公平正义，努力创建中国特色社会主义的道德文化体系。其次，要开展道德文化的思维创新研究，在“反传统”中科学把握“今非昔比”和“与邻攀比”的思维方式，提倡和营造道德文化创新的科学风尚。在伦理思维和道德生活的方式上，要纠正消极夸张和盲目肯定新生代与他们父辈之间的“代沟”、刻意哄造“今优（胜）于昔”的“代际心理”的社会氛围，积极探讨和建构道德文化的传统与现代之间的逻辑关系。在“与邻攀比”和取“他山之石”的问题上，要立足中国国情特别是道德文化国情，从中国特色社会主义道德文化建设的客观要求出发，提倡和坚持“为我所用”的科学态度和创新精神，反对和纠正“向邻看齐”的模仿逻辑和平庸作风。再次，要研究和切实加强大众传媒文化特别是网络文化的建设与管理。网络文化既是现代道德文化的重要组成部分，也是道德文化生成和传播的重要土壤与载体，从目前的实际情况看，对其加强建设与管理已是一个刻不容缓的问题。

综上所述，面对“反传统”现象，必须坚持运用历史唯物主义的方法论原理，与时俱进地把握道德文化创新的历史机遇，推动社会道德发展和进步，同时高度关注道德文化的安全问题，厘清维护道德文化安全、加强道德文化研究与建设的基本理路。

21世纪以来思想政治教育之哲学样式成果述评*

每一种思想理论或精神文明的成果，都有其独特的结构方式和范畴体系、建构机理和功能属性，我们称这种独特性为文明样式。1942年，马克思在《〈科隆日报〉第179号的社论》中进一步阐明自己在博士论文中提出的关于哲学与现实的关系的论点时指出：哲学作为“自己时代的精神上的精华”，“不仅在内部通过自己的内容，而且在外部通过自己的表现，同自己时代的现实世界接触并相互作用”[①]。所谓“时代精神的精华”及其同自己的时代的“相互作用”，就是哲学作为世界观和一般方法论的文明样式。

马克思主义哲学在当代中国，借助改革开放和推动中国特色社会主义现代化建设的社会机缘，在丰富和创新“自己的内容”的同时，又以“实践是检验真理的标准”和“可持续发展”等时代精神精华的重大命题展示其社会历史观和方法论的科学意义。在这个过程中，运用哲学的思维方式和范畴形式研究思想政治教育基本理论问题逐渐成为一种新的科研风尚，表明人们对思想政治教育的本质与发展规律等基本问题的认知和追求有了崇尚科学世界观和方法论的自觉。

本文试对21世纪以来运用马克思主义哲学方法研究思想政治教育基本

* 原载《思想政治教育研究》2013年第4期，收录此处时标题有改动。

①《马克思恩格斯全集》第1卷，北京：人民出版社1995年版，第220页。

理论的成果及其形成的社会机理，在哲学样式的意义上作一简要梳理和述评，并就其今后发展的逻辑方向发表一些粗浅的分析意见，以期引起学界对运用唯物史观研究思想政治教育基本理论问题的应有关注[1]。

一、哲学样式成果形成的社会机理

促成思想政治教育基本理论研究之哲学样式成果的社会机理，总的来说是改革开放和推进社会主义市场经济发展的客观要求及由此产生的综合效应。改革开放的序幕拉开之后，中国传统社会的秩序和社会心理、人的政治思想和道德观念发生着巨大变化，思想政治教育工作面临从未有过的严峻挑战和创新性的发展机遇。为应对这种急剧变化的形势，一些过去长期从事思想政治教育工作、深爱这片热土的思想政治工作者，以开拓者的人生姿态致力于思想政治教育基本理论问题的研究，而他们一开始采用的基本方法就是唯物辩证法和历史唯物主义，恪守的学术立场则是变革中的中国社会现实。

正因为如此，21世纪以来思想政治教育基本理论的哲学样式成果，可以追溯到20世纪80年代陆庆壬主编的《思想政治教育学原理》、邱伟光的《思想政治教育学概论》和90年代邱伟光与张耀灿合作主编的《思想政治教育学原理》。这些关涉思想政治教育基本理论问题的原创性成果，虽然很少直接使用“哲学”的话语形式，但其分析和阐述的路径却多充分运用了唯物辩证法和唯物史观的方法，既开创了我国思想政治教育作为一门新学科研究之先河，也开创了运用马克思主义哲学方法研究思想政治教育基本理论问题之先例。此后，不断出现带有“哲学”或其基本范畴字样的论著，如“加强和改进思想政治教育的哲学思考”“思想政治教育的哲学根

[1] 本文述评所涉论思想政治教育基本理论研究成果的“哲学样式”不同于“哲学范式”。范式或研究范式，是托马斯·库恩发现并在其《科学革命的结构》中正式提出和加以系统阐释的，本义是指自然科学研究史上“科学共同体”及其共同拥有的研究传统、理论框架、研究方式和话语体系整合而成的研究模式。从实际情况来看，运用哲学的方法研究思想政治教育基本理论至今尚未形成这样的哲学范式，但其已经形成的哲学样式却应是值得高度关注的。

基”“哲学视野中的思想政治教育反思”“思想政治教育哲学”“论主体性思想政治教育的现代建构”等。

2010年，李合亮的《解析与建构：当代中国思想政治教育的哲学反思》出版。该著作针对思想政治教育“生命线”一直存在“短路”的现实问题，运用主体、客体、本质、价值等一系列哲学范畴仔细分析了思想政治教育中的基本问题，力图揭示和说明“什么是思想政治教育”这一带有根本性的问题。这部著作未冠之“学”却自成体系的哲学样式成果，在思想政治教育基本理论研究和实践中应该受到广泛关注。

就思想观念准备的理论条件和人力资源而论，考察思想政治教育基本理论的哲学样式成果形成的社会机理，不可忽略这样一些因素：哲学领域内广泛开展的关于真理标准问题的大讨论及其渲染和营造的社会自由氛围、引发的“人生的路啊，怎么越走越窄”之类的“青春近视”和“青春烦恼”。这些机理要素，是思想政治教育基本理论研究之哲学样式成果形成的内在推动力。正如田鹏颖、赵美艳在其著述中开门见山地指出的那样：“改革开放30多年以来，我们躬逢其盛。但在信息爆炸、矛盾丛生的时代里，当代年轻人在面对未来人生道路选择时，思想容易迷失，心理容易浮躁，甚至一定程度上可能变成‘井底之蛙’。这些可爱的‘掌上明珠’，一时难以静下心来寻求事物的本来面貌，这也致使许多年轻朋友们在思想上走了弯路，甚至走向极端，导致人生观、价值观的扭曲，以致于错过人生中本应属于自己青春时代的美丽风景。”[①]由此不难看出，思想政治教育基本理论研究之哲学样式成果的形成，一开始就不是出自思想政治工作者和哲人们做学问或学术的个人兴趣，而是出自他们关怀下一代和关注国家前途与命运的历史使命感——国内形势的发展需要我们从形而上层面考量思想政治教育的基本问题。这种科学研究的志趣和情操，实在是难能可贵的精神财富，值得从事思想政治教育理论研究者认真汲取和承接。

经济全球化及西方哲学人文思潮涌进国门所产生的复杂影响，是促成思想政治教育基本理论研究形成哲学样式成果的外来动因。对此，早在21

① 田鹏颖、赵美艳：《思想政治教育哲学》，北京：光明日报出版社2010年版，第1页。

世纪初就有学者指出:“由经济全球化带动的全球化发展趋势,深刻地影响着世界历史进程,无疑也影响着中国的历史发展。全球化发展趋势开拓了新的发展领域,开阔了人们的视野,催生了新的思维方式——面向世界的开放思维。”[①]陈立思在《当代世界思想政治教育的理论研究述评》一文中,分析和叙述了当代思想政治教育深受西方教育哲学和道德哲学之影响、教育哲学和道德哲学又受整个西方社会哲学思潮的影响之间的逻辑关联,指出:诸如“二战后广泛流行的人本主义思潮和主体论哲学”等,在全球范围内引发人们“对教育的目的、培养目标、师生关系、课程、教学方法乃至教育科学研究等进行了全面的反省和变革”[②]。就思想政治教育中的道德教育而论,道德教育已经结束了多年来一直在哲学的边缘徘徊的状态,实现了教育学、伦理学与心理学和社会学的结合,真正开始了实证的研究,涌现了众多的道德教育模式。近年来,一批专论西方社会思潮对中国青年思想政治或思想道德教育的影响的研究成果,如陈立思的《社会思潮与青年教育》、林伯海的《当代西方社会思潮与青年教育》等,以及专论中外思想政治教育或思想政治教育比较研究的成果,如苏振芳主编的《思想道德教育比较研究》等,就是在这种外来动因直接推动下陆续面世的著作。

在思想政治教育基本理论研究如何应对西方哲学复杂思潮影响的问题上,一些关于“思想政治教育的主体间性”的哲学样式成果是值得特别注意的,因为有一些是自觉运用唯物辩证法和唯物史观看待、抵制“主体间性”等西方哲学观某些消极影响的产物。如有的学者明确指出,运用主体间性的哲学话语分析和研究我国思想政治教育基本理论问题,目的应当是对思想政治教育主体性的传统理解实行“积极扬弃”,而不是要模糊主体与客体之间的界限,将教育者与受教育者混为一谈[③]。这些警示性的学术观点无疑是真知灼见,值得重视。从实际情况看,由于人们至今对主体间

① 张彦、郑永廷:《加强和改进思想政治教育的哲学思考》,《现代哲学》2001年第3期。

② 张澎军:《德育哲学引论》,北京:人民出版社2002年版,第89页。

③ 参见张耀灿、刘伟:《思想政治教育主体间性涵义初探》,《学校党建与思想教育》2006年第12期;赵华灵:《思想政治教育主体间性转向的理论探讨》,《思想教育研究》2011年第2期。

性的哲学意蕴不甚了解，把握不当就可能会模糊教育者与受教育者之间的学理界限，淡化甚至漠视思想政治教育主体的地位与作用，因此，借用西方哲学的主体间性范式研究思想政治教育中的主客体关系，是需要持慎重态度的。

二、哲学样式成果的主要类型

21世纪以来，思想政治教育基本理论研究的哲学样式成果很多，有如下几种被学界广泛关注的主要类型。

（一）学科论样式

学科论样式的成果，是沿用传统学科体系的惯用体例、运用唯物辩证法和唯物史观建构的思想政治教育学体系。邱伟光和张耀灿主编的《思想政治教育学原理》及其后来修订的版本、郑永廷的《现代思想政治教育理论与方法》、陈秉公的《思想政治教育学原理》等，可视为21世纪以来哲学样式成果早期的代表作。它们多论及思想政治教育的对象与本质、原则与方法、过程与规律、本体与环境、领导和管理等基本问题，影响广泛，为思想政治教育发展成为一门新兴学科奠定了哲学样式的科学基础。

学科论样式一开始就注意凸显“什么是思想政治教育？”和“为什么要有思想政治教育？”这两个根本性问题，强调指出思想政治教育是中国共产党的优良传统和政治优势，具有鲜明的阶级性和时代属性，在学校思想政治教育中反映的是培养什么样的人的问题，事关国家和民族的前途，因此必须以领导干部和青少年为重点对象。这些体现唯物史观的哲学意见，立意高远、思路清晰，给人以鲜明的历史主题和逻辑力量的深刻印象。有学者认为，思想政治教育有“三重本质形态”，其中“目的性本质是最为深层、最为根本的本质”，因为这一本质属性对科学提出德育（思想政治教育）的任务和内容与方法起着决定性的支配作用[①]。本质反映事

① 张澎军:《德育哲学引论》,北京:人民出版社2002年版,第89页。

物内在的本质联系，是事物存在和发展的根据和根本动力之所在，对思想政治教育本质问题的认识自然也应作如是观。这是思想政治教育基本理论之哲学样式成果的内核所在，必须坚决维护。

学科论哲学样式问世后，社会反响强烈，人们纷纷以专题形式对其展开拓展性的深入研究，有的还写成专题性的论著，如韦冬雪的《思想政治教育过程矛盾和规律研究》。该论著力图充分运用唯物辩证法的矛盾学说，在将自然规律与一般社会规律作比较的前提下，细致地分析和阐述了思想政治教育过程中的各种矛盾和规律性现象，并在思想政治教育学作为一门实践学科的意义上进一步指出，研究思想政治教育过程的矛盾与规律的目的，是使思想政治教育“有一个更加清晰的可操作的方向和目标，进而增强思想政治教育的实效性”。在全国哲学界出现向实践哲学和实践智慧转向的语境中，思想政治教育基本理论问题研究提出这种“更加清晰的可操作的方向和目标”的理念和意见，是值得重视的。

2006年底，张耀灿、郑永廷、吴潜涛等合著的《现代思想政治教育学》，对此前的学科论哲学样式作了全面的调整和扩充，内容丰富而全面，不论是从立意还是语言表述风格来看，这部著作使得思想政治教育作为一门独立学科的哲学样式更为凸显。然而毋庸讳言，这部40余万字的著述同时又似乎淡化了思想政治教育的本质与对象特别是重点对象、领导与管理等极为重要的基本问题，其学科论的哲学样式特性因此而有所褪色。有的学者也许是因为注意到这种不应有的扩充和蜕化，在其著述中设置了专门章节，以较多的篇幅重申和强化了关于思想政治教育的对象（本体）及其本质问题的专题论述。每一门学科的基本理论都有自己的学科论样式，它是整个学科体系赖以建构和发展的“原理”或“原理学”的逻辑基础。从这种角度来看，对思想政治教育基本理论的学科论样式关于对象和本质问题的理论进行更新和创新，是需要持慎重态度的。

（二）主体论样式

主体论样式是对思想政治教育对象之基本理论问题研究的专题性拓展

和深入。21世纪以来涉足这一领域的研究者众多，成果一度甚丰。具体而言，其成果又可以分为主体和主体性两种相互关联的哲学样式。后者较为引人注目的成果，有张彦的专著《思想政治教育主体性研究》与论文《主体性思想政治教育的四维向度》，以及张革华和彭娟的《从教育者角度看思想政治教育主体性》等论文。

建构思想政治教育主体和主体性的哲学样式的研究者多认为，由于思想政治教育者和受教育者都是具有一定价值取向和主观能动性的人，所以思想政治教育主体性应当包括思想政治教育者的主体性和受教育者的主体性两个方面。所谓思想政治教育主体性，就是指思想政治教育者和受教育者在思想政治教育活动中所表现出来的主观能动性、创造性和自主性。因此，思想政治教育要实行主体性原则，将社会要求和受教育者的合理需要结合起来，尊重受教育者的主体地位，调动受教育者的积极性、主动性和创造性。同时，也必须注意坚持思想政治教育的方向性、严肃性和纯洁性，防止出现教育者淡化主体作用和教育责任、迁就受教育者随意选择“自我教育”的不正确主张[①]。一些著述还涉论思想政治教育的“主体间性”问题。所谓主体间性，实则是主体论哲学样式的另一种具体形态，与此相关的尚有所谓“双主体”的成果样式。有学者指出，思想政治教育基本理论研究对“主体间性”的成果实行肯定和推广，必须持慎重态度。因为它不仅是一个研究思想政治教育基本理论的哲学方法选择问题，更是一个关涉如何理解和把握思想政治教育的本质和对象的根本问题；如果人们在形上思辨中模糊了教育者与受教育者的必然和必要的界限，势必就会遮蔽思想政治教育实际过程的主要矛盾，淡忘教育者主体的使命和责任，陷入一种自设的“理论困境”，造成“实践困扰”[②]。

近年来，思想政治教育基本理论其他一些重要问题的研究出现了自设“理论困境”的现象。其突出表现就是：把简单的问题说得很复杂，把复

① 参见叶雷：《略论思想政治教育的主体性原则》，《中共四川省委党校学报》2004年第2期；蓝江：《思想政治教育的哲学根基》，《探索》2006年第1期；王瑞娜、陈蕾：《对思想政治教育主体性的再认识》，《河南广播电视大学学报》2008年第2期等。

② 参见祖嘉合：《试析“双主体说”的理论困境及化解途径》，《思想政治教育研究》2012年第1期。

杂的问题说得“很哲学”；把本已清晰的问题说得很模糊，把模糊的问题说得让人别想弄明白。这种学风其实是有悖思想政治教育基本理论研究宗旨的，于思想政治教育实务也并无益处。

（三）主导论样式

郑永廷的《现代思想道德教育理论与方法》，是最早运用主导论的哲学样式较为系统地研究思想政治教育基本理论问题的专著。该专著的核心主张是，在价值多元化的现代社会，思想政治教育必须正确看待和适时把握主导性与多样性的关系，在理论与实践的结合上坚持主导性的价值理念和原则，在主导性指导下发展多样性的问题。石书臣指出，所谓思想政治教育的主导性，是就居于主要地位和发挥引导作用的思想政治教育元素而言的[①]。从马克思主义哲学来看主导论样式，它是运用关于主要矛盾和矛盾的主要方面的方法论原则的产物。毛泽东在《矛盾论》中指出：“任何过程如果有多数矛盾存在的话，其中必定有一种是主要的，起着领导的、决定的作用，其他则处于次要和服从的地位。因此，研究任何过程，如果是存在着两个以上矛盾的复杂过程的话，就要用全力找出它的主要矛盾。”又说：事物“矛盾着的两方面中，必有一方面是主要的，他方面是次要的。其主要的方面，即所谓矛盾起主导作用的方面。事物的性质，主要地是由取得支配地位的矛盾的主要方面所规定的”[②]。由此，主导性问题的提出及其哲学样式成果，立意取向其实并不是要说明思想政治教育实际过程的具体矛盾，而是要主张对思想政治教育整体及其基本理论体系作一种实践论意义上的总体性的考察和把握，在基本理论的深刻内涵上彰显思想政治教育的现时代特征和意识形态特质。因此，坚持思想政治教育主导性就是坚持思想政治教育的本质要求，担当思想政治教育最为重要的社会责

① 参见石书臣：《思想政治教育主导性概念的界定与内涵》，《学校党建与思想教育》2004年第7期。

②《毛泽东选集》第1卷，北京：人民出版社1991年版，第322页。

任和历史使命。这正是主导论哲学样式成果的价值真谛所在[①]。

研究者多指出，在价值多元化、多样化的时代，坚持思想政治教育的主导性并不是要排斥多元性和多样性，发展多元性和多样性不是要淡化以至挤走主导性。于林平在《论思想政治教育主导性与多样性的统一》一文中指出："社会主义市场经济条件下，坚持思想政治教育主导性与多样性的统一，是我国社会主义初级阶段经济的主体性与多样性的要求，也由思想政治教育发展变化的规律性和文化全球化背景下思想文化领域互渗性与冲突性所决定。"坚持思想政治教育主导性原则，就是"要弘扬主旋律，坚持马克思主义在意识形态领域的主导地位毫不动摇，同时要批判地继承中华民族的优秀传统文化和借鉴、吸收国外一切有益的思想文化"[②]。

在新增的思想政治教育博士点上成长起来的一批青年学者，围绕思想政治教育的主导性原则、思想政治教育学科建设的主导性、大学生思想政治教育的主导性、社会主义意识形态的主导性等问题，对思想政治教育主导性展开了多角度的探讨，形成了一系列的主导论哲学样式成果，如石书臣的《现代思想政治教育主导性研究》和《主导论：多元文化背景下的高校德育主导性研究》。骆郁廷的《提升国家文化话语权》、万美容的《论高校德育文化建设的基本原则》、曹群等的《社会多样化与个体特色化发展的核心价值主导——兼论大学生社会主义核心价值体系教育》等论文，立足于文化多元化背景下从主导性的角度研究了思想政治教育的本质规定及其对高校思想政治教育的要求，受到学界的广泛关注。

总的来看，思想政治教育基本理论研究的主导论哲学样式正是基于马克思主义哲学的矛盾学说选题和立意的，它彰显的是思想政治教育的本质属性，维护了思想政治教育作为中国共产党的优良传统和政治优势的地位。

---

① 参见李辉：《现代性语境下的思想政治教育主导性探析》，《思想政治教育研究》2009年第4期；陈凤平：《思想政治教育主导性研究综述》，《学理论》2011年第32期。

② 于林平：《论思想政治教育主导性与多样性的统一》，《思想政治教育研究》2009年第1期。

(四)人学论样式

重视人学方法对于思想政治教育基本理论研究的方法论意义，起于21世纪初。石义斌在《试论人学的兴起对思想政治教育的意义》一文中，从考察和分析中国现当代思想史立意，最早提出要将人学样式引进思想政治教育基本理论研究的主张。其基本理由是："中国没有经历西方社会那样的文艺复兴运动，资产阶级的自由、平等、博爱等民主主义"包括"孙中山的民权主义"，"都远远没有在中国广大人民的意识形态上生根，相反，民族自尊和爱国义愤压倒了一切"，而人学则具有"揭示了当代思想政治教育的任务和主题，奠定了当代思想政治教育的哲学基础，规定了当代思想政治教育的核心内容，提供了当代思想政治教育的科学方法"的方法论意义。此后，关于从人学的角度研究思想政治教育基本理论问题的主张曾一度销声匿迹。

七年以后，张耀灿和曹清燕的《论马克思主义人学视野中思想政治教育的目的》《思想政治教育的人学解读》及《思想政治教育目的的人学思考》等成果先后发表，重提和推崇思想政治教育基本理论研究的人学论方法，并很快促成一批特别引人注目的哲学样式成果。这些成果的一个共同特点是，强调人是思想政治教育的目的，认为："在马克思主义人学视野中，思想政治教育的本原目的是促进人在社会中的生存和发展，思想政治教育的最高目的是促进人的自由全面发展，我国思想政治教育的现实目的是促进和谐的社会主体之生成。"[①]进一步看，思想政治教育是人的一种实践活动和精神生活；是人的一种存在方式或生存方式；是人之生成和人之解放的重要过程和环节。不难看出，就哲学样式及其话语形式而言，思想政治教育基本理论研究的人学主张所要观照的是思想政治教育基本理论的"本体论"问题，因而带有某种"元理论"的特征。因此，评论人学样式成果之学科价值的前提必须是：思想政治教育基本理论是否需要构建哲学

① 参见张耀灿、曹清燕：《论马克思主义人学视野中思想政治教育的目的》，《马克思主义与现实》2007年第6期。

样式意义上的本体？如果需要，能否将其抽象为“人”？

我国马克思主义哲学之人学创建者黄楠森先生在其早年人学著述中曾开门见山地指出：“人学是关于作为整体的人及其本质的科学”，它“不同于人类学”，“也不同于人的哲学”[①]。从这种立论前提和基础来看，人学关于人的理解范式，与马克思主义关于人的本质“在其现实性上，是一切社会关系的总和”的著名命题是一致的。因此，黄先生在进一步阐述人学的对象时又说：人生问题虽然“归根到底，是人与自然的关系问题，但更主要的是个人与社会、自我与他人的关系问题，这是一个贯穿整个人类社会的问题”[②]。由此看来，硬要借用人学在将“人”与“社会”严格相区分的意义上来言说思想政治教育的基本理论问题以刷新所谓的“元理论”，究竟有何必要呢？学界不少人对此感到有些费解。

众所周知，哲学本体论或存在论是在“本原”的意义上，用最抽象的思辨形式认知和把握世界，可以在本原的意义上把世界抽象为“单一”的“物质”或“精神”。这样的抽象显然是不适合思想教育基本理论研究的。思想政治教育历来都是用现实的实践形式理解和把握社会的，是否可以不在存在论或本体论的意义上把社会历史抽象为“人”来研究，是需要慎重考虑的。人，在马克思主义哲学视野里可以“在其现实性上”被抽象为“一切社会关系的总和”的一般本质，而在思想政治教育学视野里则只能被理解为“在社会历史领域内进行活动的，是具有意识的、经过思虑或凭激情行动的、追求某种目的的人”[③]这种具体本质，当代中国思想政治教育所面对的“人”，则只能是实践中的需要中国化、大众化、时代化的人。这就决定作为思想政治教育学哲学样式的“人学”与作为一般哲学样式的人学不应当是同一种“人学”，直接用马克思主义哲学样式的人学来替代作为思想政治教育基本理论哲学样式的“人学”，以至于以样式替代范式、期许实行“人学范式（样式）转换”，显然是不合适的。人与社会的存在

① 黄楠森：《人学的足迹》，南宁：广西人民出版社1999年版，第3页。

② 黄楠森：《人学的足迹》，南宁：广西人民出版社1999年版，第5页。

③《马克思恩格斯文集》第4卷，北京：人民出版社2009年版，第302页。

和发展本是互动的历史过程，不论是在基本理论还是在“元理论”的意义上，把思想政治教育的对象归结为“本体论”意义上的一般本质的“人”，都是有失偏颇的。如果说思想政治教育基本理论确有“本体论”或逻辑起点的“元理论”问题需要研究，那么它就应当是人参与和主导思想政治教育实践的逻辑与历史，如此建构的思想政治教育“本体论”学说显然不可能是人学。

（五）价值论样式

价值论样式成果属于价值哲学范畴，其核心是关于思想政治教育有效性的理论，最早见于20世纪80年代，2004年党中央和国务院颁发《关于进一步加强和改进大学生思想政治教育的意见》（中发〔2004〕16号文）之后迅速增加，很快成为思想政治教育基本理论研究成果的一个亮点，然而多缺乏基本理论意义上的学术品位。2008年武汉大学出版社出版沈壮海的专著《思想政治教育有效性研究》，以价值论样式的标志性成果，弥补了这种缺陷。该专著运用唯物史观的方法论原理，以人类社会关注思想政治教育有效性问题2000多年的历史为学术史背景，以当代中国改革开放和社会转型的社会现实为基础，对思想政治教育有效性问题进行了多侧面、多纬度的探究和分析，从理论上阐明了至今依然困扰我国思想政治教育的有效性问题。

闵永新的《论整体性视野中加强思想政治教育有效性研究的价值维度》认为，研究思想政治教育有效性问题，要以马克思主义理论学科建设的整体性要求为指导，遵循思想政治教育有效性实现的自身规律与特点。该文是思想政治教育基本理论研究之价值论样式的拓展。

思想政治教育基本理论研究的价值论哲学样式，其价值不论怎么说都不为过，因为它所要反映和彰显的是思想政治教育的实践本质，是思想政治教育的生命力所在，因而也是思想政治教育之宗旨和目的所在。由此观之，思想政治教育有效问题的价值研究，应是整个思想政治教育研究的内在驱动力和价值轴心。

三、哲学样式成果演变的逻辑方向

评述21世纪以来思想政治教育基本理论研究的哲学样式成果，最终需要提出这样的一个逻辑问题：作为一种极为重要的精神生产活动，思想政治教育基本理论问题的研究应当坚持在唯物史观方法论原理的指导下，运用“优先逻辑”探讨、设计和把握其应然意义上的逻辑方向。

（一）实践哲学样式的逻辑方向

实践哲学样式的目标是在唯物史观的指导下建立“实践思想政治教育学”或“思想政治教育实践哲学”。唯物史观与唯心史观的根本不同在于，它是向实践开放的理论指南，“不是在每个时代中寻找某种范畴，而是始终站在现实历史的基础上，不是从观念出发来解释实践，而是从物质实践出发来解释各种观念形态”[①]，它认为“人的思维是否具有客观的真理性，这不是一个理论的问题，而是一个实践的问题。人应该在实践中证明自己思维的真理性，即自己思维的现实性和力量，自己思维的此岸性”，“社会生活在本质上是实践的”[②]。

思想政治教育作为一门实践学科，其基本理论问题归根到底应是实践问题。思想政治教育基本理论问题应是实践中的问题，它的理论思维必须是在实践中，把需要理论解决的哲学思维看成是实践的一个部分，一个逻辑环节。因此，思想政治教育基本理论的哲学样式成果不应当是离开思想政治教育实践的“纯粹学术”产品，也不应当只是研究者个人的“精神家园”物品。离开实践中的问题，我们可以在纯粹思维中使自己的理论表达完美化、理想化、“元理”化或原理化，然而这样的理论也许就会离实践越来越远，成为学究、学院式的理论，最终出现思想政治教育研究学术繁荣与其实践贫困的“两张皮”的悖论现象，削弱以至丢掉思想政治教育作

①《马克思恩格斯文集》第1卷，北京：人民出版社2009年版，第544页。

②《马克思恩格斯文集》第1卷，北京：人民出版社2009年版，第500、505页。

为中国共产党的优良传统和政治优势。马克思主义哲学对于思想政治教育基本理论研究的方法论意义，应在于指导和建构思想政治教育实践哲学。对此，学界不应当有任何异议。不论是宏观还是微观的，思想政治教育的基本理论本质上都应当是实践的。在“哲学家们只是用不同的方式解释世界，而问题在于改变世界”[①]这一著名命题上，思想政治教育的基本理论应当能够得到最合乎逻辑的阐释。所谓思想政治教育学，本质上应当是“实践思想政治教育学”，是对“思想政治教育原理学”与“思想政治工作学”实行贯通的产物。

建构“实践思想政治教育学”，将是一个艰难探索的过程。人在思维活动中可以借助哲学和逻辑的方法消除一切问题和矛盾，把所有的问题“说圆”，然而人在实践中却无论如何做不到这一点。人在实践中，需要面对各种各样的矛盾，固然需要“说圆”，但更主要的是实践，“说圆”了的学术还是要回到实践中去，看其是否可以“圆梦”。这是当代人类的哲学思维包括马克思主义哲学特别关注“实践哲学”的根本原因所在。认识的对象和实践的给出，不是一回事。

（二）社会哲学样式的逻辑走向

社会哲学样式的目标是创建宏观思想政治教育学的哲学样式。可以说，沈壮海的《宏观思想政治教育学初论》是这一逻辑走向的先声之作。该文在总结以往关于思想政治教育基本理论问题之哲学样式建构所取得的经验和存在问题的基础上，在历史与现实、国情与世情相关联的大视野里，视有史以来的思想政治教育为一种“自然历史过程”和“世界历史意识”的产物，据此而提出“宏观思想政治教育学”的新概念，认为思想政治教育宏观、微观之学应当共生互促，努力与实践的发展同步，并与哲学社会科学乃至自然科学相关学科的发展同步。

该文主张“着眼于从整体、全局、战略等层面”理解和把握思想政治教育的对象及相关问题。在对中国传统哲学样式的承接和创新的基本认识

---

①《马克思恩格斯文集》第1卷，北京：人民出版社2009年版，第506页。

的前提下，将当代中国思想政治教育研究与中国传统思想政治和伦理道德文化合乎逻辑地贯通起来，建构“宏观思想政治教育学”是完全可能的。这种把“世界历史意识”与“中国历史意识”结合起来的哲学方法，给读者以深刻的印象[①]。

中国传统哲学注重在人、家、国乃至天道与自然的“全局”和“整体”中，把握“成人”的生成和发展过程中的伦理道德和思想政治问题，却缺乏“战略”的眼光，而当代思想政治教育基本理论问题的哲学思维却不能没有战略眼光。身居经济全球化和地球村，思想政治教育唯有具备战略眼光，才能真正把握全局和整体，促使思想政治教育宏观、微观之学应当共生互促，努力与实践的发展同步。这应当是思想政治教育基本理论问题研究之哲学样式成果的一个重要发展路向。提出创建“宏观思想政治教育学”开辟了构建思想政治教育学的哲学样式的新思维，对于繁荣思想政治教育基本理论研究很有意义。人们在期待其涌现更多哲学样式成果的过程中同时也应当明白：学科对象内涵越大，对象物就越模糊，本质就越抽象，能够获得的真知灼见就可能会越少，把握其“实践理性”以指导思想政治教育实践的机缘也就可能会越少。

（三）探讨“元问题”哲学样式成果的逻辑方向

实际上，纵观21世纪以来思想政治教育基本理论研究的哲学样式成果，其形成的内在机理和推动力多与追问思想政治教育中的“元问题”相关。然而，思想政治教育中的“元问题”究竟是什么，却至今没有被明确地提出来。近年来，有学者试着把人学论样式所涉论的“人的问题”与思想政治教育的“元问题”关联起来，并未得到积极响应。是不是思想政治

① 马克思、恩格斯在《德意志意识形态》中基于“新的历史观”指出：以“世界市场的存在为前提”，“人们的世界历史性的而不是地域性的存在同时已经是经验的存在了”，“无产阶级只有在世界历史意义上才能存在，就像共产主义——它的事业——只有作为‘世界历史性的’存在才有可能实现一样”。(《马克思恩格斯文集》第1卷，北京：人民出版社2009年版，第539、538、539页)实际上，从逻辑上来分析，任何“地域性的存在”都同样具有“世界历史意义”，以至于越是地域性(民族性)的存在就往往越具有“世界历史意义”。从这个角度看，善于把“中国历史意识”与“世界历史意识”整合起来，应是思想政治教育基本理论研究者应当具备的思维品质。

教育基本理论没有“元问题”？回答应当是否定的。

元，在中国人的传统话语系统中有始、大、第一、首要、基本之义，作为哲学范畴则一般是指“本原”。运用哲学的方法研究思想政治教育的基本理论，无疑会遇到这样的“元”问题。党的十八大报告在论述“扎实推进社会主义文化强国建设”的战略任务时，作出“全面提高公民道德素质”的重大工作部署，其中要求“加强和改进思想政治工作，注重人文关怀和心理疏导，培育自尊自信、理性平和、积极向上的社会心态”。这必将会推动思想政治教育基本理论研究的深入发展，以“元问题”为对象的哲学样式成果势必会不断地涌现出来。现在需要探讨的问题是：思想政治教育的“元问题”究竟是什么？反映“元问题”的哲学样式成果应当是怎样的？在笔者看来，不应将思想政治教育的“元问题”等同于最一般的问题，因而也不应视思想政治教育基本理论的“元问题”成果为最抽象的理论形式。思想政治教育的“元问题”，在很多情况下恰恰是“蜗居”在思想政治教育微观世界中的问题，如一些领导干部和青少年的理想信念缺失、社会责任感淡化、价值观念和行为方式偏离以至违背社会主导价值问题等。它们多是“第一”“首要”“基本”的问题，带有“元问题”的特征，需要思想政治教育基本理论研究立足于唯物史观的视野，给予“本原”式的建构和阐发。康德做道德学问最终所感悟到的“元问题”，只有“两样东西”，“我们愈经常愈持久地加以思索，它们就愈使心灵充满日新月异、有加无已的景仰和敬畏：在我之上的星空和居我心中的道德法则”[①]。应当说，这位哲学大师的“元问题”观及其思辨方向，对于建构思想政治教育基本理论“元问题”的哲学样式成果，是颇具启发意义的。

概言之，思想政治教育基本理论研究之哲学样式成果演变的逻辑方向，应是立足当代中国社会发展的重大实践和思想实际问题，在历史唯物主义指导下引领人们科学认识和把握社会与人生。

---

① [德]康德:《实践理性批判》,韩水法译,北京:商务印书馆1999年版,第177页。

新中国成立以来思想政治理论课教学质量建设的基本经验*

新中国成立以来，高校思想政治理论课作为思想政治教育的主课堂、主渠道、主阵地，为保证我国高等教育的社会主义办学方向，培养社会主义的合格建设者和可靠接班人发挥了突出作用。一门课程的教学质量是这门课程得以生存与发展的生命线，思想政治理论课也不例外。伴随着我国60多年波澜壮阔的伟大社会主义现代化建设实践的历史进程，思想政治理论课教学质量建设贯穿始终，并围绕教学质量的基本内涵——“质”的内在规定性、“量”的有用度、学生的可接受度三个维度加强思想政治理论课教学质量建设，虽然经历了艰辛与探索，却积累了丰富的宝贵经验，总结这些经验，在继承中发展，在发展中创新，对于加强新时期思想政治理论课教学质量建设具有重要的理论意义与实践价值。

一、坚持马克思主义理论的主导地位，保障思想政治理论课的正确方向

“统治阶级的思想在每一时代都是占统治地位的思想。这就是说，一个阶级是社会上占统治地位的物质力量，同时也是社会上占统治地位的精

* 原载《思想政治教育研究》2014年第1期，本人为第二作者，征得第一作者叶荣国博士同意后收录此处，标题有改动。

神力量。”①

通过课堂教学的形式把统治阶级的思想“灌输”给青年大学生，使之在社会意识形态领域占据主导地位，在世界各国都是普遍存在的现象，不论这种课程是直接的还是间接的，显性的还是隐性的。从这种意义上说，我国的思想政治理论课教学目的主要是帮助大学生确立正确的政治方向，形成正确的政治观点，树立正确的政治信仰，把他们培养成为具有良好科学文化素质和思想道德素质的社会主义合格建设者和可靠接班人。因此，坚持马克思主义在意识形态领域的主导地位，把社会主义核心价值贯穿思想政治理论课教学全过程是思想政治理论课教学质量建设的首要任务，它体现了社会主义大学的本质。

新中国成立以来，思想政治理论课坚持马克思主义理论的主导地位体现在两个方面：一是在思想认识上坚持完整、准确地理解马克思主义的科学理论；二是在教学实践中坚持用马克思主义（包括中国化的马克思主义）作为思想政治理论课教学的中心内容。马克思主义理论是科学的世界观和方法论，是帮助大学生认识和改造世界的锐利思想武器，学习马克思主义不仅只是学习理论知识，还要运用马克思主义的立场、观点、方法分析问题、解决问题。“马克思、恩格斯、列宁、斯大林的理论，是‘放之四海而皆准’的理论。不应当把他们的理论当作教条看待，而应当看作行动的指南。不应当只是学习马克思列宁主义的词句，而应当把它当成革命的科学来学习。不但应当了解马克思、恩格斯、列宁、斯大林他们研究广泛的真实生活和革命经验所得出的关于一般规律的结论，而且应当学习他们观察问题和解决问题的立场和方法。”②新中国成立初期，思想政治理论课教学还没有成功的经验，在教学实践中主要是借鉴苏联的经验，还存在教条主义的偏向，通过抄黑板，背诵马克思主义原理等强制灌输的方法学习。特别是“文化大革命”的十年，思想政治理论课教学遭受严重破坏，成为林彪、“四人帮”抢班夺权的工具，他们歪曲、篡改毛泽东思想，把

①《马克思恩格斯文集》第1卷，北京：人民出版社2009年版，第550页。

②《毛泽东选集》第2卷，北京：人民出版社1991年版，第533页。

毛泽东思想庸俗化、教条化，造成了严重的思想混乱，此后“两个凡是”仍然成为禁锢我们思想的精神枷锁，直到关于真理标准问题的大讨论和十一届三中全会的召开，重新确立了实事求是，理论联系实际，一切从实际出发的思想路线，思想政治理论课教学才步入正轨。

思想政治理论课坚持马克思主义理论在意识形态领域的主导地位就必须把马克思列宁主义的普遍真理与中国革命与建设的具体实践相结合，坚持理论创新，与时俱进，用发展了的马克思主义理论武装大学生头脑。在我国由新民主主义向社会主义过渡阶段，思想政治理论课教学的中心内容是马列主义和毛泽东思想；我国社会主义建设在曲折中发展时期，思想政治理论课教学内容反映了中国共产党人在探索社会主义建设阶段积累的正反两方面基本经验；十一届三中全会以后，我国步入建设有中国特色社会主义的新阶段，在党的领导下，坚持用发展的马克思主义——毛泽东思想、邓小平理论、“三个代表”重要思想和科学发展观武装大学生头脑，思想政治理论课先后经历“85方案”“98方案”和“05方案”，这三次课程改革既反映了我党在不同时期根据我国社会主义现代化建设过程中出现的新情况、新问题而提出的路线、方针、政策，又涵盖了马克思主义理论在中国发展的新成果，教学内容保持了时代性和创新性，教学改革不断深入，教学质量不断提高。正反两个方面的历史经验充分说明坚持马克思主义在意识形态领域的主导地位，完整、准确地理解马克思主义，把它作为思想政治理论课教学的中心内容，确保青年大学生拥有坚定正确的政治方向是思想政治理论课教学质量建设的一条基本经验。

二、坚持思想政治理论课教学改革，增强思想政治理论课教学的实效性

新中国成立以来，特别是改革开放以来，在党的领导下，始终坚持根据变化了的国内、国际形势，联系我国社会主义现代化建设的实际和青年大学生思想发展变化的特点，不断推动思想政治理论课教学改革，教育理念实现了从“以教师为中心”向“以学生为本”根本性转变，形成以教材

建设为基础，以师资建设为核心，以方法创新为中心环节，以学科建设为支撑的教学改革的新模式。

1.坚持以学生为本的教学理念

思想政治理论课作为高校思想政治教育的主渠道，从根本上来说，是做人的工作，目的是培养社会主义的合格建设者和可靠接班人，帮助他们树立正确的世界观、人生观和价值观。因此，思想政治理论课教学的出发点和落脚点是促进大学生获得全面发展，实现个人价值和社会价值。如何把融科学性、思想性和实践性于一体的理论体系转化为他们的思想意识，成为他们行动的指南？“理论只要说服人［ad hominem］，就能掌握群众；而理论只要彻底，就能说服人［ad hominem］。所谓彻底，就是抓住事物的根本。但是，人的根本就是人本身。”[①]大学生是具有强烈自我意识的群体，他们会根据现实的需要和已有的价值取向作为尺度，有选择性地把教学内容纳入自己的视野，通过主体的建构而成为自己思想观念的一部分。只有以学生为本，尊重学生在教学过程中的主体地位，才能在教学过程中以民主、平等的方式让学生参与到教学中，才能在教学中从学生的思想实际出发而不是从自己的主观愿望出发，才能在教学方法的选择上契合学生的认知特点等。

长期以来，思想政治理论课教学质量没有达到学生和社会的预期，并不是理论不科学，不具有说服力，而是在教学实践中没有真正贯彻从学生的实际出发，考虑学生的所思、所想、所需。随着教学改革的深入，思想政治理论课教学改革实现了从“以教师为中心”向“以学生为本”教学理念的根本性转变，并在教学实践中形成共识，成为思想政治理论课教学质量建设的基本理念。

2.坚持以教材建设为基础

“高质量的教材是提高思想政治理论课教学水平的重要前提。”[②]思想

---

①《马克思恩格斯选集》第1卷，北京：人民出版社1995年版，第9页。

② 教育部社会科学司组编：《普通高校思想政治理论课文献选编(1949—2008)》，北京：中国人民大学出版社2008年版，第215页。

政治理论课教材是思想政治理论课教学的重要载体，是连接课程与教学的桥梁和纽带。“05方案”实施以前，各省都有自己的教材，教学内容不统一，教材质量也不均衡，教材质量成为制约教学质量的基本因素之一。党中央高度重视思想政治理论课教材建设，2005年9月胡锦涛同志亲自和中央政治局常委审定了高校思想政治理论课4门课程教材编写提纲，将教材建设也纳入马克思主义理论研究和建设工程，组织全国的专家、学者，集中力量历时一年多完成。党的十七大以后，根据中国特色社会主义建设的实践和马克思主义的最新理论成果，每年都对4门教材进行了修订。除了4门统编教材以外，教育部还组织编写了“精彩一课”、“教学热点难点解析”、多媒体课件等行之有效的辅助教材系列，形成了包括基本教材、配套教材和电子音像类教材等在内的立体化教材体系。可以说，现在的思想政治理论课教材代表着我国在这一领域的最高学术水平，教材体系具有很高的科学性、权威性、针对性，为提高思想政治理论课的教学质量提供了坚实的基础。

3. 坚持以师资建设为核心

提高高等学校思想政治理论课教育教学质量和水平，关键在教师。思想政治理论课教师的人格魅力、业务素质是影响教学质量的关键。新中国成立以来，教育主管部门把提高思想政治理论课教师素质作为重点工作，常抓不懈，专门出台相应的文件，积极采取措施，建立教师准入制度，从源头上把好质量关；新任专任教师必须参加岗前培训，持证上岗，规范从业资格；组织高校思想政治理论课骨干教师研修班，提高业务素质；专门为思想政治理论课在职教师提供攻读学位的机会，提高教师的理论水平；设立独立的二级教学科研机构，为思想政治理论课教师队伍建设提供组织保障；明确学科归属，为思想政治理论课教师的发展提供平台；建立思想政治理论课教师队伍建设评价体系，在职称评定、经济待遇、评优评先等方面向思想政治理论课教师倾斜。这些措施的出台和实施提高了思想政治理论课教师的地位，调动了思想政治理论课教师的主动性、积极性，同时吸引更多的优秀人才成为思想政治理论课教学的中坚力量。

当前要建设一支“政治坚定、业务精湛、师德高尚、结构合理”的教师队伍，关键在于落实《中共中央宣传部　教育部关于进一步加强高等学校思想政治理论课教师队伍建设的意见》和《高等学校思想政治理论课建设标准》，让高素质的教师队伍成为提高思想政治理论课教学质量的推动者。

4.坚持以方法创新为中心环节

教学方法是实现教材体系向教学体系转换的媒介，毛泽东同志曾形象地把解决问题的方法比喻为“桥”和“船”，认为：“我们不但要提出任务，而且要解决完成任务的方法问题。我们的任务是过河，但是没有桥或没有船就不能过。不解决桥或船的问题，过河就是一句空话。不解决方法问题，任务也只是瞎说一顿。”[①]完成教学任务，实现教学目标也需要选择最佳的教学方法。新中国成立以来，思想政治理论课教学方法创新贯穿始终，特别是我国由计划经济向市场经济的转变，人的主体性得以高扬，价值选择呈现多样化趋势，与之相适应，思想政治理论课教学也从传统的“注入式”的理论灌输向“启发式”的价值引导转变；教学手段的单一化向多样化转变，特别是现代多媒体技术的应用，带来教学方式的革命。“05方案”实施以来，思想政治理论课教学改革也始终把教学方法的创新作为教学改革的中心环节，在教学实践中，各高校结合自身的实际，探索出符合教学规律，契合学生心理需求，满足学生现实需要的教学方法，涌现出如北京大学的专题式教学、大连理工大学的案例式教学、华东师范大学的体验式教学等创新典型方法，掀起新一轮教学改革的热潮，具有良好的示范和辐射作用。

5.坚持以学科建设为支撑力量

思想政治理论课教学质量有赖于学科建设的支撑才能保持教学的科学化、专业化和规范化。从1984年设置思想政治教育专业，1996年设置马克思主义理论与思想政治教育二级学科到2005年设置马克思主义理论一级学科，思想政治理论课学科化发展进程为思想政治理论课教学改革提供了

---

①《毛泽东选集》第1卷，北京：人民出版社1991年版，第139页。

强有力的支撑，突出表现在理论研究、教学研究和教师素质的提升。马克思主义理论是思想政治理论课教学的中心内容，加强学科建设，可促进马克思主义理论研究的广度和深度，保持教学内容的与时俱进的理论品格。思想政治理论课教学需要高素质的教师，加强马克思主义学科建设，一方面为思想政治理论课教师队伍培养提供学科支撑，只有依据马克思主义专业的学科背景，才能使思想政治理论课教师具备渊博的学识，科学地阐释教学内容而使教学具有说服力；另一方面，为提高思想政治理论课教师的教学研究提供了机遇和平台。“05方案”明确了思想政治理论课的学科归属，思想政治理论课教师承担着教学和科研双重任务，使他们有了学术研究的领域和教学研究的学科方向，从而调动广大教师从事教学和科研的积极性，既提高了自身的素质，同时，教学研究的成果又服务于教学实践，两者实现互补。

三、坚持遵循青年大学生身心发展的规律，提高思想政治理论课教学的可接受性

思想政治理论课教学质量最终体现在青年大学生身上，表现在他们的思想观念的发展变化是否与社会主义主流意识形态相一致。就思想政治理论课教学本身来说，只有大学生愿意接受教学内容，才能使他们的思想观念发展变化成为可能；只有让他们真正接受教学内容，才能达到教育教学的良好效果。“无论是高校的思想政治理论课还是各种学术讲座报告等理论传播的内容和形式要想取得好的效果，就必须贴近青年大学生的生活实际和身心发育实际。”[①]因此，思想政治理论课教学质量建设需要充分认识教学对象身心发展的规律，才能按照规律办事，提高大学生接受思想政治教育的接受效果。

在教育教学过程中，只有了解教育对象身心发展的特点，才能在教学理念、教学方式与方法、教学内容与载体等方面做到“有的放矢”。思想政治理论课教学对象是青年大学生，他们在生理上日趋成熟，但心理上仍

① 王淑芳:《高校马克思主义意识形态教育的现实思考》,《思想政治教育研究》2011年第3期。

然不太成熟。这个时期是人生发展过程中的过渡期，表现出双重性。一方面，他们远离父母，脱离了家庭的羁绊，渴望独立，特别是精神上的依附；另一方面，他们心理上尚未完全独立，“婴儿出生时，脐带被割断了，他在肉体上成为了一个人；但是除非在适当的时候将心理的脐带也割断，否则，他仍像一个父母身边蹒跚学步的孩子，总也不能离开父母的身边”①。他们特别渴望得到他人尤其是家人的关心、关爱与关怀。他们处于从儿童期向成年期的过渡阶段，处于逐步形成稳定的成人精神结构的过程中，需要打破儿童期既已形成的稳定的精神结构。因此，一方面，他们承担着打破已有的思想观念，形成新的思想观念所带来的挑战和困惑；另一方面，他们承担着与自己身份不相符的成年人的部分责任，心理学上称之为自我同一性确立时期。同时青年时期还处于自我意识觉醒的时期，他们由儿童时期关注外部的客观世界而转向自己内心的主观世界。从他们的身上我们既可以看到青年人所具有的主体意识、竞争意识等积极的一面，又可以看到他们抗挫折能力、自控能力偏弱的一面；既看到他们充满活力与激情的一面，又看到他们容易冲动、感情用事的一面；既看到他们接受新鲜事物快，又看到他们缺乏坚持的毅力的一面。思想政治理论课教师只有把握大学生心理发展的特点，以学生为本，从学生的思想实际出发而不是从自己的主观愿望出发，把握学生的个性特征，尊重学生的主体地位，以民主、平等的方式走进学生的内心世界，才能使思想政治教育具有针对性。新中国成立特别是改革开放以来，我国思想政治理论课经历了从计划经济走向市场经济时代，教学从强调教师的权威向尊重学生主体地位转变；从注重被动的“填鸭式的灌输”向发挥学生主观能动性转变；从教学方式、方法的单一性向教学方式、方法多样化转变。这样的转变虽然经历了一个长期的认识过程，却在思想政治理论课教学改革过程中一以贯之。1985年《中共中央关于改革学校思想品德和政治理论课程教学的通知》强调，学校思想品德课和政治理论课“必须紧密联系青少年不同时期的思想、知识、心理发展的特点，循序渐进，由浅入深，从具体到抽象，从现

① [美]罗洛·梅:《人寻找自己》,冯川、陈刚译,贵阳:贵州人民出版社1991年版,第92页。

象到本质，引导他们逐步树立正确人生观和世界观”[①]。1995年，国家教委印发的《关于高校马克思主义理论课和思想品德课教学改革的若干意见》指出，“要正确把握青年学生的思想特点和心理、生理发展的特点，遵循教育的规律，简明扼要、通俗易懂、生动活泼地教学，着力引导他们领会马克思主义的精神实质，掌握马克思主义的立场、观点和方法，提高教学的说服力和有效性”[②]。2005年，《中共中央宣传部　教育部关于进一步加强和改进高等学校思想政治理论课的意见》指出：“教学方式和方法要努力贴近学生实际，符合教育教学规律和学生学习特点，提倡启发式、参与式、研究式教学。”[③]坚持遵循青年大学生身心发展的规律，提高思想政治理论课教学的可接受性成为思想政治理论课教学质量建设的基本经验。

① 教育部社会科学司组编：《普通高校思想政治理论课文献选编（1949—2008）》，北京：中国人民大学出版社2008年版，第106页。

② 教育部社会科学司组编：《普通高校思想政治理论课文献选编（1949—2008）》，北京：中国人民大学出版社2008年版，第158页。

③ 教育部社会科学司组编：《普通高校思想政治理论课文献选编（1949—2008）》，北京：中国人民大学出版社2008年版，第216页。

评当代道德哲学的实践转向*

进入21世纪后，正值中国学界试图恢复哲学的实践本性，使之既是关于实践的哲学也是作为实践的哲学——实践哲学之际，有位学者指出：“从泰勒斯算起两千多年的西方哲学中，主流的倾向始终是追求理解事物的本原和自身认识的确定性。哲学中所爱的始终是理论的智慧。但在理论智慧的笼罩之下存在着一个若隐若现的实践哲学传统。”[①]实践哲学在世界范围内的振兴之途，验证了这位学者的至理断论。道德哲学的实践转向及道德实践智慧话题，正是在哲学恢复和振兴其实践本性的征程中提出来的。

这种转向的内在动因大体是：现代西方哲学史上，关注道德的哲学家多习惯潜心于道德形而上学的建构，面对现实生活中“形而下”的道德问题却缺乏热情，不能给出令普通人明白和信服的明确意见。这种哲学品质和研究范式到了20世纪中叶，开始发生根本性的变化。变化最为显著的标志就是哲学立场和意见转向纷繁复杂、令人费解的现象世界，特别是道德现象世界[②]。直言之，可称其为当代道德哲学的实践转向。

---

* 原载《安徽师范大学学报》(人文社会科学版)2014年第1期,收录此处时标题有改动。

① 刘宇:《实践智慧的概念史研究》,重庆:重庆出版社2013年版,序第1页。

② 这里的“实践转向”是文本用语,不必作为严格的学科范畴来研读和理解。通俗理解,所谓“实践转向”可视为“转向实践”和“面向实践”,包含转向和面向道德实践的学术立场、内容建构和意义向度等。本著开篇使用这一文本用语,旨在引出和呼应道德实践智慧基础的学术话题。

转向实践的深层动因和深刻主题，是应对当今人类社会实践中道德领域的突出问题。历史地看，每当社会发生重大变革，道德领域都会出现突出问题，由此而引发关注社会道德现象的哲学和人文社会科学某种转向性的改革和创新。当代中国的社会改革进程出现道德领域的突出问题，正在策动和上演道德哲学和伦理学等人文社会科学的创新。

人们大体上可以从重估和批评现代西方道德哲学的问题、非形式逻辑研究的兴起和现代道义逻辑的建构、道德悖论现象研究在中国异军突现、中国伦理学的分化与转型等视角，对当代道德哲学史进程的现象作一简要的梳理和解读。

一、评判和批评现代西方道德哲学的问题

当代道德哲学的实践转向，首先值得关注的就是围绕伊曼努尔·康德的道德哲学展开的对现代道德哲学问题的评判和批评。这方面的代表人物，当推德国的W.T.阿多诺、英国的齐格蒙特·鲍曼、美国的阿拉斯戴尔·麦金太尔和约翰·罗尔斯等。

18世纪下半叶，当张扬利己主义的伦理主张风靡在莱茵河西岸的时候，已年逾花甲的“格尼斯贝格哲人”康德，为把道德的“纯洁性”和“严肃性”提升到他所理解的最重要的学术事业之巅，开始潜心研究道德形而上学的基本问题。1785年，康德出版了《道德形而上学原理》[①]三年后，亦即1788年，他又出版了《实践理性批判》，在该著末尾如此感叹道：“有两样东西，我们愈经常愈持久地加以思索，它们就愈使心灵充满日新月异、有加无已的景仰和敬畏：在我之上的星空和居我心中的道德法则。”[②]康德尊重和敬畏的“两样东西”，就是他所主张的“纯洁性和严肃

① 该著的中译本，目前尚有《道德形而上学基础》（孙少伟译，中国社会科学出版社2009年版）、《道德形而上学奠基》（杨云飞译，人民出版社2013年版）。为何有“原理”“基础”“奠基”不同的译法，究竟哪一种译法更合乎康德的原意或贴切道德形而上学的学术旨趣，这个问题在康德道德哲学形而上学体系中是否很重要，此处不作探究。

②［德］康德：《实践理性批判》，韩水法译，北京：商务印书馆1999年版，第177页。

性”的道德，也是西方古代道德哲学和伦理学推崇的两种价值定律：社会不变的普遍道德原则和个体为之守恒的内心道德信念。

在康德那里，“两样东西”在实践理性的统摄之下，作了合道德规律与合道德目的的充分诠释，成为对后世产生久远影响的道德形而上学原理。在反对此前纯粹理性和极端自私的利己主义方面，康德对道德哲学的创新乃至整个哲学史的进步所作的巨大贡献，是毋庸置疑的。但是，由于他的“实践理性”及其形而上学原理是排斥“公众”和“经验”的，存在带有根本性的局限性，其贡献又是有限的。康德在《道德形而上学原理》的前言部分，开门见山地郑重“警告那些为了迎合公众趣味，习惯于把经验和理性以自己也莫名其妙的比例混合起来加以兜售的人们”，不要损害他所推崇的纯粹的“学术事业”。表明他的所谓“实践理性”本质上并不是关于道德实践的理性，并不是真正尊重和反映道德实践的规律，而只是他所推崇的“人类意志规定自己的规律”[①]。这就决定康德的“实践理性”难能真正引领人们（尤其是“民众”），在理论思维和实践安排上应对当今人类社会道德领域出现的突出的问题，亦即西方人所说的“道德危机”及由此引发的“社会风险”。同时也就注定康德的道德哲学必定会成为推动当代道德哲学实践转向的人们首选的评判和批评的对象。

（一）W.T.阿多诺对康德道德哲学的评判与批评

20世纪中叶以后，检讨战争罪恶和推崇商业实践的伦理与道德，成为西方道德哲学和伦理学的主流话题。威廉姆·詹姆斯发表的《战争的道德等价物》中指出：“现代人从祖先那里继承了所有本能的好斗性和对荣誉的热爱，即使他们知道战争本质上是恐怖的和不理性的。”[②]在这种情势下，以逻辑实证主义为代表的分析哲学逐渐土崩瓦解，矗立了半个多世纪的元伦理学和规范伦理学的界碑也随之垮塌。人们在“自我同情、自我排解”和被遗弃的感觉中，向往和祈求当年康德为人类设计的崇尚伦理秩序

① [德]康德:《道德形而上学原理》,苗力田译,上海:上海人民出版社1986年版,第36、37页。

② 转引自 William James, the Moral Equivalent of war, William James Association, 1975。

的德性生活。正是在这种情势下，自视“最后哲学代言人”的当代德国哲学家W.T.阿多诺，在其供职的大学开设了德性伦理学课程，“通过对康德的道德哲学的分析和评判，反思康德之后的各种道德哲学和伦理学的主张，重新思考和阐述了道德哲学的历史意义、现实价值、所遇到的难题以及与之相关的一些基本哲学问题”[①]。后来，阿多诺将其讲稿整理为《道德哲学的问题》出版。该著的核心观点是：道德哲学是哲学的根本问题，而道德哲学的“真正本质”就是面向道德实践回答“我们应当做什么”。

在阿多诺看来，“我们应当做什么”属于主观范畴，相对于道德实践的选择和价值实现而言具有不确定性，“如果实践越不确定，那么，我们在事实上就越不知道我们应当做什么，我们获得正确生活的保证也就越少…… 最后我们在正确生活方面采取的行动只会是鲁莽草率的。”[②]就是说，实践的不确定性决定道德实践只能是“可能的实践”，决定“我们应当做什么”的命题不能只是社会推崇的绝对的、纯粹的价值论或目的论的准则，所谓“我们应当做什么”的价值祈求就具体的伦理情境而言必须包含身临其境的“我们本当做什么”的逻辑考量。因此，回答“我们应当做什么”需要揭示道德实践本身的逻辑，描述其自在的规律，这就是“道德哲学的真正本质的问题”之所在。

实践之所以具有不确定性，是因为影响实践的因素很多，也很复杂，并非仅是社会关于道德规范的给定的“实践理性的公设”[③]。这样，康德关于“实践理性优先于理论理性”的著名见解就颇有些捉襟见肘了。在这里，阿多诺提出的问题实质是：在理解和把握“我们应当做什么”这个关涉道德实践之“实践理性”的根本问题上，需要重新审读康德的“实践理性”及“实践理性优先于理论理性”命题，加以扬弃、创新和发展，为此，就需要转向道德实践本身。

概言之，阿多诺批评康德“道德哲学的问题”的逻辑理路是：康德在

---

①［德］W.T.阿多诺：《道德哲学的问题》，谢地坤、王彤译，北京：人民出版社2007年版，译者前言第2—3页。

②［德］W.T.阿多诺：《道德哲学的问题》，谢地坤、王彤译，北京：人民出版社2007年版，第3—4页。

③［德］W.T.阿多诺：《道德哲学的问题》，谢地坤、王彤译，北京：人民出版社2007年版，第74页。

指出“纯粹理性”如果超越“经验”势必会产生“二律背反”之后，又强调“实践理性”在“伦理的法则”的意义上超越“经验”之阈限的必要性，如此就会陷入难以自圆其说的“背反”境地。然而，由于他坚决地赋予社会意志以“绝对命令”性质，排除实践主体的意志自由和道德经验，就又不可能深入探讨和阐明“纯粹理性”与“实践理性”之间的逻辑关联和客观真理性问题，反而致使两者的关系“完全颠倒了”，跌进“一个大的悖论”的自设陷阱。以至于，最终不得不在强调实践理性即所谓“意志自由”“灵魂不朽”“上帝创造”时，转而又否认理论理性的意义，不能真正解决“我们应当做什么”这一道德哲学的本质问题。故阿多诺在《道德哲学的问题》第七讲中直截了当地批评道：康德道德哲学的基本定理就是“意志自由、灵魂不朽和上帝存在”，“在康德哲学看来，这三个定理肯定和必然地与‘我们应当做什么’这个问题联系在一起”；然而“按照康德的看法，这三个定理的至关重要的意义不在理论哲学之中，换言之，它们的意义不在于对存在的认识，而是存在于实践哲学之中”。但是，“在我看来，这个问题脱离了理论洞察就是非常专横的”[①]。于是，他一针见血地指出：“康德从一开始就彻底排除了那种要求在实现一种正确生活的同时，却把我们引入了不可解决的矛盾之中的可能性。”[②]

阿多诺在评判和批评康德道德哲学的问题的基础上，极力主张道德哲学研究的当代使命只是在于把握“理论哲学与实践哲学之间的同一因素”。可惜的是，这种颇具当代性意义的指导意见，并没有引起中国学界应有的注意。

20世纪末至21世纪初，中国道德哲学和伦理学研究领域曾兴起一股“康德热”，以至于出现一种“句读”康德著述的主张和“言必称康德”的话语景象。与此同时，也有学者对康德道德哲学展开言简意赅的中肯批评，指出：“康德的义务论彻底废除了人的实践行为的目的论，从而也就割断了实践智慧与实践的关系。”他为了在“绝对命令”的意义上证明道

① [德]W.T.阿多诺:《道德哲学的问题》,谢地坤、王彤译,北京:人民出版社2007年版,第75页。

② [德]W.T.阿多诺:《道德哲学的问题》,谢地坤、王彤译,北京:人民出版社2007年版,第85页。

德义务的独立性和必然性，于是也就在漠视道德经验的同时夸大了意志自由的合目的性，否定了人的情感、欲望和爱好的合理性。这样，也就将其“实践理性”与实践智慧对立了起来[①]。作为当代道德哲学的实践转向和应对道德领域的突出问题的一种话语征候，这些批评康德道德哲学存在缺陷的意见，是值得重视的。

（二）齐格蒙特·鲍曼对传统道德普遍原则的解构和颠覆

齐格蒙特·鲍曼是“当代社会科学领域里声名显赫的人物”，“现代性与后现代性研究最为著名的社会理论家之一”。他的《生活在碎片之中——论后现代道德》和《后现代伦理学》早在21世纪初就被先后介绍到中国，然而，或许是因为“他的思想飘忽不定，既具有说服力和启发性，又令人费解”[②]，加上话语样式和风格多有些晦涩，不大适合中国人的阅读和接受习惯，并未引起中国伦理学界的广泛关注。

在推动道德哲学转向实践的问题上，齐格蒙特·鲍曼是一位很特别的思想家，他用“只管自己说”或“只管说自己的”的方式宣示自己的思想，其著述几乎没有直接评判和批评哪一位现代西方哲学的道德学问家。但是，他关于道德哲学和伦理学的学说主张对于传统的道德原则却具有异常的颠覆性和解构震撼力，不可不给予应有的关注。鲍曼在推动当代道德哲学实践转向中的独到见解，可从三个方面来考察。

一是直面现实，用客观的态度和方法描述道德现象世界普遍存在的问题。在鲍曼看来，“我们的时代是一个强烈地感受到了道德模糊性的时代，这个时代给我们提供了以前从未享受过的选择自由，同时也把我们抛入了一种以前从未如此令人烦恼的不确定状态”[③]。由此我们可以看出，鲍曼具有强烈的问题意识和现实批判主义精神。

二是检讨历史，致力于解构道德普遍性原则。鲍曼认为，造成“令人

---

① 参见刘宇:《实践智慧的概念史研究》,重庆:重庆出版社2013年版,第231—232页。

② [澳]彼得·贝尔哈兹:《解读鲍曼的社会理论》,郇建立编译,《马克思主义与现实》2004年第2期。

③ [英]齐格蒙特·鲍曼:《后现代伦理学》,张成岗译,南京:江苏人民出版社2003年版,第24页。

烦恼”的“道德模糊性时代”、从而令我们“生活在碎片之中”的根本原因，就是我们一直相信和遵从传统道德理性的普遍性原则。他在《后现代伦理学》中专门安排了两章批评传统道德理性“难以捉摸的普遍性”及其“难以捕捉的根基”，认为“道德的本相”所要求的并不是“个体行为的一致性”，诉求这种并不存在的“一致性”本来就是一种“幻觉”。因为，关于“普遍性所持有的信念”不过是一种“假设”和“假定”[①]。在这里，鲍曼把当代社会出现的道德问题归咎于传统的道德原则，这种因果观念显然是有失偏颇的。传统道德原则或许存在不能适应现实社会道德进步的问题，与现实社会已经出现的道德问题之间不一定存在必然的联系。

三是主张创新，用“多元主义的解放”来重构新道德。在鲍曼看来，人类的“行为和行为的后果之间有一个时间上和空间上的巨大鸿沟，我们不能用我们固有的、普遍的知觉能力对此进行测量——因而，几乎不能通过完全列出行为结果的清单去衡量我们行为的性质”[②]。这使得“我们永远不可能确切地知道‘人本身’是善还是恶（虽然也许我们将不断就此进行争论，好像可以得到真理一样）”[③]。解决这个问题的根本出路，就是要充分肯定生命个体的自由，使“人像空气一样自由，可以做他想做的所有事”[④]，从而使“我们可以成为我们希望的样子”[⑤]。鲍曼认为，传统道德理性的普遍性原则的弊端在于主张“在一个道德的世界，只应听到理性的声音。一个只能听到理性的声音的世界是一个道德的世界”[⑥]，一个人要“成为道德的意味着放弃我自己的自由”[⑦]。基于这个基本认识，他主张发挥“多元主义的解放作用”，以重建道德价值体系。这就从根本上否定了建构社会道德理性的必要性了。

---

① [英]齐格蒙特·鲍曼:《后现代伦理学》,张成岗译,南京:江苏人民出版社2003年版,第44页。

② [英]齐格蒙特·鲍曼:《后现代伦理学》,张成岗译,南京:江苏人民出版社2003年版,第20页。

③ [英]齐格蒙特·鲍曼:《后现代伦理学》,张成岗译,南京:江苏人民出版社2003年版,第229页。

④ [英]齐格蒙特·鲍曼:《后现代伦理学》,张成岗译,南京:江苏人民出版社2003年版,第25页。

⑤ [英]齐格蒙特·鲍曼:《后现代伦理学》,张成岗译,南京:江苏人民出版社2003年版,第26页。

⑥ [英]齐格蒙特·鲍曼:《生活在碎片之中——论后现代道德》,郁建兴、周俊、周莹译,上海:学林出版社2002年版,第300页。

⑦ [英]齐格蒙特·鲍曼:《后现代伦理学》,张成岗译,南京:江苏人民出版社2003年版,第70页。

概言之，鲍曼在当代道德哲学实践转向中的学术旨趣在于，坚决解构道德理性的普遍性原则，主张以个体为立足点实行道德价值多元化。虽然，鲍曼没有也似乎不可能科学揭示道德领域突出问题的深层成因，更不可能提出真正科学的道德理性体系，以引导人们应对当代社会生活中道德领域的突出问题，走出“令人烦恼”的“道德模糊性的时代”。但是，他勇于直面道德问题的治学方法和精神，是值得道德学问家们借鉴的。

（三）约翰·罗尔斯和阿拉斯戴尔·麦金太尔等对传统德性伦理主张的重释和彰显

约翰·罗尔斯于1971年出版的《正义论》奠定了他在当代世界政治哲学、法哲学和道德哲学中的显赫地位，使得我们今天谈论任何有关“公平”“正义”“道德”“德性”等道德哲学问题，都绕不开他的《正义论》。令人特别敬佩的是，这位当代杰出的思想家并未就此止步，他继《正义论》之后，基于“更加清楚地阐明《正义论》的康德基础”之考量而反思近代道德哲学的问题，在“古典道德哲学和现代道德哲学的一个明显差异”的意义上为哈佛学生开设“道德哲学史”讲座，出版了《道德哲学史讲义》。他在该部著作中称“从1600年到1800年的道德哲学”为“现代道德哲学”，重释和评判了康德的“现代道德哲学的问题”[①]。虽然，罗尔斯属于“学院道德派”的人物，《道德哲学史讲义》不过是一部付梓的“讲义”，没有像《正义论》那样产生广泛的影响，但其以史为镜、谈古论今的叙述方式，仍然让人们强烈感受到他关注现实社会和人生道德实践的伦理情怀。

罗尔斯在《道德哲学史讲义》中主要是重释和评论康德的道德哲学中的德性伦理主张，这方面的内容占了全书一半的篇幅。他明确指出：“休谟、莱布尼茨、康德关注道德哲学的理由与我们关注道德哲学的理由是很不相同的”，因此“我们并不企盼对这些人物的研究能给我们解决当前的

① [美]约翰·罗尔斯：《道德哲学史讲义》，张国清译，上海：上海三联书店2003年版，第12—16页。

问题提供很多帮助”[①]。康德在道德哲学上的贡献起于他对休谟经验论道德哲学的“误读”——将面向“日常生活”的道德经验论转变为他的先验论的道德论，创建了由“实践理性”即社会自由意志统摄的“两样东西”——推崇德性伦理原则的主张和信仰。罗尔斯并没有明确指出这种贡献恰恰也是康德道德哲学的缺陷所在，但从其申言“我们并不企盼对这些人物的研究能给我们解决当前的问题提供很多帮助”的初衷来看，他要促使道德哲学转向道德实践的旨趣是非常明显的。《道德哲学史讲义》中译本出版时，译者张国清写了一篇2万字的“译者序”，认为“罗尔斯哲学企图解决当今社会中普遍存在的一些根本问题。从其实际抱负来看，它已经超越了一般学术活动意义”，“他所倡导的使外在的法建立在内在的法的基础上的观点”，赋予康德道德哲学以现代意义，“对我们建构当代社会秩序无疑具有重大的指导意义”[②]。在当代道德哲学转向实践的进程中，罗尔斯起到的作用很是独特。

阿拉斯戴尔·麦金太尔在彰显德性伦理现代性及面向社会现实和道德实践的问题上，观点和主张比罗尔斯鲜明，较为直白，易于理解。与罗尔斯一样，麦金太尔也重视伦理学史研究，极力倡导一种唯物主义的史学观念和学术范式。他认为，史上一种伦理思想的产生与其当时代的社会现实是有内在关联的，每一种伦理思想反映的都是那个时代社会生活和社会实践的需要。他在1966年出版的《德性之后》中开篇便批评现代西方那种以非历史的态度对待伦理学说的学者，坚决反对将道德哲学与其赖以产生的社会历史分离开来的思维范式，反对学院式的元伦理学样式：“当代道德言词最突出的特征是如此多地用来表述分歧，而表达分歧的争论的最显著特征是其无终止性。我在这里不仅是说这些争论没完没了——虽然它们确实如此，而且是说它们显然无法找到终点。”[③]在他看来，道德概念可以离开它们的历史来进行考察和理解，而对道德内涵的把握却不可以作如是

① [美]约翰·罗尔斯:《道德哲学史讲义》,张国清译,上海:上海三联书店2003年版,第25—26、24页。

② [美]约翰·罗尔斯:《道德哲学史讲义》,张国清译,上海:上海三联书店2003年版,第2—3页。

③ [美]A.麦金太尔:《德性之后》,龚群等译,北京:中国社会科学出版社1995版,第9页。

观，因为历史上的善并不尽相同，只有将善置于特定的社会历史环境中才能得到恰当的理解。由此，他坚定地主张道德哲学和伦理学研究要面向社会现实，关心现实社会中的道德问题。

通过重释和修正康德德性伦理主张而推动当代道德哲学实践转向，还有一位值得关注的重要人物是克里斯蒂娜·M.科尔斯戈德。这位罗尔斯的得意门生曾与另外8位学者合著《实践理性建设：道德哲学和政治哲学访谈（在现有文化记忆中）》，就麦金太尔所指出的“无法找到终点”发表了自己的诸多见解。后来，她又在其专著《规范性的来源》中，主张立足于德性伦理的建构——强调“道德的规范性来自行为者自身的反思性认同”，即她称谓的“行为者自身的同一性”①。虽然，她没有对“规范的来源”作出合乎历史唯物主义的科学解释，但是她将“规范性”与“规范”在学理上区分开来，进而强调主体“反思性认同”——在道德实践中自觉遵循道德规范的重要性的主张，是特别值得关注的。相比较于康德意志主义的“实践理性”而言，科尔斯戈德按照自己的理解将“实践理性”建立在行为者理性自觉上面，不能不说是一个了不起的进步。

为应对道德领域突出问题，中国学界不少年来一直有种“回到康德那里去”的主张。有学者曾就此发问：“人们的顾虑在于：在现代社会和现代人基本生活方式日益公共化、因而越来越依赖于社会基本制度规范的公共调理和公共秩序的情形下，作为一种仅仅基于个人人格角色和特性品格的目的论价值伦理，美德伦理和美德伦理学如何可能实现具有普遍有效性和正当合理性的理论重建？”②宣示德性伦理，究竟能在何种意义上有助于应对当代中国道德领域出现的“道德失范”和“诚信缺失”的突出问题？的确是一个需要认真反思的问题。

---

①［美］克里斯蒂娜·M.科尔斯戈德：《规范性的来源》，杨顺利译，上海：上海译文出版社2010年版，序第3页。

② 秦越存：《追寻美德之路：麦金太尔对现代西方伦理危机的反思》，北京：中央编译出版社2008年版，序第3页。

二、对传统形式逻辑的改造与创新

传统形式逻辑，作为“形式哲学”[1]或哲学的一个分支学科致力于思维的规范性。运用形式逻辑的普遍规则评判人们认识成果的规范性和科学性问题，早已成为一种传统。到了20世纪下半叶，这种一直被当成是天经地义的科学定律，受到了严重的挑战，这就是非形式逻辑研究的兴起和道义逻辑的现代重构。两者的动因都与道德哲学的实践转向直接相关，表现为用一系列新的逻辑观念和演绎程式，在给人们以“醍醐灌顶”的启迪之中设置道德实践问题的当代视野。

（一）非形式逻辑研究的兴起

20世纪70年代，非形式逻辑（informal logi或non-fogic logic）研究先后在加拿大和美国兴起。其直接的动因是大学生要求老师改革他们的逻辑学教学，“革命的背景是当时的逻辑学教科书和学生现实需要的矛盾”：大学生们希望老师为他们开设一门新的逻辑课程，用“新逻辑取代标准导论性（符号的）逻辑课程”，“它的内容既不同于符号逻辑，又是有用的和实践的”，而其深刻的社会原因则是人类正面对“种族、污染、贫困、性别、核战争、人口爆炸以及20世纪后半叶人类所面临的所有其他问题”的道德矛盾和冲突，亟待用创新的逻辑方法加以分析、论证和说明[2]。1978年6月26日至28日，非形式逻辑研究发轫者们聚首举行“非形式逻辑专题研讨会”，明确地向世人宣告他们改造和创新传统形式逻辑、推进非形式逻辑研究的这一宗旨：“我们的观念是非常宽泛和自由的，覆盖理论主体（谬误和论证理论）、实践主题（诸如怎样最佳展示普通论证的结构）和教

① 康德曾把哲学分为形式哲学和质料哲学两种。形式哲学即逻辑学，只涉及思维的普遍规律或一般规律而不涉及对象的差别；质料哲学则相反，不仅研究对象的差别及其必要的规律，而且研究人如何发现规律。

② 参见武宏志、周建武、唐坚：《非形式逻辑导论》，北京：人民出版社2009年版，第28—34页。

学问题（如何设计批判性思维课程；使用何种教材）。”[①]

在这种创新的探索过程中，一些研究者强调指出，传统形式逻辑存在不能反映和解释现实生活的缺陷和弊端：“在实际生活论证中，我们经常不得不和那些不知道真的前提打交道，但在FDL（形式逻辑）中对此没有准备”，“在实际生活论证中，好论证常常达不到有效性，但FDL（形式逻辑）对此没有预备”，“在实际生活中，对一个特殊命题或提议，既存在赞成它的好论证，也存在反对它的好论证，但FDL对此没有预备”，如此等等[②]。这些问题，唯有用非形式逻辑的“新方法”才能解决。

由此可见，相对于传统形式逻辑而言，非形式逻辑兴起及其积极拓展的实践转向十分明显，而其意义向度“不仅是对形式化逻辑与日常论辩实践需求之间的矛盾的反应，也是逻辑学对教育特别是高等教育新变化的一种适应方式”[③]。正是在这种意义上，我们把非形式逻辑研究的兴起归于当代道德哲学的实践转向的一个方向和领域。

不过也应当看到，非形式逻辑研究在学界包括逻辑学界尚未形成影响广泛的气候。尽管如此，研究者仍然乐观地认为：“可以预见，随着社会民主化进程的发展，作为培养批判性思维手段的非形式逻辑更将在世界范围内大行其道。”[④]

（二）道义逻辑的现代重建

道义逻辑是专门研究含有“应当”“允许”或“禁止”等道义词语的道义命题的逻辑特征及推理关系的逻辑。逻辑与道义联姻这一命题本身就表明逻辑哲学的实践转向，赋予逻辑以道德哲学的实践特性。

有学者认为道义逻辑在中国，是逻辑学实行“现代化”和与国际逻辑学“接轨”的产物，同时又将世界道义逻辑的历史发展划分为“前史”和“正史”两个阶段。前史可以追溯到亚里士多德；正史即现代道义逻辑的

① 参见武宏志、周建武、唐坚：《非形式逻辑导论》，北京：人民出版社2009年版，第45页。

② 参见武宏志、周建武、唐坚：《非形式逻辑导论》，北京：人民出版社2009年版，第46—47页。

③ 参见武宏志、周建武、唐坚：《非形式逻辑导论》，北京：人民出版社2009年版，第746、745页。

④ 参见武宏志、周建武、唐坚：《非形式逻辑导论》，北京：人民出版社2009年版，第745页。

建构，多以芬兰逻辑学家冯·赖特创建道义逻辑系统为标志[1]，它表明道义逻辑的现代振兴。道义逻辑不同于一般形式逻辑之处在于，它一开始提出的问题是关于道德行为选择的逻辑问题。亚里士多德的实践三段论逻辑的基本程式是：所有的甜味食物都应当品尝，那个食物是甜的，“如果你有能力并且不被阻止的话，你就一定要立刻去品尝该食物”。这种逻辑推理，“思想上是一种肯定，而实践上直接就是行为”[2]。虽然，亚里士多德的逻辑并不就是道义逻辑，但其内含的“应当与否”的逻辑推理程式却正是道义逻辑的关键要素，因而对后世道义逻辑思想的形成和发展产生了深远的影响。

冯·赖特的道义逻辑体系，特别是我国学者余俊伟以《道义逻辑研究》（中国社会科学出版社2005年版）为标志的跟进，指出道义逻辑其实就是道义悖论，其存在的客观前提就是道德实践中的矛盾，与“弗协调逻辑”一样都是在关注现实生活中展开的。在这种意义上我们甚至可以说，道义逻辑研究的着眼点和价值祈求就是要揭示和描述道义逻辑的悖论特征。这为直面道德实践的道德悖论现象研究提供了特定的方法论启示。

（三）逻辑社会功能的整合和凸显

在中国，逻辑长期被逻辑学家们阐释为思维科学，其功能就是帮助人们实行科学思维和规范表达。与此同时，轻视以至于忽视发挥逻辑解读、指导和引领人们实际生活的“社会功能”。这种缺乏实践意向的逻辑观念，到了21世纪初开始发生改变。刘培育在为《逻辑时空》丛书撰写的“总序”中说道：“2003年4—5月间，首都10多家主流媒体在显著位置、以醒目标题报道了10位著名逻辑学家和语言学家发出的呼吁：社会生活中逻辑混乱和语言失范现象令人担忧。”虽然，他评判问题的方法尺度近乎是纯逻辑的，但不难看出其立足点和视界却是当代中国社会生活中突出的道

① 参见余俊伟：《道义逻辑研究》，北京：中国社会科学出版社2005年版，第一章第一节。

② [古希腊]亚里士多德：《亚里士多德全集》第8卷，苗力田主编，北京：中国人民大学出版社1994年版，第144页。

德问题。此后不久，王习胜、张建军的《逻辑的社会功能》（北京大学出版社2009年版）问世。

该著直面“失范失序”的当代社会现实，强调发挥逻辑“求真”“求善”“求信”之“社会功能”的必要性。针对社会生活中道德领域的突出问题，主张当今人类需要培育现代“逻辑理性”和“逻辑精神”的基本理路。

《逻辑的社会功能》之“逻辑”的最大特点，是走出了传统逻辑方法和领域分界的窠臼，用“逻辑的社会功能”的立意合乎逻辑地整合了逻辑家族的力量，实践转向的意义引人注目。从这点来看，可以说《逻辑的社会功能》是改造和创新传统逻辑的标志性著述。

三、道德悖论研究异军突现

如果说，当代道德哲学的实践转向在世界范围内正在演化成一种学术思潮的话，那么，异军突起的道德悖论研究，则是中国学界对这种思潮的主动响应。

虽然，这种研究至今还远没有形成令人瞩目的势头，甚至可以说它还处在“提出问题”的初始阶段，但是，它的深层背景和意义取向是当代中国社会变革中遭遇的道德实践问题，是当代中国知识分子关注自己国家和民族之道德进步的伦理情怀和道德实践的理性自觉，是毋庸置疑的。

（一）道德悖论研究的兴起

道德悖论问题的提出及其研究，是中国知识分子的一大发现和发明，因为国外至今尚没有严格意义上的道德悖论范畴。最早提出这一学术话题的，并非活跃在伦理学界的业内人士。祁述宏在《析道德难题》中第一次提出“道德悖论”这个新概念。他认为，道德悖论是“道德难题最极端、最典型的形式”，“对道德悖论的分析或许可以为破译道德难题之谜打开一个缺口”[1]。后来，李湘云在《道德的悖论》（九州出版社2009年版）中用悖论的逻辑语言发问：人类的一切都进步了，为什么唯有道德陷入了困境？为什么在道德上人类想去的地方总是与世界把我们带去的方向不一致？为什么道德并没有和幸福相伴相生，相反善与恶却自始至终挽着手儿逍遥？人在道德实践中为什么表现出如此的复杂性和不可靠？至此，“道德悖论”还不是作为道德悖论来研究的。

笔者发表在《哲学研究》2006年第6期上的《道德悖论的基本问题》一文，第一次较为全面地探讨了道德悖论的基本学理问题。两年后获得国家社会科学基金项目“道德悖论现象研究”，开展这一课题研究，正式开辟了道德悖论研究的独特领域和学术园地，引起学界较为广泛的关注。

（二）道德悖论研究的主要领域

道德悖论研究作为当代道德哲学实践转向一个独特的学术论域，涉论的话题主要有以下四点。

其一，道德悖论现象是道德实践结果的一种“自相矛盾”现象，发现和解读其客观存在的方法是逻辑悖论，但本质上不是属于逻辑悖论或作为一种逻辑悖论，而是属于道德实践的特定范畴。其二，道德悖论现象复杂的成因及其对于道德理性认识论意义，不容低估。其三，道德悖论现象“解悖”的必要性、有限性及其道德实践论价值。其四，道德悖论现象研究的拓展和深入的逻辑方向，应是转向道德实践，开展道德实践智慧研究。总的来看，道德悖论现象研究对于当代道德哲学的实践转向的意义和价值，集中体现在揭示了道德实践为人熟视无睹的“自相矛盾”问题，提出了道德实践范畴以及如何把握道德实践“不合逻辑”之规律的当代学术话题。

（三）道德悖论研究的多维意义

一是呼应了道德哲学的实践转向，将道德理论研究的传统视界拓展到

---

① 祁述宏:《析道德难题》,《道德与文明》1993年第2期。

道德实践领域，用科学的态度和方法面对道德领域出现的突出问题。当代中国社会诸如“道德失范”和“诚信缺失”之类的道德领域突出问题，并不一定就是主体故意“失范”和“缺失”的，他们可能本是“尚德”和“讲道德”的人，只因其行为或他者的行为曾出现事与愿违或适得其反的结果，使之吸取了“教训”，才转而“失”之于社会倡导的道德规范和行为准则的。如公共生活场所中的“见义不为”的“失范”现象，就与见义勇为者曾遭遇或见闻他者“碰瓷”、招致“好心未得好报”以至于“反得恶报”有关。在这里，道德悖论现象既是“道德失范”的一种表现，也是“道德失范”的一种内在原因。

二是丰富和发展了传统逻辑的知识体系。道德悖论研究与上文提到的现代道义逻辑研究，关注的是两个相互关联的不同领域的道德实践矛盾。它注重揭示道德实践中善恶共存的自相矛盾现象。表面看，道义逻辑及道义悖论研究，都是围绕“应当与否”的语言形式展开的逻辑分析，但道德悖论研究旨在揭示道德实践中的复杂矛盾问题。从这个角度看，也可以说，道德悖论现象研究实际上是揭了道义逻辑及道义悖论逻辑的“老底”，把它的“后台问题”拽到“前台亮相”。由于撇开了传统逻辑或符号逻辑的繁杂程式，近乎可以让逻辑学的门外汉一目了然，至少可以似懂非懂地了解一个大概，这对拓展和深入整个逻辑研究是大有裨益的。

三是为促使伦理学和逻辑学实现交叉融合提供了学术创新的机遇。王习胜在《道德悖论与道义悖论——关涉伦理理论的两类悖论研究述要》①和《道德悖论研究的学科价值》②等一系列研究论文中，发表了此类见解。孙显元在《“道德悖论”研究的现状及走向》中指出：道德悖论研究“不仅对道德哲学和逻辑哲学具有重大的理论意义，而且对我国社会的道德建设具有重大的实践价值”③。

---

① 王习胜:《道德悖论与道义悖论:关涉伦理理论的两类悖论研究述要》,《哲学动态》2007年第7期。

② 王习胜:《道德悖论研究的学科价值》,《哲学动态》2009年第9期。

③ 孙显元:《“道德悖论”研究的现状及走向》,《安徽师范大学学报》(人文社会科学版)2009年第6期。

四、中国传统伦理思想和道德主张的传承与创新

面对当代道德哲学的实践转向和当前道德领域的突出问题，中国传统伦理思想和道德主张亟待传承和创新。

（一）中国传统伦理思想和道德主张的基本样态

严格说来，中国没有传统伦理学，但传统伦理的文化历史悠久，博大精深。被统治阶级推崇到“独尊”地位的儒学伦理思想强调“和为贵”和“中庸之道”，道德学说主张“将心比心”和“推己及人”，多被赋予实用论和实践论的特性，实为治者治国理政和仁者立身处世之“术”，在价值和意义取向上富含智慧元素，这是中国传统伦理思想和道德主张的基本样态，值得今人传承。当前道德领域突出问题的实质，正是缺失这种传统智慧的表现。

中国封建社会的基本结构以高度集权的专制统治统摄普遍分散的小农经济，中国传统伦理思想和道德主张的基本样态正是适应这种社会结构模式的产物，其在彰显伦理道德之价值和意义取向的智慧的同时，又缺少如何实现价值和意义的智慧元素，这是中国封建社会何以会长期存在伦理政治化、道德政治化现象的原因所在。从实际情况看，道德领域突出问题并不都是不明伦理与道德价值和意义造成的，其间有一些恰恰是因为不明如何实现伦理与道德的价值和意义所指。这表明，在传承中国传统伦理思想与道德主张以应对当前道德领域的突出问题，尚需要实行伦理思想和道德主张创新。为此，道德哲学和伦理学实行范式转换是必要的。

（二）当代传承与创新的探索之途

以儒学伦理思想为主导的伦理思想和道德主张本质上是实践的，推崇的是“知而行”和“知行合一”的道德实践观。中国伦理学20世纪80年代初复兴以来的发展过程，大体上可以描述为三个阶段。

第一阶段，90年代初邓小平南方谈话和大力推进社会主义市场经济以前，伦理学围绕“改革与道德”的实践主题表现出干预和指导现实生活的固有气派。伦理学的理论创新在改革是否必然牺牲传统道德的“代价论”、改革中的道德矛盾和冲突究竟是爬坡还是滑坡的争论中，初试锋芒。在这个过程中，全国各地伦理学的研究机构和学术团体如雨后春笋般地纷纷成立，各种类别和层次的“改革与道德”的讨论会此起彼伏，相关著述不断涌现。为适应“改革与道德”的伦理学理论创新，伦理学的专业期刊也相继成立，有一些综合性的刊物也辟有“改革与道德”的专栏。

第二阶段是邓小平南方谈话之后至中共十六大的召开。在市场经济以不可阻挡之势发展的情势下，“道德失范”和“诚信缺失”的问题日益凸显，伦理学干预和指导现实生活的固有气派开始退落，伦理学人开始感到“困惑”，在退落和困惑中一些伦理学人渐渐失语或归隐书斋，而更多的人则把目光转向西方。然而，西方后现代伦理思潮特别是德性伦理思想纷至沓来，在给中国伦理学研究与建设吹来新风的同时又添加着新的困惑：推崇社会普遍原则的传统伦理固然正在失去其话语权，但是，崇尚个体自觉精神的美德伦理学却也很难找到自圆其说的逻辑支点。这表明，在当代道德哲学实践转向中，中国道德伦理学实际上尚未真正找准自己的立足点、出发点和意义主题。

第三阶段，中共十六大召开至今。党的十六大报告就加强思想道德建设问题强调指出，要建立与社会主义市场经济相适应，与社会主义法律规范相协调，与中华民族传统美德相承接的社会主义思想道德体系。在这一总体方针和基本原则指导下，中国道德哲学和伦理学的创新发展出现了新气象新局面，此前那种试图通过移植西方伦理价值观和道德文化来解决中国改革开放进程中出现的道德问题的倾向得到遏制，人们开始立足于社会的现实依据提出伦理思想和道德主张的创新问题。

（三）当代传承与创新的发展方向

一是重视伦理关系与道德实践问题的形而上学建构。从中国传统伦理思想和道德主张的基本样式看，虽具备“家国同构”和“推己及人”的实践品格，却缺乏西方那样的形而上学的思辨特质。

不难理解，人们置身这种伦理思想和道德主张引导下建构的道德生活之中，势必缺乏对于“从我做起”“讲道德”的自知、自悟和自律的理性自觉，同时缺乏对于怎么“讲道德”问题的哲学思辨。于是便会心存这样的疑虑：“我的需求怎么办?”在封建集权制度控制和强大道德教化、舆论的压力下，这种心态是不可能有理直气壮的表现机会的，而在改革开放和发展市场经济的新背景下情况就完全不同了，会“井喷式”地表现出来了。道德理论必须直面此类问题，而要如此，就必须要有道德哲学的形而上学的理性成果。

二是重视应用伦理学的引进与创新。应用伦理学在西方产生本身就标志着伦理学研究的实践转向，在中国兴起则是伦理学直接应对改革开放和发展社会主义市场经济大潮中出现道德突出问题的产物。故第一部《应用伦理学原理》问世时，编著者强调指出：“哲学伦理学总不能流于空泛的说教，而表现切入现实生活的具体情境，以影响生活，同时接受生活的检验”，“主张把应用伦理学定义为研究如何运用道德规范去分析解决具体的、有争论的道德问题的学问”[①]。不少年来，教育伦理学、经济伦理学、生态伦理学、行政（政治）伦理学的兴起，正是得益于这种创新与发展的结果。值得关注的是，与此同时，当代中国道德哲学或关注道德现象世界的哲学之实践转向却显得不是那么自觉，面对正在转向实践的西方道德哲学，似乎除了“移过来”式的文本翻译与引进，就难能有多少“拿过来”的作为。

三是重视伦理学与思想政治教育的学理贯通和实际运用。罗国杰在这方面是一位名副其实的先觉先行者。他早在20世纪80年代初，就基于伦理学与思想政治教育话语之间在学理和话语方面存在的内在逻辑关系，深切地关注道德教育和实践对青年的世界观、人生观和道德观的形成的极度重要性，主张要在高等学校开设马克思主义伦理学课程，并就此郑重地向

① 卢风、肖巍:《应用伦理学导论》,北京:当代中国出版社2002年版,第426、1页。

国家有关主管部门呈递了建议，希望高等学校开设伦理学课程，以此培养大学生优良的道德品质。从应对道德领域突出问题和各级各类学校立德树人的客观要求来看，中国传统伦理思想和道德主张这方面的传承与创新的发展势在必行。

五、道德领域的突出问题及应对

道德领域是党的十八大提出的新概念，我国相关学界对它的关注没有跟进。在学理上认识和把握道德领域及其基本特性和结构、当前我国道德领域突出问题的基本类型及特性，是应对道德领域突出问题、推进道德哲学向实践转化的认识前提。

党的十八大报告在阐述“扎实推进社会主义文化强国建设”的战略布局时，强调要深入开展道德领域突出问题的专项教育和治理。如今，道德领域作为一个新概念已经引起社会的广泛关注，然而，道德哲学和伦理学却尚未将其作为特定的学科范畴摄入自己的视野展开研究。因此，分析和说明道德领域的相关学理问题是必要的。这是“深入开展道德领域突出问题专项教育和治理”的思想认识前提。

（一）道德领域及其基本特性

长期以来，人们关于道德现象世界的认识只是停留在道德作为一种特殊社会意识形态和价值形态的逻辑层面，并没有将道德作为一种特殊的社会生活领域来看待，缺乏关于道德的“生活世界”观念和问题意识。所以，在道德生活世界出现问题的情势下，人们就习惯于回溯道德文本，用道德文本记述的标准和规则进行评价和批评。这种“纸上谈兵”式的认知方式，不能真正理解和把握道德现象世界的真实面貌，在道德领域问题突出的社会变革年代就会“不识庐山真面目”，看不到“爬坡”与“滑坡”交织的复杂情况，以至于淡化关于道德价值的信念，动摇对于道德建设的信心，由此而陷入“道德困惑”的窘境，甚至生发“今不如昔”的片面看法和颓废情绪，因心理失衡而制造社会不和谐因素。结果，不仅不能遏制和治理道德领域突出问题，反而会使得道德领域突出问题更加突出，为社会应对道德领域突出问题增添了思想认识上的障碍。因此，在道德领域问题突出的变革年代，从学理上认识和把握道德领域及其基本特性是至关重要的。

实际上，道德与道德领域并不是同一含义的道德精神现象，是两个不同概念，虽具有相关性但差异更为明显。

在日常生活中，每个关注道德的人都能够感觉到道德无处不在，无时不有，却又似乎难以说得清、道得明“道德何以会这样”或“道德究竟是什么”。其所以如此，是因为道德是以广泛渗透的方式生成和发展演进的，由此而在社会生活中形成特殊的领域，即道德领域。

日常生活中人们感知的道德（进步的或落后的），其实是道德领域给予人的一种综合印象（积极的或消极的），并不是人们常说的道德本身。如果直接用道德文本记述的道德标准和行为规范进行“对号”性的认知和评价，那就难免会“见仁见智”，以至于“说不清道不明”了。以如今屡闻不鲜的社会公共生活道德领域发生的“见义不为”现象为例：如果用见义勇为的道德标准“对号”评判，我们自然会给出违背道德的批评，但如果在道德领域的意义上考量到其他道德因素，如当事人在作“见义勇为”选择时，蓦然间会想到如果受挫以至献身，那么家中需要善事的父母和抚养的孩子怎么办，或者面临需要“勇为”的对象可能是骗子怎么办等情况，就不应当一概而论，而应当具体情况具体分析，作出合乎道德领域实际生活逻辑的评价。

所谓道德领域，指的就是与道德相关的社会与人的一切精神现象，包括道德标准和行为规范及其所调节的社会与人的行为方式、道德建设及其在社会生活中的实际功能与作用、道德理论研究及其成果样式和传播等。道德领域本质上是一种生活，一种实践，属于道德实践范畴，这是道德领域与道德的根本差别之所在。

道德作为一种特殊的社会意识形态和价值形态，充其量仅是一种“实践理性”和生活指南，并不是实践和生活本身。它总是以社会生活和实践安排的特殊“领域”方式而存在的，离开特殊的“道德领域”，道德就只是抽象的文本知识和逻辑程式，除了用来应对考试、说教或自娱，别无益处。在社会生活的意义上，道德与其“道德领域”的关系犹如鱼与水的关系，木与林的关系。道德的知识和形式逻辑，只有在社会生活的“道德领域”中，经由“领域”的洗礼、整合和催化，才能升华为培根提出的“知识就是力量”的命题，真正实现道德的功能和价值。也就是说，道德的社会功能和作用总是以道德领域的整合效应表现出来的。道德领域如果处于合乎社会和人发展进步要求的状态，就会产生巨大的社会正能量，促使社会和人不断发展进步。反之，尤其是在道德领域出现突出问题的情势下，就会产生巨大的负能量，阻碍社会和人的发展进步，以至于造成严重危害。换言之，道德领域出了问题并不一定就是道德出了问题，反之亦是。如此来认识和把握道德与道德领域的本质差别，才不至于只见树木不见森林。

存在方式的整体性是道德领域最重要的基本特性。如同无木不成林、但林之所成并非仅依赖于木、更不依赖于一树一木的道理一样，构成道德领域的要素自然首先是道德，但不唯独是道德，甚至在某些方面主要不是道德。中国改革开放三十多年来道德著述可谓浩如烟海，抓紧道德建设的工作一天也没有停止过，但道德领域问题却日渐突出起来。这是因为，当代中国社会道德出现“道德失范”和“诚信缺失”之类的突出问题，本质上是道德领域的突出问题，不应就事论事，也不应就道德论道德，简单地解读为“道德失范”和“诚信缺失”的问题，否则就是只见树木、不见树林。换言之，当代道德领域突出问题不是一“树”一“木”的具体问题，而是“森林”整体出了问题，所谓“道德失范”和“道德缺失”，不过是道德领域突出问题的一种表象而已。道德领域这种整体特性，使得道德的社会功能及其负面的破坏性也显示出整体的特性。由此可以说，道德领域对社会的积极和消极两个方面的影响，一般都是整体性的。

道德领域的整体性使得它给予人们的印象往往很模糊。整体模糊性是道德领域又一重要的特性。当道德领域出现突出问题时，这个特点表现得尤为明显。对此，齐格蒙特·鲍曼曾如此生动地描述道："我们的时代是一个强烈地感受到了道德模糊性的时代，这个时代给我们提供了以前从未享受过的选择自由，同时也把我们抛入了一种以前从未如此令人烦恼的不确定状态。"[①]就是说，因为表现模糊而让我们感到很自由，似乎可以为所欲为，同时又为似乎可以为所欲为而感到"烦恼"。道德领域的这种特性使得有良知的人们时常处于"道德两难"之中，心态失衡，以至于产生"道德风险"或"道德危机"感。

道德领域整体模糊性的特性，是人们"说不清道不明"道德领域突出问题的存在论和认识论原因所在。虽然，我们可以一叶知秋，由具体到一般，由道德领域结构的某个或某些方面而通达对其整体的认识和把握，但是更应当看到，在认识和把握道德领域及其基本特性问题上，防止一叶障目、以偏概全的片面方法，更为重要。

（二）道德领域的基本结构

在学理上分析道德领域的结构需要把握一个认知前提，这就是要看到它是社会生活的一个特殊领域，形态和结构上不存在社会与个人的差别。学界在分析道德结构时，惯于从主体的角度将其划分为社会道德——"社会之道"和个体道德——"个人之德"两个基本部分。但是，对道德领域的结构却不可作这样的划分。这是因为，相对于"社会之道"而言，"个人之德"乃是"得其道于心，而不失之谓"[②]的结晶，亦即今天人们常说的"社会之道"经过个体"内化"的产物。个体道德的结构只存在知、情、意、行等不同层次的差别，不存在与社会形态相区别和对应的道德领域问题。道德领域从来都是社会的，个人不存在所谓道德领域的问题。

社会道德领域的结构非常复杂。从学理上的理论逻辑来分析，大体上可以划分为社会道德心理、社会道德理论、社会道德要求（价值标准和行为规范）、社会道德活动、社会道德管理等部分。

---

① [英]齐格蒙特·鲍曼:《后现代伦理学》,张成岗译,南京:江苏人民出版社2003年版,第24页。

②《四书章句集注·论语注》。

社会道德心理包含历史和现实两种形态。历史形态是由史而来的社会道德观念及由此“自然而然”地导引、营造的社会舆论氛围和认知方式。现实形态，主要是“自然而然”地生发于现实社会生产和交换的经济关系基础之上的“伦理观念”。恩格斯说：“人们自觉地或不自觉地，归根到底总是从他们阶级地位所依据的实际关系中——从他们进行生产和交换的经济关系中，获得自己的伦理观念。”[①]这里所说的“伦理观念”在未经过现实社会的“理论加工”、被整合和上升为观念的上层建筑之前，还是一种广泛渗透在各个领域的社会生活包括政治生活的社会道德心理。中国实行改革开放以来，社会逐渐普遍形成的关涉公平正义和同情弱势群体的心态和呼唤，就是在推进市场经济建设的进程中“自然而然”形成其“生产和交换的经济关系”基础之上的“伦理观念”意义上的社会道德心理。社会道德心理，不论是历史的还是现实的，通常总是以“弥漫”的方式广泛地渗透在社会生活的海洋中，是一种“名副其实”的道德领域。

社会道德理论，是批判与传承由史而来的社会道德心理并对现实的“伦理观念”实行“理论加工”的产物。在一定社会里，道德理论大体上有两种不同形式，一种是社会道德理论，它是当时代观念上层建筑体系的组成部分，反映道德意识形态体系的主导方面，所经历的“理论加工”也多是在治政者的干预和组织下实施的。另一种便是“劳心者”的“一家之言”，当其没有得到执政者的认可、被融入主流道德意识形态之前，虽然广泛地存在于道德领域，但是作为一种道德理论本质上却不一定是属于社会的。不仅如此，有的“一家之言”因为不能反映一定时代道德进步的客观要求，还会在道德领域内产生一些负面影响。正因如此，每个历史时代的执政者都会重视社会道德理论的建设，强调倡导和推行主导型道德理论和道德价值观的重要性。

社会道德要求，是立足于道德之“应当”而言的，一般是指社会通过既定的道德原则、规范和传统公序良俗，向人们发出的指令[②]。道德要求

---

①《马克思恩格斯文集》第9卷，北京：人民出版社2009年版，第99页。

② 参见罗国杰主编：《伦理学名词解释》，北京：人民出版社1984年版，第146页。

反映道德作为特殊的社会意识形态和价值形态的本质属性，是对道德意识形态的具体化和规范化，因而也是建构社会道德意识和道德活动的实践逻辑环节。没有道德要求，一切道德哲学和伦理学所阐述和呈现的道德意识和理论，都不过是抽象的“道德形而上学原理”而已，于社会道德的发展进步并无益处。在阶级社会或有阶级存在的社会里，道德要求体现的是执政者所代表的国家道德意志。

社会道德活动，即今人常说的道德建设和道德教育。它属于精神生产的道德实践范畴，指的是一定社会的人们依据经济、政治和法制建设的客观要求，研究和提出并运用一定的思想道德观念和价值标准，培育人的德性和指导人的行为，营造适宜的社会道德风尚，以维护和促使道德发展进步的社会实践活动。人类社会自古以来没有一天停止过思想道德建设，但明确提出这一概念，却是中国共产党人在领导和推进中国特色社会主义现代化建设事业中的一大发明[①]。道德建设历来是社会的，因为其主体只能是社会。党的十八大报告在部署“全面提高公民道德素质”这项社会主义道德建设的基本任务时，将加强“个人品德教育”与加强社会公德、职业道德、家庭美德建设相提并论，并没有使用以往的“个人道德修养”的概念，强调的正是社会作为道德活动——道德教育的主体地位的价值与意义。

社会道德管理，可以从广义和狭义两个方面来分析和认识。广义的道德管理，泛指对道德领域一切精神现象的引导、领导和管理，包括社会主导道德价值观体系的引导、社会道德评价的组织、扬善抑恶舆论的营造，以及与此相关的社会机制和组织机构等。狭义的道德管理，特指对于道德领域的领导和管理。道德管理既是道德领域的组成部分，又是道德领域的中枢，影响着道德领域整体的生命质量及其对于整个社会生活的功能与价值。因此，每个历史时代都会重视对道德领域实行社会管理，将其列入国家治政和社会建设的重要内容。

道德领域的结构，从社会生活这个领域的角度来分析，其学理逻辑结

① 参见钱广荣：《中国道德建设通论》，合肥：安徽大学出版社2004年版，第42、1—3页。

构大体上可以划分为如上所说的层次。这里需要指出的是，若是从实存状态的“生态逻辑”来看，上述各个层次则是相互交融、浑然一体的。就是说，我们只是为了分析和认识的“方便”，才在相对独立的意义上将它们区分开来。作如是观，是从学理上分析道德领域之基本结构的一个方法论原则。

（三）当前道德领域突出问题及其主要类型与危害性

历史地看，道德领域突出问题多发生在社会经济变革的年代。我国春秋战国时期，在奴隶制向封建制过渡引发的社会大动乱、大动荡中，政治伦理和人际伦理就曾全面出现“礼崩乐坏”那样的突出问题。在西方中世纪政教合一的封建制度土崩瓦解时期，道德领域也曾出现极端利己主义风靡一时的突出问题。其所以如此，首先是因为，社会上层建筑包括观念的上层建筑还不能适时跟进变革着的经济关系的客观要求，难以在社会管理的层面为道德领域的优化和进步提供中枢环节意义的支撑。其次，在社会变革期间，新旧道德观念的矛盾和冲突使得社会道德心理变得极为复杂，在道德评价和舆论环境领域出现令人困惑的复杂情况。最后，正因为如此，社会道德要求和道德活动因为整个上层建筑建设的滞后而处于缺失甚至缺位的状态。

由此看，我国在改革开放和推动社会主义市场经济建设的历史进程中道德领域出现突出问题，并不足为奇。虽然，当代中国改革发展和社会转型不同于那些时期，当前道德领域突出问题与历史上的道德领域突出问题也不可同日而语，但是，社会变革和转型必然引发道德领域突出问题的深层成因是一致的，它们演绎的是同一种历史逻辑。

当前我国道德领域突出问题大体上可以梳理为四种基本类型。

其一，道德调节领域，存在以诚信缺失为主要表征的行为失范的突出问题。如生产经营活动中存在的环境与生态伦理问题、药品与食品安全问题，政务活动中存在的以权谋私、贪污受贿问题，公共生活场所和文化活动中存在的“三俗”文化问题等。这类突出问题的要害在于底线失守，直接危及民生，危害人们的正常生活和身心健康，是当下人们最为关注、议论最多、最为不满的突出问题。

其二，道德建设领域，存在状态疲软和功能弱化的突出问题。这可以从三个具体领域来看：一是道德教育包括学校道德教育存在低效、缺效、无效甚至“负效”的问题。二是道德宣传存在大量的假大空、不讲实效的形式主义问题。三是道德评价存在导向乏力的问题——正式道德评价除官方媒体之外普遍缺场，非正式道德评价乱象横生，片面看法和偏激情绪充斥大众传媒，毒化着社会舆论环境，影响着新生代的健康成长。

其三，道德认知领域，存在信念淡化和信心缺失的突出问题。这类突出问题是由上述几类突出问题直接引起的。表现为对道德作为“立国之本”和“做人根本”这些传统信念的淡化和舍弃，转而信奉道德虚无主义和“道德冷漠症”，或身在道德选择之中而不作为，或置身度外消极观望。

其四，道德理论研究领域，存在脱离中国道德国情与道德实践的突出问题。我国道德理论研究，在20世纪80年代曾热切关注“改革与道德”的实践主题。此后，随着市场经济建设加速发展和“道德失范”及“道德困惑”问题大量出现，不少伦理哲人渐渐失语，或者试图通过直接叙述传统来改变现实，或者希冀通过移植异域根脉来绿化中国道德园地，致使能够反映当代中国实践主题的道德理论著述成为当下稀有之物。道德理论既是道德领域的“上层建筑”，也是道德领域的知性基础，在整个道德领域中处于主心骨的地位，发挥主导作用，因而是道德领域的灵魂所在。如果缺少这种灵魂，整个道德领域就会陷入思想认知混乱的状态，问题也就会逐渐突显出来。道德理论研究脱离中国道德国情与道德实践这类突出问题，是当前我国道德领域突出问题的深层次问题。

上述四类道德领域突出问题，表现出存在范围广泛、呈现形态顽固、危害程度严重等基本性征。说其广泛，是因为它几乎存在于社会生活的各个领域、各个方面。说其顽固，是因为它由来已久，蔓延和泛滥的势头至今尚未得到根本性的遏制，正在演化成“道德顽症”或“道德痼疾”，而规避中国国情的道德理论研究已经成为一种“时尚”和“风气”。说其严重，是因为它不仅直接影响中国特色社会主义经济、政治和法治建设，影响推进社会主义文化强国建设的内涵和水准，而且会引发民怨，散布社会不信任情绪，威胁执政安全，加深社会不和谐。

总的来看，当前我国道德领域突出问题正在使得本是无处不在、无时不有的道德滑向社会生活的边缘。对此必须引起高度重视，采取视而不见或避重就轻的态度是错误的，采用"次要"或"支流"的套语加以搪塞的方法也是不可取的。

（四）当前道德领域突出问题的成因及应对理路

当前道德领域出现的突出问题，总的来说是从计划经济到市场经济的制度变迁对道德带来的双重影响，是社会变革和转型时期的必然产物。

厉行改革开放和大力发展市场经济，以前所未有的冲击力推动着传统社会向现代社会转型，必然需要开展多方面的社会认知和体制建设工程。这是一种推陈出新、辞旧迎新的孕育和生产的长期过程，必然会让一些不良的传统思想道德观念乘虚而入，同时也给外来的不适合本土国情的思想道德观念的侵入和表现以可乘之机。在推陈与出新、辞旧与迎新相衔接的起初阶段，由于"虚空"之机较多尤其会出现这样的情况。当前一些突出的道德问题，虽不能完全归因于市场经济，却与市场经济快速发展有着无法否认的内在关系。

在社会厉行改革和转型的过程中，个人获得充分发展的社会空间，私人利益的差别受到前所未有的尊重。人的"向善"的积极性因此被激活和调动，与此同时人的"从恶"的"自然本性"也必然会得到空前的刺激和膨胀。在社会改革和转型过程中，科技进步的"双刃剑"特性也必然会更为凸显。其正面效能必然助推社会改革与发展，同时也更新着人们的思想道德观念，而其负面作用则必然表现得更加充分，刺激和激化人的不良动机，作出违背社会道德要求的恶事情来。人的"从恶"的"自然本性"与科技进步的负面作用发生天然的融合，必然会演绎出道德领域的突出问题。这已经为诸如生产和销售假冒伪劣的产品、电信诈骗等违背"道德底线”的“缺德”行为所证明。

从以上分析不难看出，应对当前道德领域突出问题的基本理路，就是要使上层建筑和观念的意识形态包括整个道德领域发生相应的变革，以与社会改革和转型相适应。所谓“相适应”，不是“相一致”，应作“相服务”理解。为了社会改革和转型尤其是市场经济的建设和发展，一方面要提供促进性或给力性的“服务”，另一方面要提供监督性或管控性的“服务”，从而确保改革和发展获得应有的动力，沿着正确的方向发展。这必然需要经历一种社会转型的过程。

在这种过程中，政治法制等物质形态的上层建筑，需要从“服务”和“管控”两个方面发挥其与经济改革“相适应”或“相服务”的功能。而整个道德领域，则需要在传承优秀传统道德文化的同时，创建“服务”和“保障”社会改革和转型包括整个上层建筑建设之客观要求的新的道德体系。

中国共产党一直高度重视社会改革和转型进程中出现的道德领域的突出问题，把握应对的基本理路。中共十六大提出要建立与社会主义市场经济相适应，与社会主义法律规范相衔接，与中华民族传统美德相承接的社会主义思想道德体系。中共十八大报告在“扎实推进社会主义文化强国建设”的战略布局中，作出“深入开展道德领域突出问题的专项教育和治理”重大工作部署，强调：“加强政务诚信、商务诚信、社会诚信和司法公信建设。加强和改进思想政治工作，注重人文关怀和心理疏导，培育自尊自信、理性平和、积极向上的社会心态。深化群众性精神文明创建活动，广泛开展志愿服务，推动学雷锋活动、学习宣传道德模范常态化。”[①]这是我们应对当前道德领域突出问题的基本理路。

应对当代中国社会道德领域的突出问题，要求道德哲学和伦理学研究实行实践转向和范式转换，将理论思维的视点聚焦到道德领域的“生活世界”，将理论逻辑与实践逻辑、历史逻辑与现实要求统一起来，建构中国样式的道德形而上意见，并使之成为可供最广大民众理解和接受的“时代

① 《胡锦涛文选》第3卷，北京：人民出版社2016年版，第638—639页。

精神的精华”。

六、结语

当代道德哲学的实践转向，有助于我们深入思考和积极应对当今人类社会道德领域出现的突出问题，其学说品质和意义向度呈现一些特别值得关注的性征。

其一，实践转向所发表的形而上意见，多是认识论上的，缺少实践论的风采和品格。这与其所用的方法多为“解构”而没有重视“建构”是密切相关的。这一特征使得它的意见多具有启发性，却又无助于指导和引领人们走出“道德困惑”。马克思说：“哲学家们只是用不同的方式解释世界，而问题在于改变世界。”[①]事实证明，缺少“建构”意向的“解构”意见，会引导人蹒跚在“解构”的瓦砾中而难以自救，越是彻底的“解构”意见越会招致这样的困局。就是说，当代道德哲学的实践转向并不彻底，其实质内涵和意义向度并不是实践的。

其二，在当代道德哲学实践转向中，中国的道德哲学和伦理学缺乏主动跟进的理论自觉和学术创新的风采，“解构”和“建构”工作都存在不能真正适应当代中国社会改革和发展之客观要求的问题。它们需要立足根本和长远，主动应对当前我国道德领域的突出问题并观照发生在西方社会的“道德危机”，创建能够体现中国特色社会主义本质特性和价值祈求的道德实践智慧体系。在这种当代哲学史进程中，要同时在学科对象、目标、任务、方法和内容等一系列重大学理上，厘清道德哲学与伦理学的学科内涵和边界。

其三，当代道德哲学的实践转向，包括中国伦理学的分化与转型多与大学的讲坛相关联。这一现象观照了道德理论发展的一种历史轨迹抑或规律：大学本是哲学社会科学发现和创新的一种策源地和工作平台。大学学子往往是社会科学发现和创新的推动者，而为他们“传道、授业、解惑”

① 《马克思恩格斯文集》第1卷，北京：人民出版社2009年版，第506页。

的教书先生们，在中国自“述而不作”的孔子始就多自觉地承担和践履着这种历史使命和社会责任。大学相关专业和学科，在当代道德哲学的实践转向和应对道德领域突出问题的学术创新中，应当走在时代的前列。

释解《论语》中的道德治理观*

党的十八大报告在论述“扎实推进社会主义文化强国建设”的战略部署中，针对当前我国社会道德领域出现的突出问题，作出“深入开展道德领域突出问题专项教育和治理”的重大工作部署。过去，中国人一般不谈论道德治理，伦理学研究也极少将道德治理作为专门的学术话题。其之所以如此是因为人们恪守着这样一种思维定式：道德调节社会生活和人们行为的命令方式是“应当”即“劝善”和“扬善”，但凡需要治理的调节问题那就是法律的职能了。就是说，道德治理对于中国人来说至今还是一个“新概念”。

将道德调节社会生活和人们行为的命令方式仅仅归于“应当”和“扬善”的认识，并不能全面反映道德的社会职能与作用，也不符合道德文明生成和不断发展进步的历史，需要在道德治理“新概念”的视域内进行反思，并加以创新和重构。

所谓道德治理，应理解为：运用道德“应当—必须”和“不应当—不准”的两类命令形式，从“扬善—劝善”和“抑恶—惩恶”两个方面调整社会生活和人们行为的实际过程。这种过程属于道德建设范畴，包含道德教育并关涉法律惩治，但不等于道德教育和法律惩治。

中国人忽视在道德治理的意义视角理解道德的社会职能与作用，由来

* 原载《伦理学研究》2014年第1期，收录此处时标题有改动，内容有调整。

已久。其认知缺陷和实际危害在于，面对违背道德的问题，尤其是社会变革年代普遍出现“道德失范”和“诚信缺失”之类的道德问题，就会感到“道德困惑”和“无所适从”，道德调节就会出现低效、缺效以至无效的颓势。党的十八大提出深入开展道德领域突出问题的治理，为我们科学认识道德的社会价值和意义提供了一种新的历史机遇。把握这种机遇，需要从解读《论语》的道德治理观说起，并涉论孔子“仁学”的传承范式问题。

自古以来，学界译注和阐发《论语》的著述难计其数，共同特点是围绕《论语》的核心“仁”—“爱人”做文章。在世俗社会的伦理层面，将“仁”解读为“己所不欲，勿施于人”[①]、“己欲立而立人，己欲达而达人”[②]、“君子成人之美，不成人之恶”[③]，倡导推己及人，将心比心。在政治伦理层面，则将“仁”解读为“泛爱众”和以身作则的“为政以德”，“仁学”道德实则成为维护统治的“仁术”。这两种译注和阐发的方向，都淡化乃至遮蔽了《论语》的道德治理观念。作为一种解释学的文化传统，这是我们长期不能全面认识和把握道德的社会职能和作用，以至于时至今日人们还认为道德治理是一个“新概念”的原因所在。

孔子作为中华民族伦理学说和道德主张的奠基人，生逢奴隶制向封建制过渡的变乱年代，他以治理和拯救“礼崩乐坏”的乱世、恢复西周“郁郁乎文哉”那样的伦理秩序和道德风貌为己任，终生颠沛流离而矢志不渝。从逻辑上来推论，孔子的这种人生追求，必定会使得他创建的“仁学”主张，尤其是他“述而不作”的《论语》，包含着反映那个变革年代所需要的道德治理观念。

因此，今天释解和阐发《论语》关于道德治理观的合理元素，在中华道德文本源头上正本清源，进而考察和反思孔子“仁学”的原典精神及其传承范式问题，不仅是可能的，也是必要的，其重要的学理意义和实践价值不言而喻。

---

①《论语·卫灵公》。

②《论语·雍也》。

③《论语·颜渊》。

一、敬畏伦理——道德治理的形而上学基础

目前中国学界对伦理作为一种“思想的社会关系”的认识，已经不存在根本性的分歧。马克思和恩格斯将全部的社会关系划分为物质的社会关系和思想的社会关系两种基本类型。后来，列宁进一步明确指出：“他们的基本思想（在摘自马克思著作的上述引文中也已经表达得十分明确）是把社会关系分成物质的社会关系和思想的社会关系。思想的社会关系不过是物质的社会关系的上层建筑。”[①]“伦理”就属于“思想的社会关系”范畴。恩格斯说：“人们自觉地或不自觉地，归根到底总是从他们阶级地位所依据的实际关系中——从他们进行生产和交换的经济关系中，获得自己的伦理观念。”[②]这个著名论断所关涉的“伦理观念”，就是一种由物质形态的“生产和交换的经济关系”决定的上层建筑，亦即“思想的社会关系”的“经济伦理”形式。

伦理作为一种“思想的社会关系”，亦即人们通常所说的“心心相印”“同心同德”“齐心协力”等，多在“思想关系”的意义上表现人们的信念和信仰。所谓敬畏伦理，就是在“思想关系”上敬畏和遵从“外在于我”的某种力量的内心信念和信仰。

敬畏伦理是中国传统伦理思想的内在特质和基本元素之一，也是中国伦理思想发展史一条突出的线索，其明确的文本源头可以追溯到《论语》。《论语》表达的敬畏伦理观念甚为丰富而复杂，然可一言以蔽之：“君子有三畏：畏天命，畏大人，畏圣人之言。”[③]敬畏伦理是孔子道德治理观的道德形而上学的心理基础。

《论语》说到“天”19次，说与“天”有关的有“天下”（23次）、“天命”（3次），其他如“天道”“天子”等与敬畏伦理无大关联之言甚

①《列宁专题文集·论辩证唯物主义和历史唯物主义》，北京：人民出版社2009年版，第171页。

②《马克思恩格斯文集》第9卷，北京：人民出版2009年版，第99页。

③《论语·季氏》。

少，后来记录孔子及其弟子言谈行事的《孔子家语》之言亦少见，均可以忽略不计。综观孔子说“天”的言论，其核心意思多是在说“天命”，并非特指自然之天，更不是今人在现代文明意义上言说所谓“生态平衡”意义上的“天”。

孔子所说的“天”主要是指“天命”，核心观念是指天神、天帝。其无比廓大而神秘，即他所说的“巍巍乎，唯天为大”[①]、“天何言哉！”[②]在他看来，“天”的力量是无穷的，说不清道不明的，因此我们只能搁置一边，不要妄加评说，亦即庄子所说的“圣人存而不论”或“圣人论而不议”[③]。据杨伯峻考证，庄子此处所说的“圣人”，指的就是孔子[④]。这种释解符合孔子一贯主张的“知道就是知道，不知道就是不知道，才是真正的聪明才智”[⑤]的处世态度和认知逻辑。因此，我们不能因孔子偶然谈论天神、天帝就认为他是在宣示迷信。对此，《论语》有这样的明确记述：“孔子不谈（信）怪异、暴力、悖乱和鬼神。”[⑥]其所以如此，是因为怪异、暴力、悖乱有悖于孔子一贯主张的“道”，而鬼神又有不易究明之处。

与“天”相关的“天下”，即“普天之下”，基本意思是指天底下国之所在的全部土地和生灵，虽在“天”之“下”，同样给人以“巍巍乎”的廓大而神秘的感觉，令人敬畏。所以，孔子对那些对“天下”说三道四的人十分反感。有人向孔子请教王者褅祭的知识，孔子（有些不耐烦地）说：“我不知道；说知道的人（他）说起治理天下的道理，也许会像把东西放掌心里说起来那么容易吧！”边说边指着自己的手掌心[⑦]。又说：“谛祭的礼，自从第一次见到献酒的谛祭之后，就不再看了。”[⑧]其他与“天”相关的“天命”“天道”等，在孔子看来也多为“六合之外”、可“存而不

①《论语·泰伯》。

②《论语·阳货》。

③《庄子·齐物论》。

④ 杨伯峻:《论语译注》,北京:中华书局1980年版,第9页。

⑤ 子曰:“由,诲女知之乎？知之为知之,不知为不知,是知也。”(《论语·为政》)

⑥ 子不语怪,力,乱,神。(《论语·述而》)。

⑦ 或问褅之说。子曰:“不知也;知其说者之于天下也,其如示诸斯乎!”指其掌。(《论语·八佾》)

⑧ 子曰:“谛自既灌而往者,吾不欲观之矣。”(《论语·八佾》)

论”或“议而不辨”的神秘力量。

《论语》说“命”21次，基本意思是“命运”，即一种难能自己把握的人生境遇或前程。子服景伯在孔子面前搬弄是非，说公伯寮毁谤子路，并说您老人家被子路迷惑了，孔子说道：“大道将会施行是命运，大道将会废弃也是命运，公伯寮能把命运怎么样呢?”[①]《论语》有这样一段记述：冉伯牛生了病，孔子去看望他，从窗户口握着他的手（痛心地）说：“去吧，这是命呀！这样的人却得了这样的重病！这样的人却得了这样的重病!”[②]

“大人”与“圣人”究竟是什么样的人，《论语》并没有明确的说法。不过，从其一些记述来看，大凡“大人”“圣人”都是找不出恰当的词来赞美的人。所谓“大人”，自然位高权重，然在孔子看来唯有那些品行与位高权重相匹配的人，才可以被称为“大人”，如同多次把天下让出、民众几乎无从呈送的周先祖古公亶父的长子泰伯那样[③]。所谓“圣人”，主要是在崇高的道德人格意义上说的，《论语·述而》在述及“圣人”时提到三种“人”，即“圣人”“君子”“善人”，其中的“圣人”，在孔子看来是很难看到甚至看不到的[④]。由此可断言，孔子言说的“大人”和“圣人”，实际上是指具有一般“君子”和“善人”品性因而必须尊崇、信仰的理想人格，而不特指某个人。

由上可知，孔子关于道德治理的形而上学基础并不在彼岸世界，而在他的现实世界的视界之内，是无法言说、令人敬畏的超然力量，实则是他的一种处世态度和人生信仰。所以鲁国大臣王孙贾问“与其巴结屋里西南角的神，不如巴结灶神”这句话是什么意思时，孔子说：“这句话说得不

① 子曰:“道之将兴也与,命也;道之将废也与,命也。公伯寮其如命何!”(《论语·宪问》)

② 伯牛有疾,子问之,自牖执其手,曰:“亡之,命矣夫！斯人也而有斯疾也！斯人也而有斯疾也!”(《论语·雍也》)

③ 子曰:“泰伯,其可谓至德也已。三以天下让,民无得而称焉。”(《论语·泰伯》)

④ 子曰:“圣人,吾不得而见之矣;得见君子者,斯可矣。”子曰:“善人,吾不得而见之矣,得见有恒者,斯可矣。”(《论语·述而》)

对，若是得罪了上天，祈祷是没有用的。”[①]樊迟问怎样做才算聪明时，孔子说：“专心于老百姓的道德养成，恭敬地对待鬼神但不要接近它，就是聪明了。”[②]这种态度和信仰，也可以从他“祭祀祖先时便犹如祖先真的在那里、祭祀神时便犹如神真的在那里”[③]的恭敬态度中看得很清楚。

敬畏，是人发自内心的敬重和敬仰。在《论语》中，敬畏伦理作为一种人生态度和信仰，充当着道德治理观的形上基础，其意义是显而易见的。有学者指出：敬畏是中西方伦理学贯通关注的重要范畴，“它不同于一般的恐惧、畏惧等情感活动，其主要区别就在于它是出于人的内在的需要，它要解决的是‘终极关怀’的问题，并且能够为人生提供最高的精神需求，使人的生命有所‘安顿’”[④]。康德在他的《实践理性批判》的结束语中不无感慨地说：“有两样东西，我们愈经常愈持久地加以思索，它们就愈使心灵充满日新月异、有加无已的敬仰和敬畏：在我之上的星空和居我心中的道德法则。”[⑤]不难想见，一个人，尤其是那些执掌行政权的官吏，在看待伦理道德的问题上，如果对诸如“天”“君子”“大人”“圣人”等不能持应有的尊重和敬重的虔诚态度，以至于“天不怕”“地不怕”，什么话都敢说，什么事情都敢做，所谓“讲道德”还有什么可“讲”呢？在这种情况下，道德治理自然也就无从谈起。由此看来，立足于敬畏伦理建构尊重和敬重道德的信仰基础，正是《论语》的道德治理观的高明之处，虽然这种高明并不一定是基于孔子对道德之“实践理性”的自觉。

二、以“君子”教化“小人”——道德治理的基本任务

在道德人格上，《论语》把“人”分为“君子”与“小人”，说“君

① 王孙贾问曰：“与其媚于奥，宁媚于灶，何谓也？”子曰：“不然，获罪于天，无所祷也。”(《论语·八佾》)

② 樊迟问知。子曰：“务民之义，敬鬼神而远之，可谓知矣。”(《论语·雍也》)

③ 祭如在，祭神如神在。子曰：“吾不与祭，如不祭。”(《论语·八佾》)

④ 郭淑新：《敬畏伦理研究》，合肥：安徽人民出版社2007年版，蒙培元序言第1页。

⑤ [德]康德：《实践理性批判》，韩水法译，北京：商务印书馆1999年版，第177页。

子”最多，107次；说“小人”24次。作为道德人格概念，君子是指重视道德和道德品质优良的人，小人是指轻视道德和道德品质不良者。“君子”与“小人”的差别表现在：在对待信仰和敬畏伦理的问题上，君子有“三畏”，“小人不懂得天命，因而不怕天命；轻视王公大人，轻侮圣人的言语”①。在关乎国家和社会的大事情上，“君子关心国家道德，小人怀念故土；君子关心国家法度，小人关心恩惠”②。在对待道德与利益的关系问题上，“君子懂得的是道义，小人明白的只是利益”③。所以，“君子追求的是仁义道德之类的大道理，小人追求的是财物之类的实际利益”④。在关乎贫富和利益的问题上，君子与小人的差别在于，“君子虽贫穷却能坚持，而小人就会无所不为了”⑤。在与他人相处的问题上，“君子成全别人的好事，不促成别人坏事。小人却和这相反”⑥；“有德之人讲团结而不勾结，无德之人重勾结而不讲团结”⑦；“君子用自己的正确意见来纠正别人的错误，使之恰到好处，不愿盲从附和；小人只是盲从附和，却不肯表示自己的不同意见”⑧；“君子心胸宽广坦荡，小人却心胸狭窄”⑨。在处事的问题上，“小人如果有勇无德便会做土匪强盗”⑩。就自处而论，“君子安然而不凌人，小人反是”⑪。在孔子看来，儒者并非都是君子，也有小人；他劝诫子夏说：“你要做君子式的儒者，不要做小人式的儒者。”⑫《礼记·儒行》记述孔子回答鲁哀公问话中，他也说到具有不同人格和行

① 子曰：“君子有三畏：畏天命，畏大人，畏圣人之言。小人不知天命而不畏也，狎大人，侮圣人之言。”（《论语·季氏》）

② 子曰：“君子怀德，小人怀土；君子怀刑，小人怀惠。”（《论语·里仁》）

③ 子曰：“君子喻于义，小人喻于利。”（《论语·里仁》）

④ 子曰：“君子上达，小人下达。”（《论语·宪问》）

⑤ 子曰：“君子固穷，小人穷斯滥矣。”（《论语·卫灵公）

⑥ 子曰：“君子成人之美，不成人之恶。”（《论语·颜渊》）

⑦ 子曰：“君子周而不比，小人比而不周。”（《论语·为政》）

⑧ 子曰：“君子和而不同，小人同而不和。”（《论语·子路》）

⑨ 子曰：“君子坦荡荡，小人长戚戚。”（《论语·述而》）

⑩ 子曰：“……小人有勇而无义为盗。”（《论语·阳货》）

⑪ 子曰：“君子泰而不骄，小人骄而不泰。”（《论语·子路》）

⑫ 子谓子夏曰：“女为君子儒，无为小人儒。”（《论语·雍也》）

为作风的儒者[①]。孔子同时还指出，“身居高位的人也并非都是君子，有些就是小人，在这种小人底下做事很难，但若要不讲道德原则地讨他喜欢却很容易”[②]。这里顺便指出，孔子的这种君子、小人观，对于我们体察今天“文化人”的道德人格仍然具有启发意义。

由此推论，孔子把人们的人格分为“君子”与“小人”的目的，是为了让“君子”影响“小人”。在他看来，如果说“君子的人格像风，小人的人格像草”的话，那么，“君子”影响“小人”就如同风从草上吹过、草必定会随之倒向一边一样[③]。《论语》道德治理观所主张“治理”的都是“小人”。在孔子看来，真正重视和懂得道德、道德品质优良的人是很少的[④]，所以，君子自然而然就成为道德治理的主导者，“小人”也就自然而然成为受君子实行道德治理的主要对象，以“君子”教化“小人”，就成了道德治理的基本任务。

为教化和鞭笞“小人”，孔子对生逢“恶浊”之世而采取“避世”态度的“贤者”甚为反感，说:“有些贤者逃避恶浊社会而隐居，次一等的择地而处，再次一等的避免不好看的脸色，再次一等的回避恶言。”[⑤]为了让“君子”能够影响“小人”，孔子主张任人唯贤，不可用小人，尤其是不可给予小人以“大受”即委以重任。因为，“把正直的人提拔出来，让他的位置在恶人（品行不端的‘枉者’）之上，这样就能够使恶人正直起来。”他的学生子夏赞美老师这话说得太好了，又补充道:“舜在众人中把皋陶提拔出来，汤在众人中把伊尹提拔了出来，不道德的人（‘不仁者’）就远离了。”[⑥]

需要注意的是，在一些情况下，孔子所说的“小人”也指普通劳动

---

①《四书五经》(中册)，北京:中国书店1984年版，第319页。

② 子曰:“……小人难事而易说也。说之虽不以道，说也;及其使人也，求备焉。”(《论语·子路》)

③ 孔子对曰:“……君子之德风，小人之德草。草上之风，必偃。”(《论语·颜渊》)

④ 子曰:“由，知德者鲜矣。”(《论语·卫灵公》)

⑤ 子曰:“贤者避世，其次避地，其次避色，其次避言。”(《论语·宪问》)

⑥ 子曰:“举直错诸枉，能使枉者直。”……子夏曰:“富哉言乎!舜有天下，选于众，举皋陶，不仁者远矣;汤有天下，选于众，举伊尹，不仁者远矣。”(《论语·颜渊》)

者。樊迟向孔子讨教种庄稼和种菜蔬的技术，孔子说樊迟是小人[①]。由此不能说，孔子的“小人”观不带有阶级偏见，但同时也应当看到“小人”观本质上并不是主张阶级歧视，而是主张教化。孔子的“小人”在很多情况下是专指不同于“君子”的品德不良的人。一般说来，阶级偏见与阶级地位的差别和政治上的不平等相关联。在现代社会，政治人格是不能有差别、差等的，但是政治人格上的平等不能被解释为道德人格的等同或同等，因为道德人格总是有差别、差等的，两种人格不能被混为一谈。政治上位高权重的人不可轻视位低权轻乃至无权的人，然而，道德上高尚的人鄙视道德低下的人则是理所当然、无可厚非的。就社会心态和伦理氛围而言，高尚者、品德优良的人和缺德的人不应当受到同样的尊重和礼遇，这是社会道德成熟和文明进步的标志。

据史学考证，孔子祖先本为贵族，至其父衰落下降为一般平民，又因幼年丧父家境贫寒，故自称“吾少也贱”。《论语》有此记述：太宰问子贡：先生是位圣人吗？为什么这么多才多艺呢？子贡答道：这本是上天让他成为圣人，又让他多才多艺的。孔子听说后，并不赞成子贡的看法，说：“太宰知道我呀！我小时候穷苦，所以学会了不少技艺，君子会有这样多的技艺吗？是不会的。”[②]这段记述表明，在孔子看来，卑贱者并非天生就是“蠢人”，社会地位之“贵”与“贱”的不同并不说明才智强弱、德性优劣的差别。由此推论，他的“君子”与“小人”所指主要是道德人格的不同，所谓“小人”主要是鞭笞道德品质低者的用语。《论语》中“小人”出现24次，意指道德品质不良者20次。他主张用君子人格之风影响小人之德草，实行道德教化和治理。

① 樊迟请学稼。子曰:“吾不如老农。”请学为圃。曰:“吾不如老圃。”樊迟出。子曰:“小人哉,樊须也！……”(《论语·子路》)

② 子闻之,曰:“太宰知我乎！吾少也贱,故多能鄙事。君子多乎哉？不多也。”(《论语·子罕》)

三、以刑罚替补教化——道德治理的实践模型

中国法学界一直有一种看法，认为孔子轻视以至反对法（刑），而伦理学界则一直坚持认为孔子是主张教化与刑罚并举的，这两种看法其实都不符合《论语》关于道德治理的主张。实际情况是，在德治（教化）与法（刑）治的实践关系上，《论语》所主张的是当教化不能起到应有作用时，让刑法来替补教化。

何为教化？《论语》直接发表看法的言论很少，偶有记述也只是作为“为政以德”的组成部分来表达的。如：“用政治来诱导，同时用刑罚来整治，人民只是因惧怕而规避犯罪却无羞耻之心；如果用道德来诱导，用礼教来整治，人民就知耻而归顺了。”[①]再如，樊迟向孔子讨教学稼和种菜的技术讨了没趣后退了出来，孔子对其他弟子讲了一番“上好礼”“上好义”“上好信”便可治国治民的大道理后，说：“为什么要自己学种庄稼呢？”[②]倒是后来的《孔子家语》直接传承了《论语》关于教化及继而刑罚的原典精神。如关于教化，《孔子家语·王言解》篇就有所谓“七教”的记述：“上敬老则下益孝，上尊齿则下益悌，上乐施则下益宽，上亲贤则下择友，上好得则下不隐，上恶贪则下耻争，上廉让则下耻节，此之谓七教。”又说：“七教者，治民之本也。”[③]关于教化及继而刑罚举之莫过于这种表达直接和完整：“化之弗变，导之弗从，伤义以败俗，于是乎用刑矣。”[④]意思是说，对经过教化还不改变、对经过教导也不听从、损害义理有伤风败俗的人，只好用刑罚来惩处了。在教化和刑罚之间，孔子强调的是教化的必要性和意义，他认为“不教以孝而听其狱，是杀不辜。”[⑤]意思是说，不

① 子曰：“道之以政，齐之以刑，民免而无耻；道之以德，齐之以礼，有耻且格。”（《论语·为政》）

② 子曰：“……上好礼，则民莫敢不敬；上好义，则民莫敢不服；上好信，则民莫敢不用情。夫如是，则四方之民襁负其子而至矣，焉用稼？”（《论语·子路》）

③ 王国轩、王秀梅译注：《孔子家语》，北京：中华书局2009年版，第20页。

④ 王国轩、王秀梅译注：《孔子家语》，北京：中华书局2009年版，第245页。

⑤ 南怀瑾：《论语别裁》上册，上海：复旦大学出版社2012年版，第14页。

用孝道来教化民众而随意判决官司，这是滥杀无辜。

由上述可以看出，《论语》含有结构合理的道德治理观体系。在这种意义上，我们甚至可以进一步说，《论语》本来就是一本孔子关于当时道德治理主张的“述而不作”的著述，离开道德治理观就难能真正理解《论语》“仁学”思想的主旨，因而也就不能把握孔子“仁学”的原典精神。

罗国杰的伦理思想研究科学范式述论*

罗国杰先生作为新中国伦理学事业的重要奠基人和马克思主义伦理学的集大成者，留下了丰富的精神财富，其中值得关注的是已经形成的科学范式。

范式，是美国当代学者托马斯·库恩发现并在其《科学革命的结构》中阐发的，属于科学哲学和科学史范畴。在库恩看来，每一门学科在其建设和发展的过程中都会形成独特的结构模型，这就是科学范式。范式的结构包括科学共同体及其共同拥有的科学背景、理论框架、研究方法和话语体系等要素。科学范式理论在历史与逻辑相统一的视阈里揭示了学科建设和发展的普遍规律，21世纪初被介绍到中国以来产生了积极的影响。借用托马斯·库恩的范式理论，从整体上梳理和阐发罗国杰伦理思想的基本特点，有助于促进中国伦理学的建设与发展。

一、积极推动伦理学科学共同体建设

在范式理论的视阈里，科学共同体指的是追求共同的科学目标、认同和遵守同一科学规范的学科建设者群体。它是科学范式的主体结构和核心要素，在根本上决定着一门学科或科学建设和发展的水平。从罗国杰投身

* 原载《道德与文明》2016年第3期，收录此处时标题有改动。

中国伦理学事业的全部经历来看，积极推动伦理学科学共同体建设是其开展伦理思想研究之科学范式的一大特色。

其一，高度重视伦理学教学和科研机构建设，积极推动伦理学专业人才队伍建设。1960年2月，中国人民大学成立了伦理学教研室，以罗国杰、许启贤、郑文林、李光耀等前辈为核心力量的团队开启了中国伦理学科学共同体建设和专业人才培养的工程。中国人民大学后来相继成立了伦理学研究所和道德科学研究院，2000年在原有基础上成立了全国高校人文社会科学重点研究基地——中国人民大学伦理学与道德建设研究中心。该中心与后来成立的湖南师范大学道德文化研究院成为全国推进伦理学科学共同体建设和人才培养的示范基地。

这期间，由罗国杰主导的中国人民大学伦理学学士、硕士、博士学位授权点也先后建立，通过全日制和脱产进修等多种渠道培育和训练了一批批全国急需的伦理学人才，扩充着伦理学科学共同体队伍。据不完全统计，目前全国高校和科研机构的伦理学硕士点已逾80个，38个哲学一级学科博士点多设有伦理学二级学科博士学位授权点。这种喜人的局面和发展态势让全国伦理学人在钦佩中国人民大学领导管理层之决策智慧的同时，自然而然会忆记着罗先生为伦理学科学共同体建设作出的积极贡献。

其二，精心谋划和成立伦理学研究的学术团体，组织开展伦理学专题研讨活动，促使全国伦理学科学共同体建设形成规范化的体制和制度。1980年6月中国伦理学会在无锡成立，由此而促使各省市伦理学会相继成立。三十多年来，全国伦理学会围绕“改革与道德”的时代主题定期举行全国伦理学专题研讨会，如1985年在华南师范大学举行“经济体制改革与道德进步讨论会”，1998年在东南大学举办“经济伦理与跨世纪发展国际学术研讨会”等。伦理学与道德建设研究中心成立后承接了这种传统，实行每年一次与地方高校合作举办全国性伦理学研讨会的制度，如2008年与东北林业大学联合举办“全国德性伦理学术研讨会”，2009年与安徽师范大学合作举办“回顾与展望：新中国成立六十年来伦理学研究与道德建设学术研讨会”，2015年与南昌工程学院合作举办“社会治理中的‘法治与德治’研讨会”等。这类专题研讨会一个特别重要的意义就是凝聚伦理学人才，促进伦理学科学共同体的发展壮大。伦理学界很多人才实际上就是借助这类学术盛会的强大推动力成长起来的，他们中的一些人已经成长为当今中国伦理学建设和发展的骨干力量。

其三，积极推动伦理学科学共同体的价值认同，坚定地主张伦理学建设和发展要为社会主义现代化建设事业服务。科学范式作为科学学范畴特别强调科学对于社会发展进步的功能，主张“用批判的眼光对科学在社会中的功能进行审查”[①]。“科学学是把科学技术的研究作为人类社会活动来研究的”（钱学森语），其使命在于“研究当代科学技术对社会经济、政治、文化、思想所发生的作用，研究它对世界历史发展的意义”[②]（于光远语）。他们在这里所说的科学都是托马斯·库恩发现并在《科学革命的结构》中说的“常规科学”或“成熟科学”，即自然科学。不言而喻，既然对自然科学尚需“审查”其社会功能，那么对包括伦理学在内的人文社会科学就更应当重视其对社会发展进步的“批判”功能。在这方面，罗国杰的作为堪称中国伦理学人的楷模。纵观他的伦理学著述可以清楚地看出其开展伦理思想研究都是基于一种立场，为了一个目的：为中国特色社会主义思想道德和精神文明建设服务。

中国伦理学在20世纪80年代初被涌动着的改革开放大潮唤醒之后，围绕“改革与道德”的时代主题表现出关怀和指导现实生活的固有情怀和气魄。进入20世纪90年代后，当社会生产和公共生活领域内的道德问题随着市场经济快速发展而出现越发突出的态势时，一些当初奋发作为的伦理学人反而渐渐失语，在目标认同上淡出了伦理学科学共同体。针对这种情况，罗国杰在中国伦理学会成立十周年的纪念讲话中指出：“我们的伦理学事业绝不可能成为单纯的书斋学问，而是必然会涉及社会生活的各个方面”，伦理学工作者要“更好地团结起来，振奋起来，在伦理道德问题

① ［英］J．D．贝尔纳：《科学的社会功能》，陈体芳译，桂林：广西师范大学出版社2003年版，第8页。

② 陈士俊：《科学学：对象解析、学科属性与研究方法——关于科学学若干基本问题的思考》，《科学学与科学技术管理》2010年第5期。

上，为保证我国的社会主义价值目标贡献自己的力量”[①]。2000年出版的两卷本《罗国杰文集》不乏思想深邃的佳作，如今读起来仍然让人能够强烈地感悟到“改革与道德”的时代主题。这应是中国伦理学科学共同体共同持有的科研价值观。

二、自觉运用历史唯物主义方法论原则

托马斯·库恩在《科学革命的结构》中特别说到人文社会科学与自然科学在研究方法上存在着“明显的差异”，让他感到十分“震惊”[②]。伦理学是以伦理与道德及其相互关系为对象的一门人文社会科学，其研究方法应是历史唯物主义的道德观。

历史唯物主义道德观的形成历经了从基于“道德评价优先视角”的纯粹道德批判向道德与经济批判相统一的转变。这种转变的经典标志是恩格斯的《反杜林论》。该著之道德论部分用“道德和法，永恒真理”“道德和法，平等”“道德和法，自由与必然”三个篇幅，将一切道德现象归根于一定社会生产和交换的经济关系，视社会道德要求为历史的民族的范畴，并提出区分伦理与道德的学理逻辑话题。罗国杰从事伦理思想研究，一直自觉坚持历史唯物主义方法论的这些原则。

首先，他高度重视历史唯物主义方法论原则在中国伦理学研究中的指导地位。他在《我从事伦理学教学工作的回顾》中说：在中国人民大学1960年成立伦理学教研室之后，他与同仁做的第一件事情就是整理编辑了马克思主义经典作家关于道德问题的论述，“这一工作，使我们掌握了用马克思主义的立场、观点和方法来观察社会伦理道德现象，对我们以后的教学和研究，都有重要的指导意义”[③]。他在两卷本《罗国杰文集》自序中说：文集的基本内容，“既属于伦理学的基本理论，也是我力求根据马

① 罗国杰:《十年来伦理学的回顾与展望》,《道德与文明》1991年第1期。

② [美]托马斯·库恩:《科学革命的结构》,金吾伦、胡新和译,北京:北京大学出版社2003年版,第4页。

③ 罗国杰:《罗国杰文集》下卷,保定:河北大学出版社2000年版,第1254页。

克思主义的立场、观点和方法并结合我国社会主义市场经济条件下的新情况、新问题和新矛盾，努力探索而形成的一系列的看法和观点”[①]。他在主编的我国第一本《马克思主义伦理学》中明确指出，道德“不仅受一定的经济关系所决定，在阶级社会中还为一定阶级的政治、法律制度所制约，并同意识形态的各个部分有着密切的联系”[②]。因此，必须基于一定社会的经济关系来揭示道德的本质特性及其发展进步的规律和轨迹。他在主编的《中国传统道德·德行卷》的序言中又说：“毋庸置疑，道德乃是受一定经济关系制约的社会意识形态，在不同的历史时期，具有不同的社会内容和阶级属性。中国传统道德也概莫能外。”[③]

其次，他致力于推进马克思主义伦理思想中国化、时代化和大众化。恩格斯在《反杜林论》中批评杜林鼓吹“道德世界也有凌驾于历史和民族差别之上的不变的原则”时指出，“善恶观念从一个民族到另一个民族、从一个时代到另一个时代变更得这样厉害，以致它们常常是互相直接矛盾的”，虽然它们由于“有共同的历史背景”而“必然有许多共同之处”[④]。就是说，道德既是历史范畴，也是国情范畴。据此而论，不同历史时代有不同的道德，不同国家和民族也有不同的道德，它们之间又存在相通之处；对中国自孔孟儒学以来和西方自亚里士多德以来所言说的道德，都应作如是观。也正因如此，道德的生态条件历来具有时代的国别的特征，在其发展进步的历史过程中，总是要经历国别化、民族化和大众化的过程。越是经过这种洗礼的道德就越具有全人类意义，反之，越是具有全人类意义的道德必定越是经过了国别化、民族化和大众化的凝聚与沉积，具有一定国家和民族的特质。

罗国杰主编的《马克思主义伦理学》是力图推动马克思主义伦理思想中国化、时代化和大众化的最早的代表作。该著基于当代中国特色社会主义的道德国情，以辩证唯物主义和历史唯物主义为指导，从社会经济基础

① 罗国杰:《罗国杰文集》上卷,保定:河北大学出版社2000年版,自序第5页。

② 罗国杰:《马克思主义伦理学》,北京:人民出版社1982年版,第20页。

③ 罗国杰:《中国传统道德·德行卷》,北京:中国人民大学出版社2012年版,第2页。

④《马克思恩格斯文集》第9卷,北京:人民出版社2009年版,第99、98、99页。

出发考察社会道德现象，科学地揭示道德的起源、本质、结构、功能和发展变化规律，紧密联系中国道德文化历史和社会主义道德现实，论证共产主义道德的原则和规范，阐明社会主义道德建设的基本途径，同时主张当代中国伦理学人应当正确看待历史上的道德，正确认识共产主义道德与劳动人民、剥削阶级道德的关系。此后，唐凯麟主编的《简明马克思主义伦理学》等著述也都体现了马克思主义中国化、时代化和大众化的特点。在中国新的历史条件下，它们都具有指导如何运用历史唯物主义开展中国道德问题研究的方法论意义。

再次，他主张对中华民族传统道德要实行批判性的继承。道德作为历史范畴，其可继承的特性要求每个时代的人们对传统道德必须实行批判继承，在社会处于变革时期尤其是这样。罗国杰在其主编的《中国传统道德·德行卷》的序言中明确指出："道德是随着社会的发展而发展的。每一个时代的道德，包括那些被历史上称之为道德楷模们的道德思想和道德实践，都不可避免地有其时代的局限性；在阶级社会中，还有阶级性。因此，在封建社会中传诵的德行，都或多或少地会有封建糟粕，必须予以剔除、批判。"[①]批判的目的在于彰显和继承优良传统道德内含的民族化、大众化的中国精神，培育社会主义一代新人。从其学术人生的经历看，他是这样说的，也是这样做的。

最后，他主张伦理思想研究要理论联系实际、实事求是，倡导讲真话实话的科研作风。罗国杰认为，在中国，伦理学的研究决不能只限于探讨古人的伦理思想，满足于解释抽象的概念，而必须注重研究社会主义公民和社会主义建设中的实际问题。纵观罗国杰数百万字的著述，我们能够强烈地感受到他的这种治学态度和作风。正因如此，报刊和媒体乐于向他"逼索"文稿，其文章也因此而一度呈现"井喷"之势，引发学界一些人的闲言碎语。为此，他在《罗国杰文集》的自序中用近乎"申辩"的口吻说道：那些"奉命"而写的"文章的观点和内容都是自己真实的认识，是自己的实实在在的个人观点，并没有任何半点的做作"；随着时间的变迁，

① 罗国杰:《中国传统道德·德行卷》,北京:中国人民大学出版社2012年版,第3页。

自己过去一些观点和认识“肯定包含着许多错误和不准确的地方”[①]，诚恳欢迎学界同仁批评。罗先生如是说，不仅表明了他一贯待人谦和、低调和务实的优良品德，也是在倡导伦理学研究者应当持有的历史主义态度。

三、恪守合乎中国道德国情的话语体系

话语体系作为科学范式的一个结构要素，要求科学研究在语言表达方面要遵循“一家人不说两家话”的原则，它是特定学科的“行话”，也是践履学科属性和使命必须遵循的法则。罗国杰伦理思想的话语体系，其基本特点是恪守中国道德国情。这主要体现在三个方面。

一是为展现伦理学的学科属性和使命而区分道德哲学与伦理学之语言学的界限。罗国杰在《中国伦理思想史》的绪论中说：“学习和研究中国伦理思想史，还要特别注意它同中国哲学史的区别和联系。哲学史是人们对于整个客观世界和人类思维运动的最一般规律的认识的历史”，“伦理思想史是人类对于自身的道德关系和社会道德现象的认识的历史，它有自己的特殊性。”两者的“对象不同、重点不同、结论有时也不同”，比如，“陆王心学非常强调‘心’的重要作用”[②]。从哲学的本体论和认识论来看，这是典型的唯心论的学说主张，而从伦理思想的道德学说主张来看，却是具有重要的理论意义和实践价值的，因为它与“良心”这个重要的道德范畴相关联，离开“良心”这种道德条件的心理基础，就无任何道德可言。在当代中国伦理学界，用如此清晰的话语区分道德哲学与伦理学的界限，实属罕见。做这种学理区分的意义在于维护了伦理学的学科属性和使命。道德哲学以道德形而上学问题为对象，围绕“是”与“真”构建话语体系，故而历来排斥世俗生活的道德经验。

伦理学以伦理与道德及其相互关系的“世俗问题”为对象，围绕“应当”和“本当”建构话语体系，不论是文本语言还是日常用语都注重“做

① 罗国杰:《罗国杰文集》上卷,保定:河北大学出版社2000年版,第9—10页。

② 罗国杰:《中国伦理思想史》上卷,北京:中国人民大学出版社2008年版,第3页。

人”的知识和经验。在社会变革年代，道德哲学或许有理由忙于自己的语言分析而无视社会关切的目光，伦理学则唯有正视这种目光才能展现自己的学科属性和存在价值。

罗国杰将伦理学与道德哲学作学理区分的话语并不多，作这种学理区分的自觉意识却颇具启发意义。近十年来，中国伦理学界有些人力图要将道德与伦理、道德哲学与伦理学的学理分界公开化，发表了一些带有某种颠覆性质的学理见解，试图推动伦理学实行学理变革。这些呼唤能否最终受到学界的普遍关注和认同，尚需拭目以待。

二是为维护中国伦理学的学科属性和当代使命而展现道德语言的国情特色和民族性格。道德语言是伦理学的“语文”。语文作为基础教育阶段学生必修的综合知识课目，形式是语言文字，实质内涵则多是伦理与道德价值观。有人曾针对前些年高校自主招生不考语文的怪现象指出：“语文本质上是一个民族长期生存和发展的精神文化，又是一个民族继续生存和发展的文化之根”，学生习得语文知识的同时也就接受了伦理与道德教育，如同英语教学中“受教育者在掌握英语‘工具’的同时也就在潜移默化中接受了英语所包含的精神和文化价值观”一样，因此，削弱和淡化语文教学的“根本的危害在于将会动摇中华民族精神的文化之根”[①]。伦理思想的研究若是无视其反映国情特色和民族性格的“语文”，势必就会将道德语言抽象为“普世符号”。

罗国杰研究伦理思想使用的道德语言，中国伦理语文特色十分鲜明。这可以从《中国传统道德》收集和解说的钻木取火、羿射九日、精卫填海、女娲补天、愚公移山、精忠报国等数百则道德故事中看得很清楚，它们让人备感中国伦理语文的亲切。同时，他又特别重视使用适应当代中国社会道德建设和发展进步的伦理语文，如“公民道德”“社会主义精神文明”“共产主义道德”“社会主义道德建设”等。与此同时，罗国杰还有鉴别地学习外国伦理思想的道德语言。他曾举例说：日本思想家福泽谕吉认为，“西方的文明是进步的，但还是有很多缺点的，日本人在学习西方文

① 钱广荣：《语文的本质内涵》，《学语文》2010年第3期。

明的同时，要有自己的精神文明。他特别强调道德智慧的重要意义，认为一国文明程度的高低，可以用人民的道德智慧的水准来衡量”[①]。中国历史推崇道德智慧的美德故事并不鲜见，但是道德智慧却一直没有作为道德语言被摄入伦理学的话语体系。不能不说，这是中国伦理学研究的一个缺憾。

三是为推进伦理思想研究的科学范式转换而拓展伦理学之道德语言的应用范围。范式转换是托马斯·库恩范式理论的重要组成部分，故他用“科学革命的结构”作为他阐述范式理论著述的书名。当代中国社会变革和发展所引发的伦理道德观的深刻变化，要求伦理学建设和发展必须持开放的姿态，关怀青少年的健康成长，实行科学范式的转换，拓展自己话语的适用范围，在这个问题上，罗国杰先生无愧为一名先觉先行者。他早在20世纪80年代初，就基于伦理学的话语体系与思想政治教育话语之间存在的内在逻辑关系，深切地关注道德语言与青年世界观、人生观和道德观的内在逻辑关系，主张要在高等学校开设马克思主义伦理学课程，并就此郑重地向有关主管部门呈递了建议，希望高等学校开设伦理学课程，以此培养大学生优良的道德品质。他在应邀出席中国青少年研究所举办的“大学生思想政治教育科学研究规划会议”并作“伦理学与思想政治教育可行的关系”专题报告时，还基于西方国家道德文化建设战略的视野，分析和论证了我国将伦理学引进高校思想政治教育领域的必要性和可行性[②]。也正因如此，罗国杰先生作为伦理学界的代表成为党和国家思想政治教育主管部门重大决策的参与者，并主持《思想道德修养与法律基础》教材的编写。

罗国杰的这种学术思想和经历，实际上把一个不容回避的客观事实摆到了我们的面前：全国各级各类学校，特别是高等学校专兼职从事道德和思想政治教育的教师难计其数，他们的履责一刻也不能离开伦理学相关理论和知识的话语传播；中国共产党领导中国革命和建设以来一直视思想政

① 罗国杰:《罗国杰文集》上卷,保定:河北大学出版社2000年版,第144页。

② 罗国杰:《伦理学与思想政治教育的关系》,《青年研究》1982年第3期。

治教育为一切工作的“生命线”和“中心环节”，而思想政治教育的内容体系无不关涉伦理学的理论和知识。面对这种情势，中国伦理学的建设和发展是有必要从罗国杰从事伦理思想研究的科学范式中获得启发的。

改革开放以来“道德矛盾”研究述论*

党的十九大报告明确指出我国已经进入中国特色社会主义新时代，在阐述“坚定文化自信，推动社会主义文化繁荣兴盛”的总体布局中作出“加强思想道德建设”的重大工作部署，要求“广泛开展理想信念教育，深化中国特色社会主义和中国梦宣传教育，弘扬民族精神和时代精神，加强爱国主义、集体主义、社会主义教育，引导人们树立正确的历史观、民族观、国家观、文化观。深入实施公民道德建设工程，推进社会公德、职业道德、家庭美德、个人品德建设，激励人们向上向善、孝老爱亲，忠于祖国、忠于人民。”在这种形势下，梳理和总结改革开放新时期“道德矛盾”研究的基本情况，对于学习贯彻党的十九大精神，认知和应对新时代的道德矛盾问题，加强思想道德建设，无疑是十分必要的。

改革开放以来，道德矛盾一直是伦理学等相关学界的热门话题，然而直接用“道德矛盾”话语表达意见的著述却并不多见。究其原因，与人们未能充分注意分辨“道德矛盾”“道德冲突”“道德两难”“道德悖论”“道德困惑”“道德模糊”“道德风险”等不同概念之间的学理差别，是直接相关的。

* 原载《齐鲁学刊》2018年第1期。基金项目：国家社会科学基金重点项目“当前道德领域突出问题及应对研究”（批准号：13AZX020），国家社会科学基金一般项目“伦理共识研究”（批准号：17BZX095）。

在中国知网的期刊资源库中，用主题词检索1980年至2017年7月份关涉当代中国社会的道德矛盾问题的研究论文，“道德矛盾”104篇、“道德冲突”669篇、“道德悖论”328篇、“道德困惑”1018篇、“道德风险”9323篇，总数逾11442篇（篇名中含“道德矛盾”的有10篇，含“道德冲突”的有139篇，含“道德悖论”的有99篇，含“道德困惑”的有66篇，含“道德风险”的有2204篇）；另有“道德悖论”专著2部。由此大体可以看出，学界关注当代中国社会道德矛盾的学术方向及话语并不一致，这或许是正常现象，却不利于关涉道德矛盾问题的学术对话，也妨碍当代中国人对社会道德矛盾问题的认知程度。因此，有必要对“道德矛盾”的概念、类型及聚焦于“道德矛盾”而形成的话语体系进行辨析。

一、“道德矛盾”的类型

所谓道德矛盾，本不是什么艰深的学术话语，人们的通常理解是就善与恶及其与此相关的真与假、美与丑的对立和冲突而言的，将此解读为当代中国社会道德矛盾所指应是社会改革和发展进程中出现的善与恶的对立与对抗。学界反映这种“道德矛盾”的话语，总体上有三种不同类型。

第一种类型，是社会道德生活中客观存在的善与恶对立与对抗的实际状态，与此相应的典型话语便是所谓“道德冲突”。目前，研究“道德冲突”的文论有两个共同特点：一是多立足于社会显现的道德矛盾，将“冲突”渲染得十分引人注目。二是多自说自话，避开正面界说“什么是道德冲突”的学理话题。从研究“道德冲突”所涉论域和话语内涵来看，我们大体上又可以将“道德冲突”的语义分为三种不同类型。

其一，传统的优良道德与腐朽道德在现实社会生活中的冲突。传统的腐朽道德在冲突中的主要表现，就是中共十八大报告指出的“道德领域突出问题”。就性状而论，传统的优良道德与腐朽道德在现实社会生活中表现的冲突是善与恶的较量，演绎的是有史以来道德发展进步的一种轨迹，并不特别具有所谓“现代性”或“当代性”的时态特征，也并不特别显现中国道德国情和民族性格的色彩，世界各国各民族每逢社会变革时期都曾上演过这样的道德冲突。这种“道德冲突”作为当代道德矛盾的一种类型表现，最易使人们产生“今不如昔”的心灵震荡和迷茫，甚至质疑社会变革的真理性、正当性和道义性，这是生发各种不良社会情绪的心理之源。

其二，新旧“伦理观念”的道德冲突。其实质内涵是自发产生于小农经济基础之上的“各人自扫门前雪，休管他人瓦上霜”的“旧伦理观念”，与自发产生于市场经济基础之上的渴求扩张和“利益最大化”的“新伦理观念”的道德矛盾。如果用亚里士多德的必然观来看，这是一种相伴经济体制改革会“自然而然”出现的必然性矛盾①。20世纪末和21世纪初，思想领域一度关涉当代中国社会道德状况是“爬坡”还是“滑坡”的争论，是这种道德冲突的认知和情绪表现。值得注意的是，这种“道德矛盾”在“新伦理观念”尚未经由上层建筑的理论加工而上升到观念的道德意识形态、并成为社会道德生活的主导力量之前，多以社会变革大潮中暗流和漩涡而存在，不易被人们察觉，也不易被作为一个学术话题摄入理论思维的视野，因此也最易演化为“道德风险”的负能量。

其三，客观存在的道德冲突的理论反映形式。它可能是现实道德冲突的真实反映，是人们理性思考当代道德矛盾的精神食粮，也可能是经由刻意“炒作”而被扭曲或夸大了的道德冲突影像，在社会道德认知领域起着渲染当代中国社会道德矛盾的舆情作用。当下许多人对当代道德冲突的认知，实际上受到这种理论笔触描绘的“道德冲突”的深度影响，强化了人们的“道德风险”感。

第二种类型，是主观感受的道德矛盾，主要表现为“道德困惑”“道德两难”和“道德模糊”等。有的研究者称这类道德矛盾为“道德矛盾心理”，但只是在一般个体心理学的意义上将其成因归于“理智与意志”“情感与理智”“情感与意志”不一致或失衡②，这种归因因似是而非而失之于

①亚里士多德认为："必然性有两种：一种出于事物的自然或自然的倾向；一种是与事物自然倾向相反的强制力量。因而，一块石头向上或向下运动都是出于必然，但不是出于同一种必然。"([古希腊]亚里士多德：《工具论》，余纪元等译，北京：中国人民大学出版社2003年版，第328页)

② 朱林：《道德矛盾心理与心灵和谐》，《江西社会科学》2011年第10期。

确切，并未抓住“道德矛盾心理”的本质。实际上，由主观感受的“道德困惑”“道德两难”和“道德模糊”的所谓“道德矛盾心理”，并不是一般心理要素的结构性失衡，本质上是人们对社会客观存在的“道德矛盾”在心理上的一种折射和反映。如果说心理学意义上的“理智与意志”“情感与理智”“情感与意志”的失衡是心理活动的内在矛盾的话，那么“道德困惑”“道德两难”和“道德模糊”之主观感受的道德矛盾，则是客观存在的社会“道德矛盾”“植入”人的心理后所映射出的矛盾心态。它由于受到道德评价主体理性认知能力缺陷的制约，而使得不少人尤其是年轻一代产生了“道德困惑”“道德两难”和“道德模糊”等“道德矛盾心理”。从一些实证研究和质性研究来看，时下青少年群体中存在的许多所谓思想道德问题其实多属于主观感受的“道德困惑”“道德两难”和“道德模糊”的“道德矛盾心理”。

正因如此，研究“道德困惑”“道德两难”和“道德模糊”之“道德矛盾心理”的论文，多出自从事道德教育和思想政治实务工作者之手。他们提出应对“道德矛盾心理”的策略和主张多是“心理咨询”，并不关涉道德教育和道德学习，致使伦理之“理”与心理之“理”脱节。这也正是如今各级各类高校大兴“心理咨询”业务，却忽视培育道德之“实践理性”的一个基本原因。这表明，在区分心理与伦理之学理边界的前提下，把握主观感受的“道德困惑”“道德两难”和“道德模糊”之类的道德矛盾，构建伦理与心理的实践逻辑关系，显得特别重要。

第三种类型，即所谓“道德模糊”。它是理论思维基于人类道德发展进步的主观与客观、历史与现实的矛盾运动关系，立足于宏观视野而描述的“道德矛盾”，其常用描述语就是所谓“说不清道不明”。20世纪80年代关于社会改革和发展是否需要道德付出“代价”、90年代关于道德现状是“爬坡”还是“滑坡”的争论，都是表达这类“道德矛盾”的典型话语形式。这种“道德矛盾”给人一种举目皆是“在者”的印象却又难得“举例说明”、整体呈现“无”的“道德模糊”感觉困惑。认知和把握这种道德矛盾，需要基于海德格尔提出的“为什么在者在而无反倒不在”的形而上学命题[1]，从进步与退步乃至堕落两个方面客观公正地看待社会变革时期发生的复杂的道德矛盾。还有一种“道德模糊”多表现在政治伦理领域，如平等与特权、公正与偏私，其矛盾特性表面看来似乎“显而易见”，然而只要细究一下就会发现它们同样“说不清道不明”。社会对这类“道德模糊”的“道德矛盾”应给予特别的关注，因为它在“人心所向”的意义上维系着社会的安宁和中华民族的前途与命运。

总的来看，当代这个社会的道德矛盾是错综复杂的，用特定的“道德矛盾”话语进行分类是必要的，但也只能作相对的区分。试图用具体清晰的话语样态给予说明，甚至热衷于用形似清晰的百分比数据加以证明，其实都不是明智的选择。结果，可能反而会越说越“模糊”，将各种不同类型的道德矛盾相提并论，或混为一谈。

我们生活在一个“碎片”的时代。道德哲学和伦理学把握当代道德矛盾的“碎片”，不能像墨菲那样在给“碎片”分类“称重量”中求证尚未发现的“定律”。重要的还是应当“模糊”地把握“碎片”的整体，坚持运用唯物史观的方法论原则厘分和统摄“碎片”，提出“实践理性”的普遍原则。

二、道德悖论作为一种“道德矛盾”

辨析当代中国社会的“道德矛盾”，不能不特别说到道德悖论现象的矛盾问题，因为道德悖论是一种普遍存在又十分特殊的社会道德矛盾。

道德悖论这一概念，最早是一位业外人士基于“道德难题”提出来的。他认为，“道德悖论”是长期困扰人们的“道德难题最极端、最典型的形式”，“对道德悖论的分析或许可以为破译道德难题之谜打开一个缺

---

① 20世纪存在主义哲学创始人马丁·海德格尔认为，“一部形而上学史乃是存在的遗忘史”，因为以往的形而上学家们只关注具体的“在者”而忽视整体的“全体在者”。为此，他在《形而上学导论》(中译本熊伟、王庆节译，商务印书馆1996年版)中围绕“为什么在者在而无反倒不在”这个“形而上学基本问题”，对整体之“无”进行了“在的澄明”，表达了他独特的形而上学观。

口”[①]。作为一个具有原创性质的学术话题，道德悖论现象正式起步于21世纪初，目前仍处在被发现的初级阶段，这与中国人传统的伦理思维定势有关。中国人一贯视“悖”或“悖论”为贬义词，以为说话做事凡是沾上“悖”就是违反常理的错误或“悖谬”[②]。这种传统的“臆念逻辑”，造成认知道德悖论的“习惯性语言障碍”，致使一些人不能从学理上将道德悖论与其他“道德矛盾”区分开来。

尽管如此，道德悖论研究却已成为一个独特的领域，其理论意义和实践价值是毋庸置疑的。有的学者认为：研究道德悖论“不仅对道德哲学和逻辑哲学具有重大的理论意义，而且对我国社会的道德建设具有重大的实践价值”[③]。

当代中国社会很多令人感到“困惑”和“模糊”的“道德冲突”“道德冷漠”等“道德矛盾”，其实就是道德悖论或与道德悖论相似的道德矛盾。但是，对于究竟应当如何界说道德悖论的基本内涵乃至给它下一个定义，目前尚是一个需要继续探讨的问题。或许正因如此，有人断言“根本不存在所谓的‘道德悖论’问题”，“‘道德悖论’是一个虚假命题”[④]。还有人基于逻辑悖论的建构原理对道德悖论进行了“甄别”，主张慎用“道德悖论”[⑤]。在另一些人的“潜意识”和话语表达中，则将道德悖论视作人们常说的道德冲突，如有学者借用德国学者萨尔迈尔（S. Sellmaier）的“道德悖论出现在同一种伦理理论中”的断语，认定道德悖论就是道德冲突[⑥]。在笔者看来，道德悖论确是一种道德冲突，但不是上文述及的新旧道德的冲突，也不是人们日常用语言及的对于某种道德选择不知所措、左右为难的所谓“道德冲突”。

---

① 祁述宏：《析道德难题》，《道德与文明》1993年第2期。

② 路丽梅等主编：《新编汉语辞海》上卷，北京：光明日报出版社2012年版，第54页。

③ 孙显元：《“道德悖论”研究的现状及走向》，《安徽师范大学学报》（人文社会科学版）2009年第6期。

④ 周德海：《“道德悖论”质疑——与钱广荣先生商榷》，《中共南京市委党校学报》2010年第4期。

⑤ 刘叶涛：《论“道德悖论”作为一种悖论》，《安徽师范大学学报》（人文社会科学版）2008年第3期。

⑥ 甘绍平：《道德冲突与伦理应用》，《哲学研究》2012年第6期。

道德悖论属于社会和人的道德实践范畴。在唯物史观视野下，“全部社会生活在本质上是实践的”[①]，道德作为一种社会生活本质上无疑也是实践的。界说道德悖论的内涵，应坚持“实践第一”的理论立场。被称为道德悖论的那些道德矛盾现象，存在两个悖性要素：一是人的道德选择和价值实现因智慧和能力未及客观要求而出现善恶结果之“自相矛盾”的价值冲突事实，二是关于这种“自相矛盾”之价值冲突事实的道德评价因人们的价值标准和方式的不同而出现“见仁见智”的意见分歧事实。所谓道德悖论，就是由“价值冲突事实”与“见仁见智事实”构成的双重矛盾统一体[②]。

就是说，道德悖论既不是孤立的客观存在的道德矛盾，也不是纯粹主观感受的道德矛盾，而是两种基本的悖性元素在道德实践中碰撞而成的特殊的道德矛盾。以见义勇为和乐于助人为例，看见一位老人倒在马路边，不问情由就搀扶起来，可能会出现三种结果：解人之难——做了善事、“熊的服务”——将脑溢血者送上不归路、遇上“碰瓷”的缺德鬼——让自己成为“肇事者”。后两种情况就可能会让见义勇为者陷入“左不是右不是”和“公说公有理婆说婆有理”之“道德尴尬”的困境，这就是道德悖论。在必须传承传统美德的变革年代，深度理解此类道德悖论还会“自然而然”地把一些隐性的道德矛盾问题揭示出来：对见“不义”而“勇为”的行为当如何评价？彰显“救人”这种普遍道德原则时，是否可以视“舍己”是天经地义的？“助人”如果不能给“助人”者带来伦理乐趣，助人为乐会有多大的现实生命力？如此推演开来的话题就是：为了社会和人的进步，不愿“讲道德”是不行的，如此“讲道德”也是不行的，那么究竟应当怎样“讲道德”？由此演绎下去，道德悖论研究难道不会有利于推动道德理论和实践的创新吗？

在社会变革时期，由于人们“伦理观念”和道德标准处在对决、变化和更新之中，道德悖论必然会因此作为一种普遍的社会道德矛盾而获得话

---

①《马克思恩格斯文集》第1卷，北京：人民出版社2009年版，第501页。

② 参见钱广荣：《道德悖论现象研究》，芜湖：安徽师范大学出版社2013年版，有关章节。

语权。它作为一种“道德矛盾”话语，把当代道德矛盾所关涉的主观与客观、动机与效果、个体与社会、历史与现实等各种内在对立和对抗关系及其隐含的“悖性”概要而又鲜活地揭示了出来。本来，道德理论和实践创新的旨趣就在于：透过道德实践现象看道德实践本质，还其庐山真面目。

由此可见，道德悖论研究不是要夸大和渲染当代社会道德矛盾，或制造“道德矛盾”新概念，而是要坚持问题导向，尊重特殊道德矛盾存在的客观事实，将道德悖论从复杂的社会道德矛盾及“道德矛盾”话语中分离出来，在认知和把握道德矛盾以推动道德发展进步的过程中，力求实现合规律性与合目的性统一的道德实践原则，倡导要把“讲道德”“讲什么道德”和“怎样讲道德”合乎逻辑地统一起来的道德实践智慧。

目前，道德悖论研究大体正朝两个方向和领域拓展和深入。一种是运用现代逻辑的分析方法，在“形式哲学”的手术台上将道德悖论解构、分析得很精细，因而有助于人们理解道德悖论作为现实社会的一种特殊道德矛盾①。另一种是基于实践唯物主义的原则，向着实践哲学和道德实践的方向和领域拓展，试图依据道德实践自身存在的“不是逻辑的逻辑”或“无视逻辑的逻辑”②，揭示道德实践的自在规律及道德悖论的成因，探寻道德悖论“解悖”及其与人类社会道德发展进步的“自然历史过程”之间的实践逻辑关系，实行道德理论创新，并在这种过程中逐步创建道德实践智慧体系。

三、“道德矛盾”与“道德风险”问题

“道德风险”，是学界关注当代道德矛盾使用最多的话语，与此相关的话语还有“道德危机”。最早提出“道德风险”或“道德危机”的学术话题是在世纪之交，如今这两个概念已经成为道德生活世界家喻户晓的“道德矛盾”话语。然而，关涉究竟什么是“道德风险”或“道德危机”及其

① 王艳：《“悖理”“悖境”与“悖情：道德悖论的情境理论解读》，《江海学刊》2015年第1期。

② [法]皮埃尔·布迪厄：《实践感》，蒋梓骅译，南京：译林出版社2003年版，第133、143页。

成因的理解，人们的意见却莫衷一是甚至大相径庭。至今大体有三种不同意见。

一是认为“道德风险”就是“道德悖论”，其成因是现代化“疾病”。2009年出版的专著《道德的悖论》，开篇便发问：人类的一切都进步了，为什么唯有道德陷入了困境？为什么道德并没有和幸福相伴相生？人在道德实践中为什么表现出如此的复杂性和不可靠？[①]虽然，该著的“道德的悖论”与“道德悖论”并非同一含义的道德矛盾范畴，但它提出的这类问题在当时却是让人感到振聋发聩的。更早一些，有学者直截了当地指出：当代社会改革和现代化进程在赢得经济社会繁荣的同时必然会产生、呈现“反道德、非道德泛滥”之势的“道德危机”，此乃“现代化的悖论”，其“病根深植于几世纪以来现代化的实践模式与理念之中”[②]。这种将“道德危机”或“道德风险”与道德悖论混为一谈的意见，显然是对“道德风险”及其成因的一种误解。

二是认为“道德风险”就是由“物质贫困”衍生的“道德贫困”。有学者认为：“道德贫困”是“物质贫困”直接导致的，“是目前道德风险的重要表现形式之一”，因此贫困现象若得不到减轻和消除，就不可能消解“道德风险”[③]。这种观点其实是“仓廪实则知礼节，衣食足则知荣辱”的反串，既不合乎逻辑也不符合事实。诚然，当代中国社会“道德贫困”并不鲜见，但是“道德贫困”并不就是“道德缺失”，不愿“讲道德”不一定就是“不讲道德”，“物质贫困”也不一定必然导致“道德贫困”，现实生活中穷不丧志的人比比皆是。相反，“为富不仁”“为官不仁”者却大有人在。众所周知，他们所造成的“道德风险”不仅使老百姓产生了“仇官”“仇富”心理，而且直接威胁到党和国家的生死存亡。

三是认为“道德风险”的存在是源于社会道德要求不合时宜，或个体不能确切践履社会道德要求。代表性观点是：社会道德要求“滞后或超前

① 参见李湘云:《道德的悖论》,北京:九州出版社2009年版,第1页。

② 鲁洁:《道德危机:一个现代化的悖论》,《中国教育学刊》2001年第4期。

③ 龙静云:《论贫困的道德风险及其治理》,《哲学动态》2016年第4期。

的风险主要以道德约束性为理论前提，以道德强权、道德奴役、道德盲从等方式表现出来”，而“个体道德表达不确定的风险主要以道德主体性为理论前提，以道德怀疑、道德虚无、道德破坏等方式表现出来”[①]。这种观点所涉论的“道德风险”或“道德危机”，本是人类社会有史以来道德矛盾的常态，并不具有当代道德矛盾演化“风险”或“危机”的特质，将此作为“道德风险”来看待大可不必。

实际上，“道德风险”与“道德危机”并不是同一种含义的概念，两者与“道德悖论”的语义也不一样。“道德风险”作为当代社会的一种社会风险，是各种道德矛盾因对立与对抗而阻碍社会改革与发展进步所呈现的扬恶抑善的趋势；而“道德危机”指的则是普遍的道德“滑坡”或堕落。两者本身都并不是道德矛盾，而是当代各种道德矛盾演化、积聚而成的负能量，包括人们因为这种负能量所困而失去对于道德价值的信念和道德建设的信心、陷落“塔西佗陷阱”之后产生的道德悲观情绪。

毋庸讳言，弥漫在当代社会中的道德悲情，不会因强势的社会道德舆论和道德建设而消散，即使决策得法也不会在短时间内消散。这种情势恰恰是根本的“道德风险”或“道德危机”所在。它是内生的，不是外植的，逐步加以消解既是挑战也是机遇。消解的基本理路应是立足当代中国道德国情，围绕消解“道德风险”及其衍生的道德悲情，厉行道德理论和实践的创新。这无疑将会是一个长期的过程。

四、余论

检索2012年至今，近5年来以“道德冲突”为主题的研究论文有196篇，以“道德悖论”为主题的有118篇，以“道德困惑”为主题的有241篇，以“道德风险”为主题的有3102篇（若以篇名进行检索，含“道德冲突”的研究论文有41篇，含“道德悖论”的有31篇，含“道德困惑”的有13篇，含“道德风险”的有590篇），另有“道德悖论”专著1部。这

① 覃青必:《论道德风险及其规避思路》,《道德与文明》2013年第6期。

种学术动态表明，学界关注当代中国社会“道德矛盾”问题的热度未减，关注点的分布仍保持着1980年以来的总体态势。这与当代中国人关注“道德矛盾”问题的总体倾向大体是一致的。

当代中国人正为身临其境的那些“说不清道不明”的道德矛盾特别是道德悖论问题所困扰，感到未曾有过的“道德困惑”“道德两难”和“道德模糊”，担忧“道德风险”会致使曾经的“道德富国”沦为“道德贫国”，失却中华民族传承千年的优秀道德品质。基于此，深入研究当代中国社会“道德矛盾”问题，不仅是拓展和深化伦理学研究视阈的理性选择，也是合理调适社会心态的必要抉择。

自党的十八大作出“深入开展道德领域突出问题的专项教育和治理”重大工作部署以来，道德治理问题研究已成为一个新的热点，关注当代道德矛盾应与道德治理研究相向而行。

第二编　书评及其他

《教育伦理学的体系与案例》序*

中国的伦理学自20世纪80年代初复兴以来的发展，可谓日新月异。这不仅表现在伦理学相关领域的“元理论”问题的研究和叙述在不断深化，“三段式”的传统伦理学体系的内涵不断丰富，而且表现在分门别类的应用伦理学早已纷纷破土，发展势如破竹。有些应用伦理学学科，如经济伦理学、行政伦理学、法伦理学、科技伦理学、生态伦理学、生命伦理学、性伦理学等，已经发展成为影响着实际的道德和精神生活的“显学”。

教育伦理学是一门传统的应用伦理学学科，在我国有着源远流长、博大精深的思想史背景。以孔孟儒学为代表的中国传统伦理思想，从某种意义上说就是教育伦理思想，至少可以说其主干和精粹是教育伦理学或与伦理有关的教育思想。在20世纪80—90年代期间，教育伦理思想随着整个中国伦理学的复兴之后曾有过一段辉煌，出了一些较有影响的论著，然此后却相形见绌，渐渐落在了其他应用伦理学学科的后面。其中的原因，我以为有两条是主要的：其一，我国各级各类学校的改革步伐相对于社会改革的步伐而言显得有些滞后。30多年来，富含伦理意蕴的教育关系、教育活动、教育观念包括学校领导与管理的观念等都在发生变化，而关于适应和调整这些变化的教育伦理与教育道德的研究工作却没有跟上，甚至连跟进的意识也没有。其二，受社会上急功近利而轻视职业道德素养培育等不

* 李廷宪:《教育伦理学的体系与案例》,合肥:安徽人民出版社2009年版。

良思想倾向的影响，不少师范院校放松以至放弃了师范生的师德师风教育，使得教育伦理学的发展失去了“天然土壤”。而中国社会的改革和发展，特别是包括教育的改革和发展实际上非常需要振兴和发展教育伦理学。在这种情势下，李廷宪教授出版了他的著作《教育伦理学的体系与案例》，不能不说是一件值得庆贺和纪念的事情。

李廷宪教授的《教育伦理学的体系与案例》的可贵之处在于务实和创新。全书立足于当代中国教育的现实问题，从变化了的教育伦理关系和教育道德观念的实际出发研究问题，而不是拘泥于教育伦理的抽象概念与范畴，刻意追求所谓“体系”和“学问”。它的案例，颇具典型意义，又与体系匹配，相信读者读后有峰回路转、锦上添花之感慨。此种务实作风，与那种偏爱把简单的问题说复杂、把复杂的问题说得让同行也听不懂的学风相比较，我以为是值得称道和提倡的。

务实与创新本是学者所应必备的优良的思维品质，两者之间存在一种内在统一的逻辑关系，因此也可视其为一种优良的思维品质。面对当代中国社会改革与发展的现实，只要你不回避现实，不装腔作势，不无病呻吟，你就是务实的人，因而也就一定会有所创新、有所创建，这种最新鲜的人生经验早已为一些颇有成就的学者的人生经历所证明，也为李廷宪教授著述《教育伦理学体系与案例》的作为所证明。这本书的创新点很多，如关于教育伦理遵循的四大原则（以人为本、教育公正、和谐发展、民主协商），教育惩罚的伦理问题，教师专业人格，教育伦理共同体，等等。我把具体阅读和欣赏的机会留给读者，此处不赘。

据我所知，《教育伦理学的体系与案例》是李廷宪教授为师范生撰写的通识课教材，相信它会受到师范生的欢迎，也希望它在吸取师生意见的基础上不断走向完美。

《当代医患纠纷的伦理域界》序*

邱杰博士著的《当代医患纠纷的伦理域界》已经付梓。我有感于这部著作学术创新的唯物史观视野，欣然应承为之作序。

《当代医患纠纷的伦理域界》是一部应对当代中国社会改革与发展之客观要求的力作。在唯物史观视野里，我国实行改革开放，其实就是要激活生产力与生产关系、经济基础与上层建筑之间业已存在的基本矛盾，借助其运动的逻辑张力推动社会主义经济与政治等各项建设事业加速发展。实践证明，它为我国赢得了从未有过的快速发展和辉煌成就，同时也引发和激化了必须正视的诸多社会矛盾，包括令不少人心态失衡的“自我矛盾”，频发的医患纠纷就是一种突出反映。《当代医患纠纷的伦理域界》开篇便切中这一时弊，直截了当地指出当代中国医患纠纷已经成为一个不容忽视的“社会问题”，以及对此开展研究的必要性和重要意义：“医患关系是否和谐，事关千家万户的幸福安康，事关社会的稳定与和谐。”表明作者从事学术研究和创新的立足点和出发点是当代中国社会改革和发展的“自然历史过程”，具有强烈的社会问题意识和人民大众观念。

人民大众自古以来都需要和向往安宁和谐的社会生活环境，在自己当家作主的中国特色社会主义制度下人民大众更是如此。社会和谐是中国特色社会主义的本质属性，这一本质属性要求立足于改善民生，淡化和化解

* 邱杰：《当代医患纠纷的伦理域界》，合肥：安徽大学出版社2011年版。

影响社会和谐的诸多矛盾，建立多方面的和谐关系。实施这个战略任务，中国伦理学无疑承担着学术创新的社会责任和历史使命。中国伦理学自20世纪80年代初复兴以来所取得的学术创新成果，多适时反映了这一时代主题。然而，在众多的学术创新成果中，真正立足于构建社会主义和谐社会的客观要求，自觉运用历史唯物主义方法论原理分析问题、提出解决问题思路和策略的上乘之作并不多。

《当代医患纠纷的伦理域界》从医患关系的合伦理性出发，在分析其产生的历史文化原因的基础上，指出社会主义公平正义的缺失和现代公共理性的空场是出现这一“社会问题”的主要原因，并依据唯物史观方法论的基本原理提出解决医患纠纷的伦理思路和应对策略。所论合乎逻辑，令人信服。特别值得一提的是，作者提出和论述的公正和商谈原则，涉论道德权利与道德义务的统一，正当、适当与应当的统一等医患双方诸方面的伦理关系及其道德标准，合理地借用了“他山之石”，与时俱进地体现了中国特色社会主义的时代精神，不仅适用于防范和应对当代中国社会发生的医患纠纷，对中国新时期思想道德体系建设也不无深刻的学术意义和积极的实践价值。

马克思说：“历史从哪里开始，思想进程也应当从哪里开始，而思想进程的进一步发展不过是历史过程在抽象的、理论上前后一贯的形式上的反映……”[①]在唯物史观视野里，当代中国的学术研究与创新的理论成果，应当致力于在形上层面跟进当代中国社会改革与发展的历史进程。这样说，似乎有些刻板和理想化，但我以为，这是当代中国知识分子应为之奋斗的学术立场和学术方向。这样说，也并不是轻视借用“他山之石”，而是强调借用之目的全在于“为我所用”、借用之方法全在于“能为我用”。这是当代中国知识分子开展学术创新应具备的思维品质和道德情操。我观《当代医患纠纷的伦理域界》的可贵之处，正在这里。

当然，在唯物史观视野里开展学术创新，《当代医患纠纷的伦理域界》还只是一种尝试。其论域难免会存在一些学术空隙和瑕疵，如防范和应对

①《马克思恩格斯选集》第2卷，北京：人民出版社1995年版，第43页。

医患纠纷的伦理机制当如何建构和把握，尚显得有些简单和空洞，有待进一步深入和拓展。期待邱杰博士的《当代医患纠纷的伦理域界》能够再版，再版时能够继续坚持运用唯物史观的方法论原理，在学术创新方面跨越一步，使该著走向完善。

《大学生思想政治教育整体有效性问题研究》序*

《大学生思想政治教育整体有效性问题研究》，是闵永新同志在获得博士学位之后的第一部学术著作，在此付梓之际我谨表示诚挚的祝贺。

思想政治教育是中国共产党的优良传统和政治优势，大学生思想政治教育是我国高等教育培养目标的重要组成部分，体现我国高等教育的社会主义属性，其是否有效关涉一代代新人的健康成长，维系党和国家的前途与命运。因此，大学生思想政治教育的有效性问题一直受到党和国家主管部门的高度关注，也是思想政治教育研究一直关注的焦点话题。

闵永新博士的《大学生思想政治教育整体有效性问题研究》，在以往人们探讨大学生思想政治教育有效性问题已经取得成果的基础上，立足大学生思想政治教育的整体工程，运用唯物史观的方法论原理，对大学生思想政治教育有效性所涉及的诸多理论和实践问题进行了全面系统的分析和阐述，给人以整体把握的深刻印象，让人耳目一新。

马克思主义认为，世界是不同事物普遍联系的整体，某一特定的事物也是其内部各要素之间普遍联系的整体，事物内部各要素之间的关系是怎样的，事物的整体就是怎样的。恩格斯说："当我们通过思维来考察自然界或人类历史或我们自己的精神活动的时候，首先呈现在我们眼前的，是一幅由种种联系和相互作用无穷无尽地交织起来的画面"。又说：为了

* 闵永新:《大学生思想政治教育整体有效性问题研究》,北京:中国社会科学出版社2012年版。

“足以说明构成这幅总画面的各个细节”，“我们不得不把它们从自然的或历史的联系中抽出来”[①]。就是说，人们只是为了细致分析和把握事物某部分的个性，也是为了进而把握事物的整体，才“不得不”在许多情况下把事物某部分从整体关联中“抽出来”。然而，这样的认识规律却往往给人们一种错觉和误导：轻视以至忽视从整体上把握事物内在的本质联系，惯于就事论事。

这种缺陷，在思想政治教育有效性的研究中同样存在。

20世纪80年代初，中国改革开放和社会转型的序幕拉开后，由于受到国内外各种因素的影响和激发，人们特别是青年学生思想道德和政治观念发生着急剧的变化，传统的思想政治教育面临严重挑战，受到挑战的核心问题就是思想政治教育的“缺效性”以至“反效性”问题。思想政治教育作为一门科学、进而作为一种特殊专业和学科的当代话题由此而被提了出来。因此，在这种意义上完全可以说，推进新时期思想政治教育走向科学化的原动力，正是思想政治教育有效性问题的研究。然而，起初的思想政治教育有效性问题的研究则只是围绕思想政治工作展开的，关注的问题主要只是思想政治教育实际工作的原则和方法，缺乏从思想政治教育专业和学科整体上来把握有效性问题的意识。而当思想政治教育作为一门学科的“原理”基本建构起来之后，关于思想政治工作有效性问题的学术话语却又多被搁置在“原理”之外，渐渐地被人们淡忘，以至于渐渐淡出学科的视野。不能不说，这是一种缺憾。

2005年，国家增设马克思主义理论一级学科，思想政治教育有幸成为这个新的一级学科统摄之下的一个二级学科，从而也就获得了在马克思主义理论整体观指导下深入探讨其有效性问题研究的新机缘。闵永新的《大学生思想政治教育整体有效性问题研究》，正是在这种学科研究之范式转换的背景下问世的。

该著的主要特色和新意在于：基于马克思主义的整体观，提出了“思想政治教育整体有效性”的新概念，阐明了人的思想政治素质目标的整体

①《马克思恩格斯文集》第9卷，北京：人民出版社2009年版，第23页。

性要求，描述了大学生思想政治素质形成与发展规律的全过程，凸显了“‘整体有效性’是大学生思想政治教育科学化的根本特性和要求”这一核心观点和逻辑主线。《大学生思想政治教育整体有效性问题研究》尚有一些需要进一步探讨的理论问题，如思想政治教育有效性与质量要求之间的学理关系，从“整体有效性”立论当如何在马克思主义理论整体观的视阈内把握思想政治教育与其他二级学科之间的逻辑关系等，但总的来看，该著仍不失为一部成功的开拓之作。

闵永新同志长期担任高校领导，敬业之暇而敬学，不殆求索、不懈笔耕，今终成一说。其精神可嘉，经验可取。

《社会转型期弱势群体人文关怀研究》序*

孟凡平博士的博士论文《社会转型期弱势群体人文关怀研究》，是一部运用伦理学的理论和方法研究当代中国道德问题的佳作。在该著出版之际，我基于对伦理学的属性和使命的一种理解，欣然为之作序。

伦理学与道德哲学不同。道德哲学以道德形而上学的问题为对象，围绕"是"与"真"构建话语体系，历来轻视以至拒斥世俗生活的道德经验。康德在《道德形而上学原理》中，开篇曾批评"那些为了迎合公众趣味，习惯于把经验和理性以自己也莫名其妙的比例混合起来加以兜售的人们"，申明建构道德形而上学只能由像他这样的注重"清除一切经验的东西"的"少数人来完成"[①]。伦理学以伦理与道德及其相互关系的"世俗问题"为对象，围绕"应当"和"本当"建构话语体系，不论是文本语言还是日常用语都应重视"做人"的知识和经验。在社会变革年代，道德哲学或许有理由忙于自己的语言分析而无视现实社会关切的目光，伦理学则唯有正视这种目光才能展现自己的学科存在价值。故伦理学有同情弱者的天性。

中国历史上长期没有伦理学的学科名称，但伦理思想极为丰富，可以说是源远流长、博大精深。从创生的逻辑起点、演绎主线和主题来看，中

* 孟凡平：《社会转型期弱势群体人文关怀研究》，上海：上海三联书店2017年版。

① [德]康德：《道德形而上学原理》，苗力田译，上海：上海人民出版社1986年版，第36、37页。

国传统伦理思想之同情弱势群体的内在品质是显而易见的。孔子的《论语》作为中华传统伦理文化的奠基之作，核心命题是“仁者爱人”“为政以德”，实则是专门说给统治者听的，劝导他们关注民生和民心，以获得“譬如北辰，居其所而众星共之”的“人心”这种政治伦理资格。孟子和荀子出色地传承和光大了孔子《论语》的这种原典精神。西汉初年之后，统治者采纳了董仲舒的谏议，推行“罢黜百家，独尊儒术”的伦理文化战略，厉行“三纲五常”的道德教化，致使儒学伦理主张逐渐演变为一种政治统治之“术”，缺损了孔子伦理思想某些原先的品格，但其同情弱者的基本精神并未丢失。

当代中国社会的改革和发展，在取得辉煌成就的同时也出现了一些必须给予高度关注的突出问题，其中之一便是弱势群体。

孟凡平博士的《社会转型期弱势群体人文关怀研究》抓住了这个现实的重大伦理学话题，依据马克思主义关于人的全面自由发展和社会全面文明进步的理论，阐明了弱势群体人文关怀具有的现实意义和实践价值。具体阐述中，她以当代中国社会改革发展进程中出现的弱势群体及人文关怀的现状为逻辑起点，分析了弱势群体人文关怀不足的原因，梳理了中外人文关怀的思想理论资源和历史经验，在此基础上提出了当代中国推进弱势群体人文关怀的基本理路和保障制度，同时提出弱势群体需要重视自我人文关怀的新主张。总的来看，凡平的博士论文展现了中国伦理学关注社会和人生的固有品质和气魄。

读博期间，凡平的丈夫由于工作需要常年辗转于荒原野岭，膝下幼女正逢读书升学的关键时期。然而，她从不懈怠，也不叫苦，珍惜所有面师求学的机会。其豁达乐观的进取精神，也可嘉。

《高校思想政治理论课教学质量建设研究》序*

习近平总书记在2016年12月7日在全国高校思想政治工作会议上的讲话中指出：高校思想政治工作“要用好课堂教学这个主渠道，思想政治理论课要坚持在改进中加强，提升思想政治教育亲和力和针对性”①。在全国高校深入学习和贯彻这一讲话精神、努力提升思想政治理论课教学质量的大好形势下，叶荣国的博士论文《高校思想政治理论课教学质量建设研究》得以付梓是一件大好事情，应该写下一些纪念的文字。

思想政治理论课自1950年10月4日教育部出台《关于高等学校政治课教学方针、组织与方法的几项原则》而设置以来，作为高校思想政治工作主渠道承担着对大学生进行马克思主义社会历史观、人生价值观和伦理道德观教育的任务，总体上呈现不断改进和加强的发展趋势。进入改革开放和社会主义现代化建设新时期后，这门课一直面临如何确保和提升教学质量问题的挑战，吸引着众多青年才俊应势而上。《高校思想政治理论课教学质量建设研究》以此选题立意，其理论意义和实践价值是不言而喻的。

该著有几个亮点值得读者关注。其一，历史意识强。系统地梳理了新中国成立以来思想政治理论课在不断改进中得到加强的历程，充分肯定了

---

* 叶荣国:《高校思想政治理论课教学质量建设研究》,芜湖:安徽师范大学出版社2017年版。

① 习近平:《把思想政治工作贯穿教育教学全过程》,新华网,http://www.xinhuanet.com//politics/2016-12/08/c_1120082577.htm。

这门课程建设已经取得的成效和基本经验，同时指出其质量建设目前存在的主要问题与不足，提出在改进中加强的必要性和紧迫性，显示开展教学质量建设研究的科学性和可信性基础。其二，占有资料丰富。不但注意尽可能吸收前人研究的成果，而且注意通过调研掌握第一手的新鲜材料，从而增强了博士论文的针对性和可读性。其三，力求理论创新。提出一些新观点，特别是强调要理解和把握教学质量与效果的学理逻辑的观点，颇具启发意义。其四，提出实践方案。基于课程建设已经取得的经验，针对存在的问题和不足，提出加强思想政治理论课教学质量建设的相关可行体制和机制，具有一定的实践指导意义。总体上来看，《高校思想政治理论课教学质量建设研究》是一篇质量较高的博士论文。

《新世纪师德修养读本》前言*

21世纪正向我们走来!

在世纪之交，江泽民总书记强调指出：“老师作为人类灵魂的工程师，不仅要教好书，还要育好人，各个方面都要为人师表。”[①]这个重要讲话指明了教师的天职是教书育人、为人师表，教师应当注意加强自己的师德修养。

人类的劳动在发生社会性分工的过程中，相应地产生了不同的职业门类。据《周礼·考工记》称，我国远古时期曾“国有六职”，即王公、大夫、商旅、百工、农夫、妇功，那时还没有独立意义上的教师职业。最早的教师并不是后来更不是今天意义上的职业教师，而是“官师”，其身份是官，执业是教师。学界一般认为，职业意义上的教师诞生于春秋时期，其标志是“孔子创私学”。可见，在我国教师是古老的职业之一。

教师的职责是整理、创新和传承人类的文明成果。人类的知识和经验代代相传，社会不断地走向文明进步，依靠的正是教师的辛勤劳动。家庭是人类种族繁衍的温床，学校是人类文明传承的基地，没有家庭的抚育，我等何以会有今日？没有教师的培养，人类的历史岂不是一片黑暗？

教师，不仅是一种古老的职业，更是一种崇高伟大的职业！

---

* 选自钱广荣主编:《新世纪师德修养读本》,合肥:安徽人民出版社2000年版。

① 《江泽民文选》第2卷,北京:人民出版社2006年版,第588页。

教师的劳动是塑造，塑造着人的灵魂，塑造着一代代新人，塑造着光明的未来。教师不是“教书匠”，而是塑造“人类灵魂的工程师”。马卡连柯说：“做一个人类灵魂的工程师意味着什么呢？这意味着——培养人。”[①]塑造他人“灵魂”者，总是希望他人有个完美的“灵魂”，因此自己首先得有健康美好的“灵魂”。

教师的道德品质必须是优秀的。这既为古时定理，也是今日定律。据《汉书·成帝纪》记载，东汉时选用教师的标准是：通《易》《尚书》《孝经》《论语》，有广博的学问，隐居乐道，不求闻达，身体健康，不与“坏人”来往，不接受王侯赏赐，行为合乎四科——淳厚、质朴、谦逊、节俭。所列标准多为道德意义上的，是否合理当然值得今人讨论，但其要求之严之高无疑不可非议。中国20世纪90年代颁布的《教育法》《教师法》，既讲法律，也从不同的角度对教师职业道德提出了要求。对教师个人道德水准要求高，也是当今世界各国通行的普遍法则。美国早已将教师职业道德以立法的形式公诸于众，并重视平时的调查研究，有项关于教师落聘原因的调查报告表明，“品德不良”是落聘的主要原因。

人的道德品质的形成和发展历来有两条基本途径，一是接受社会道德教育，二是提升道德修养。后者是将在社会道德教育中接受的道德知识转化为个人道德品质的过程与结果，因此相对于社会道德教育来说显得尤其重要。教师是脑力劳动者，知书达理，在个人的道德修养方面自觉性一般应比其他人高，个人优良道德品质的养成一般应依靠个人自觉进行道德修养。但是，事实情况并不完全是这样，由于受到“左”的思潮的影响，改革开放后又一度放松了思想政治教育，加上师范院校课程体系建设方面存在的某些缺陷，目前的教师队伍在职业道德方面存在一些不足。正在实施的全国中小学教师继续教育工程，其课程体系中列入了师德修养课，并且作为必修课开设，这表明继续教育工程既是“充电工程”，也是“补救工程”。

---

①《安·谢·马卡连柯全集》第7卷，陈世杰、邓步银等译，北京：人民教育出版社1959年版，第149页。

在新的世纪里，我们的社会主义现代化建设事业面临着许多新的发展机遇，同时也面临着更加激烈的新的国际竞争，教育的战略地位将因此而显得更加重要，对教师的要求也将会更高。这种要求不仅体现在科学文化的素质方面，也体现在政治和思想道德的素质方面。对此，每一位教师和即将成为教师的师范大学生都应当有清醒的认识。师范大学生是教师队伍的后备军，毕业后都将加入人民教师的队伍，成为"人类灵魂的工程师"。今天的学习是为了将来的从业，将来能否称职取决于今天的学习与修养，师范大学生应当在学习科学文化知识的同时学习和掌握教师职业道德方面的知识，自觉进行师德方面的修养。

早在1998年8月，中共中央宣传部和教育部在《中共中央关于普通高等学校"两课"课程设置的规定及其实施工作的若干意见》中就明确要求，有条件的高等学校都应结合自己的专业特点开设职业道德教育课程，如医学院校要开设医学伦理课，师范院校要开设师德修养课。

21世纪正向我们走来。面对新世纪的机遇和挑战，各行各业的中国人都应当加速自己素质的提高与培养，成为各行各业的优秀分子。在新世纪即将到来之际，师范大学生应当在学好专业文化课程的同时，注意加强师德修养，为将来成为优秀的人民教师作好准备。有鉴于此，我们这群在教育教学岗位上辛勤耕耘了许多年的老师范大学生，将这本《新世纪师德修养读本》献给在校的师范大学生们，这既是我们的一片爱心，也是我们的一种期待。

希望师范大学生们认真阅读本书，并对本书提出修改意见。

《人生哲理》绪论*

如何理解人生，古往今来，人们执着地思考和探索它的奥秘，看法和体验却各不相同。有人说人生就是奉献，有人说人活着就是为自己，有人觉得人生是难以捉摸的“梦”，有人感到人生是无边的“苦海”，有人确信人生由某种外在力量主宰，也有人认为人生不过是过眼烟云……18世纪，歌德的孙子曾特别欣赏让·保尔的这句诗：“人生在这里只有两分半钟的时间，一分钟微笑，一分钟叹息，半分钟爱，因为在爱的这分钟中间他们死去了。”歌德批评道：“一个钟头有六十分钟，一天就超过了一千。孩子啊，明白这个道理，就知道人可作出多少贡献。”这又是两种不同理解。

不论是否自觉，每个人在人类历史发展的长河中都会留下足迹，然而它们对于人类的价值却千差万别，甚至迥然相异。这种差别表明，每个人在自己的生活道路上，都需要解决如何科学地认识人生和使人生科学化这个根本问题。对当代大学生来说，这正是他们苦苦思索的问题，它的正确解决，必将大大有利于大学生的健康成长。这部《人生哲理》，就是为适应这种需要而问世的。

* 选自钱广荣主编:《人生哲理》,合肥:安徽人民出版社1989年版。

一、当代大学生对人生的思考和探索

大学生是青年中最富有生气、最勤于思考的一部分，代表着国家和民族的未来与希望。他们总是以极大的热情关注着现实的人生，思考和探索人生的真谛。而我们的国家和人民，也总是把最大的希望寄托在大学生身上，不时提醒他们注意所面临的人生挑战，引导他们去科学地认识人生，追求人生。人生发展的规律表明，关注人生者必定同时被人生关注，思考和探索人生者必定同时面临人生挑战。

当代大学生对人生的思考和探索，走的是一条艰难曲折的路。它起步于70年代末期，此后大体上经历了三个发展阶段。

第一阶段，从70年代末到80年代初。1978年12月，党中央召开了十一届三中全会，作出把工作重心由政治斗争转移到经济建设上来的战略决策，同时提出解放思想、拨乱反正、实事求是的思想路线。这些重大的决策创造了良好的思想环境，激发起全国人民特别是青年学生思考和探索人生的理论勇气和革新精神。

1980年第5期《中国青年》首次发表了潘晓的《人生的路啊，怎么越走越窄》的文章。这篇文章对现实人生充满疑虑，感到困惑，对“人生的意义在于为别人生活得更美好”这种传统的人生认识提出异议，认为“人在本质上是自私的”，每个人活着不过是“主观为自己，客观为他人”。此后7个月内，《中国青年》编辑部陆续收到57000多封信稿，其中不少是大学生的，他们就“人生的意义究竟是什么”，“什么是科学的革命的人生观”，“怎样认识和对待我们的现实社会”等人生课题，畅所欲言，各抒己见，展开了热烈的讨论。这场讨论，震撼了全社会。它既是青年对人生的思考和探索，也是青年敢于直视人生挑战的表现，它所涉及的人生课题，无论是广度还是深度，都是新中国成立以来绝无仅有的。其历史动因，正如后来《中国青年》编者指出的那样：潘晓这种在青年中很有代表性的悲观厌世情绪，是我国过去长期存在政治动乱、经济屡遭破坏所造成的苦果在青年心理上的反映。

应当说，关于潘文的讨论曾唤醒不少沉睡中的青年，促使他们走出思想的死胡同，去寻找现实人生中的真善美。但是，由于当时理论准备不够，讨论并没有真正驱散青年心头的疑云，潘文对人生发出的叹息和责难，依然缠绕着许多青年。有些大学生，甚至由于疑云被搅动而又未消除，反而陷入更深的迷惘，不仅对人生失去了信心，而且对思考和探索人生也失去兴趣；有的比潘晓走得更远，自以为看破红尘，我行我素，开始把“自我”当作唯一真实的价值偶像；有的走不出思想的死胡同，由怀疑现实人生进而怀疑现行制度；有的把求索的目光转向西方世界，希望从西方现代人生哲学那里找到拓宽人生道路的万应灵丹。萨特存在主义等现代西方人生哲学及宗教人生观，就是在这样的思想背景下逐渐传播开来的。

第二阶段，从80年代初到1984年上半年。1983年春天，共青团中央作出决定，授予张海迪“优秀共青团员”称号，号召全国团员和青年向张海迪学习，“海迪精神”迅速传遍全国，家喻户晓，在青年中引起强烈的反响。这位以保尔、吴运铎为榜样，依靠轮椅走着人生之路的坚强女性，5岁时不幸患了脊椎血管病，先后做了4次大手术，但都没有摆脱病魔的摧残，全身高位截瘫，三分之二失去感觉和功能。然而，她抱着“活着就要做个对社会有益的人，就要为创造美好的新生活而奋斗”的人生态度，发奋自学、立志成才。她通过自学，掌握了多种外语和多学科知识，先后编译了16万字的外文著作和资料，为群众治病达1万多人次。张海迪以她不畏逆境、平凡而伟大的人生足迹撞击着青年同伴们的心扉，青年们被深深地触动了。他们发现，海迪之所以能够如此是因为她有一个美好的心灵，她确信：“人生的价值在于创造一个有价值的人生”，“人生的真正意义在于贡献，而不是索取”。当代大学生从海迪的“青年先锋、时代楷模”的人生足迹中受到启发，把关注的目光凝聚在人生价值的问题上，深感自己正面临着这样的人生挑战：大学生应当树立什么样的人生价值观？应当怎样选择自己的人生道路？

从潘文讨论到宣传海迪，历时不过3年，然而大学生对人生的思考和探索却越来越深入，面临的人生挑战也越来越严峻。

自1984年下半年以来，大学生对人生的思考和探索，进入第三个阶段，其显著特点是把改革开放与人生联系起来。1984年10月，党的十二届三中全会作出关于经济体制改革的决定，提出全面实行改革和对外开放的一系列方针、政策，改革很快由农村转向城市。1987年10月，党的十三大提出了社会主义初级阶段理论和党的基本路线，把大力发展商品经济、建立社会主义商品经济新秩序的任务提到全国人民面前。所有这些，为当代大学生全面深刻地思考和探索人生提供了广阔的舞台。所谓萨特热、弗洛伊德热、尼采热、经商热，都是这种思考和探索的反映。历史证明，对社会改革，大学生双手赞成。然而，由于新旧体制的交接，新旧文化的撞击，新体制、新文化正处于阵痛和构建的阶段，大学生所面临的人生挑战是十分严峻的。如改革实行物质利益原则和按劳分配政策，讲究经济效益，那么还要不要讲社会道德，应当怎样看待利与义？改革提倡搞活，人的主体性问题因此受到重视，个人因此有了充分施展自己聪明才智的机会，那么应当怎样看待个人与集体的关系？还要不要倡导集体主义？发展商品经济，必定要提倡竞争，高等学校为增强活力，也将引入竞争机制，逐步实行奖学金等政策，大学生对此应当采取什么态度？如此等等。改革所提出的这些现实的人生课题，都尖锐地摆在大学生面前，要求大学生进行思考和探索，判明可否，作出自己的判断与选择。

如果说，关于潘晓文章的讨论反映了一部分大学生敢于直面人生而又对人生感到困惑的心态，向张海迪学习表明大学生开始在个人与社会的联系上思考人生的价值问题，那么，全面改革所提出的人生课题，则正培育着大学生的主体意识和创新精神。其典型表现就是注重用自己的眼睛看世界，用自己的思考去探索人生之路。这为大学生的健康发展提供了可能。

然而，任何事物在其发展过程中都存在着多种可能性，青年对人生的思考和探索也不例外。他们既可能发现真理，也可能接受谬误。改革是一场复杂而又深刻的社会革命，人们认识和掌握它，势必有一个艰难曲折的过程。青年，尤其是大学生，由于受其自身特点的局限，对改革的复杂性和艰巨性认识不够，思想准备不足，容易将人生理想和理想人生混为一谈。所以，当经济体制改革由农村转向城市，政治体制改革的任务提到全国人民面前的时候，一部分大学生便按捺不住急于求成的心情，采取了一些不切国情、不合时宜的错误做法。而当那些错误做法理所当然地受到批评和抵制时，一些人却又不能理解，产生抵触情绪。他们对改革的热情不如当初，对现实人生悲观失望，有的甚至开始皈依上帝，从宗教那里寻找精神慰藉。当改革进入攻坚阶段以后，一部分大学生由于一时不理解分配上的“体脑倒挂”现象，又产生了厌学情绪，被新的“读书无用论”所困扰。

我国当代大学生思考和探索人生的实践表明，他们正面临着人生饥饿，迫切需要运用人生哲理来科学地认识人生，促使人生科学化，以创造最高的人生价值。为此，就必须对人与人生的本质、人生发展的规律、人生发展与社会环境及人格条件的关系，以及有关人生理想、人生目标、人生态度、人生道路等这些重大的人生课题，作出合乎历史逻辑的思考和回答。

二、人生哲理是一门新兴学科

人生哲理是关于人生的基本道理，是以马克思主义理论为指导，以人生为研究对象的一门新兴学科，也是新时期高等学校一门重要的思想教育课程。它以揭示人生的本质及其发展规律，指明如何把握人生发展方向，选择人生道路，创造最高人生价值为自己的基本任务。

人生哲理作为一门新学科，它与人生观及人生哲学，既有共同之处，也有重要区别。

人生哲理与人生观都把人生作为自己的研究对象，但两者之间的区别是显而易见的。人生哲理研究人生，首先把人生对象化，当作相对独立于主体的客体，不仅全面分析人生的本质、人生的构成、人生的类型，而且特别注意研究人生发展与其外部客观环境和主体自身条件之间的联系，揭示人生发展的普遍规律，以此说明“人生是什么”，它是如何运动、变化、发展的这类亘古及今的人生之谜，帮助人们科学地认识人生。然后，它围绕“人生应当是什么”的问题，具体论述人生理想、人生目标、人生态度、人生道路、人生评价等这些基本范畴的特定内涵及其对于把握人生方向、创造最高人生价值的意义。可见，人生哲理是从“人生是什么”与“人生应当是什么”，即认识人生和创造人生这两个方面来研究人生的。在这里，创造人生是人的主体性在获得人生认识的基础上合乎逻辑的发展，也是人生价值之所系。很显然，作为一门学科，人生哲理旨在帮助人们全面理解和把握人生问题。人生观，就其理论形态来说，它是一种有关人生问题的道德学说，通常是指对人生的根本看法和态度。人生观注重从实践的意义上研究人生，以阐发人生的理想、人生目的及人生态度为主要内容。换言之，它强调的是“人生应当是什么”，告诉人们应当怎样去生活，而不重视告诉人们为什么应当这样去生活。事实表明这对于崇尚理性思维的大学生来说，是不能满足的。

人生哲理借助于马克思主义哲学的一般原理和科学范畴，对人生问题进行系统的分析和概括，但并不拘泥于哲学的体系要求。马克思主义哲学是系统化理论化的世界观和方法论，它用高度概括和科学抽象的方法，揭示自然、社会和人类思维的一般规律。人生哲理并不涉及自然界的规律，也很少涉及思维规律，所以它不是一般意义上的哲学，也不能看作哲学的一个分支。人生哲理注重从实际出发，理论联系实际，特别是当代大学生在思考和探索人生的过程中提出的各种各样的问题。人生哲理讲究哲学思辨，注重用哲理说事，用哲理服人，这是它的理论特色。人生哲理与人生哲学也是有区别的。人生哲学，顾名思义，应是关于人生的一般理论问题，主要应是对人及人生的本质进行理论上的概括和抽象，在知识体系上应注重于回答“人究竟是什么”和“人生到底是什么”这类最一般的人生理论问题。但是，从目前发行的几种《人生哲学》教材或专著来看，人生哲学主要是把人生观作为研究对象，也有的是把人生与人生观同时作为研究对象。不论是从学科体系还是从教学体系来看，都没有突破过去的人生观教育体系。

总之，人生问题的研究是一个系统，人生观、人生哲理、人生哲学三者各具特点又相互关联、相互渗透。人生观是基本的研究层次，研究的角度是人生的目的和态度问题，直接回答人的一生应当怎样度过。人生哲学是最高的研究层次，是关于人及人生的本质的学问。人生哲理则居于中间层次的位置，它把人生的一般理论问题与诸多实践问题结合起来，把哲理性与实践性统一起来。

人生哲理，作为高等学校思想教育的一门新课程，它与其他思想教育的课程虽有联系，也有重要区别。形势与政策课，以国内外重大时事为主要教育内容，以帮助学生理解和掌握党的路线、方针、政策，激发爱国主义精神，增强民族自尊心和自信心为主要目的，就其性质来说，它与法律基础课一样偏重政治教育。大学生思想修养课，内容很广，知识面很宽，不注重严格意义上的理论体系。这门课以阐明青年从中学进入大学后思想和心态的变化、发展规律为基本着力点，帮助青年尽快适应从中学到大学的转变，促使大学生认清时代要求和历史责任，明确高等学校的培养目标，为今后发展打下良好的基础。职业道德课，是在高年级开设的一门思想教育课，它以职业道德的主要规范要求为基本的教育内容，目的是帮助大学生树立职业责任感和自豪感，增强职业道德观念。人生哲理，就它的科学内容来看，主要是教育学生正确认识人生和创造人生，从而在中学人生观教育的基础上，在一个新的高度上更好地把握人生的方向，创造最高的人生价值。如果说高等学校思想教育其他几门课程主要是进行政治观、道德观等方面的教育，那么人生哲理则主要是进行有关如何理解和把握人生的方法论教育。也就是说，作为一门思想教育课，人生哲理在本质上是一种科学的方法论。

人生哲理是一门新学科、新课程，有自己的科学范畴和理论体系。它以人的本质问题为逻辑起点，通过分析论证人与人生的关系总揽全书。我们这本《人生哲理》的总体结构，主要包括两个相互关联的部分，从第一章到第六章，围绕“人生是什么”，即如何认识人生的问题展开，对人生进行静态和动态的分析；第二部分从第八章到第十四章，围绕“人生应当是什么”，即从如何创造人生的问题展开，阐明崇高的人生理想、明确的人生目标、积极的人生态度、正确的人生道路、科学的人生评价的基本内涵，并引申到如何创造最高的人生价值这个核心问题上。第七章处于承上启下的位置，从实践的意义上提出大学生人生的若干课题。最后有一附录，对现代西方人生哲学的主要派别进行评论性的介绍，目的在于帮助大学生了解现代西方人生哲学概况，培养识别能力，消化吸收其中的营养成分。

三、学习和掌握人生哲理的意义和方法

人生哲理是运用马克思主义哲学原理分析和阐明人生问题的一门新兴学科，同时又是高校一门实施科学方法论教育的思想教育课程，其宗旨在于指导大学生科学地认识和创造人生。因此认真学习、切实掌握人生哲理具有重要意义。

首先，有助于把对人生的思考和探索纳入科学化的轨道。当代大学生具有勤于思考、勇于探索的可贵品格。但是应当看到这种品格具有两重性。他们思考和探索人生的历程表明，这种品格，既能使他们不断得到长足的进步，也会使他们时而发生谬误、陷入盲目性。为什么潘晓根据“人的本质是自私的”认识，发出“人生之路越走越窄”的叹息之后，一些大学生会产生共鸣，觉得说出了“自己的心里话”？为什么许多大学生在向张海迪、华山抢险队、老山英雄学习的过程中确立起来的人生价值观，会随着改革的全面展开和深入发展而发生动摇？究其原因，当然是多方面的。但就青年自身来说，同与没有掌握科学的人生哲理不无关系。大学生要想使自己对人生的思考和探索实现科学化，就不可忽视学习和掌握人生哲理。

其次，有助于把握人生发展的方向。人生方向是人生在其发展过程中呈现出的趋势。它的形成，概言之，取决于人对人生的认识及由此产生的

人生行为。人生方向制约着人生价值，因此，如何把握人生方向的问题就成为认识和创造人生的中心课题。历史上“南辕北辙”的典故告诉人们，唯有方向正确才可能有效地创造人生，实现最高的人生价值。人对人生的把握并不是轻而易举的，需要借助于人生哲理这种科学的方法论。

再次，有助于大学生树立正确的自我意识，促其健康成才。自我意识作为个体心理的一种结构，是人确立主体精神、形成人生责任感的前提条件。从道德评价的角度看，自我意识有善恶之分。古人云：“善积者昌，恶积者丧。”恶的自我意识，本质上是极端个人主义或利己主义，抱有这种自我意识的人生是难以形成人生责任感、积极为社会创造人生价值的。当代大学生对自我意识十分看重，然而，究竟怎样的自我意识才有利于个体人生的健康发展，不少人却很少考虑。个体人生都具有个性特征，它的丰富和发展都有自身的规律。但是，个体人生相互之间也有许多共同的特点，这些共同特点，必然要向每一个个体人生提出合目的性、合群性的要求。因此，个体人生作为个体生命的社会旅程，在其演变和发展的进程中不可避免地要与群体人生构成千丝万缕的联系，辐射积极或消极的影响。因此，经常把社会、集体、他人作为自己的参照系，进行自我调节和自我控制，是十分必要的。在这方面，人生哲理从不同的角度进行了分析和论证，为大学生提供了一些必要的参照系。

最后，有助于理解加快和深化改革的方针。当前正在进行的改革是中国的大趋势。改革的生命力已为其带来的社会效益所证实。人们越来越深刻地体会到，改革是中国摆脱贫穷、繁荣昌盛的唯一途径。但是，由于改革是一场深刻的社会革命，不可能一帆风顺，在其前进过程中必然会遇到障碍、困难乃至挫折。这种情况可能会给一些人的人生发展造成暂时性的逆境。如果缺乏哲理思辨精神和积极态度，就会对改革的前途失去信心，对现实的人生失去追求；因此，用哲理思辨的精神来分析和看待改革中出现的暂时逆境，不仅有利于个体人生的发展，而且有助于加快改革的步伐，促进改革深入发展。

学习和掌握人生哲理的基本方法是：

第一，把学习人生哲理与学习马克思主义哲学结合起来，努力提高哲学素养，这是学习和掌握人生哲理的前提条件。哲学乃“聪明之学”，是关于自然知识和社会知识的概括和总结。如果说学习和掌握其他各门学科知识都离不开哲学的指导的话，那么学习和掌握人生哲理就更是如此。从一定意义上来说，哲学素养关系到一个人的人生发展，没有一定的哲学素养是不可能掌握人生哲理的。

第二，把学习人生哲理与创造人生的实践活动结合起来，积极投身改革的伟大实践。这是学习和掌握人生哲理的主要方法。任何一门学问，都是在实践的基础上形成和发展起来的，学习和掌握它也不可能离开实践。如果只是为了记住几条原理以应付考试，或者只是为了背诵几句名言以装潢门面，那是不可能掌握人生哲理的，相反会使人养成言行不一的不良学风。

第三，把学习人生哲理与探索人生的认识活动结合起来。人生是不断运动、变化和发展的历史过程。以人生为研究对象的人生哲理，自然也是一门不断发展完善的学问。把人生哲理当作永恒不变的教条照搬照套，或者把学习人生哲理与思考和探索人生的认识活动对立起来，都不可能掌握人生哲理。

第四，把学习人生哲理与学习英雄模范结合起来。人生蕴含哲理，哲理高于人生。英雄伟人、先进模范人物走过的人生之路，常常为人们提供了认识和创造人生的成功经验，他们对人生哲理体会较深，有许多真知灼见，给我们带来许多有益的启示。当代大学生的人生发展，虽然多数受理性思维支配，但也往往得益于英雄伟人、先进模范的言行的激发。实践证明，把学习人生哲理与学习英雄伟人、先进模范人物结合起来，适合涉世未深的青年学生的特点，是学习和掌握人生哲理的一种有效方法。

第五，把学习人生哲理与学习和扬弃现代西方人生哲学结合起来。现代西方人生哲学在对人的肯定，对人性及人的主体性的发扬方面，有许多有价值的研究成果。过去，我们曾一味否定，这是不对的。但是现代西方人生哲学产生于20世纪初到50—60年代末，这段时期发生过两次世界大战和多次经济危机。世界著名小说家卡夫卡将其描绘为人变成虫的时代。这种状态必然反映到现代西方人生哲学中去，其表现就是个人与社会的矛盾与冲突的理论问题仍未解决，个人仍被解释为凌驾于社会之上的唯一存在。因此，我们在学习现代西方人生哲学时绝不可轻信和盲从。为了帮助当代大学生了解现代西方人生哲学的概况，我们在本书最后附了一章“现代西方人生哲学评介”。

需要注意的是，学习人生哲理也同学习各门业务课一样，不单纯是一个学习方法问题，主要还是学习态度问题。列宁说：“只要愿意学习，就一定能够学会”。[①]这就是我们学习和掌握人生哲理应持有的基本态度。

①《列宁选集》第4卷，北京：人民出版社1972年版，第612页。

《思想道德修养教程》绪论*

有位大学一年级的学生问他的老师：“在小学和中学时代我们已经接受了长期的思想道德教育，现在还要给我们开设思想道德修养课，到底有没有这个必要？”老师没有正面回答他的问题，只是反问道：“假如你从幼年开始到今天一直没有接受过任何内容和形式的思想道德教育，你今天会是一种什么样的人？假如你在大学期间不接受必要的思想道德教育，几年后就凭着现在的思想道德水平去工作，你能不能适应社会需要？”

事实表明，这位同学所存在的思想疑虑不是绝无仅有的，这位老师提出的问题是思想道德教育在人的发展与进步中的作用问题，它发人深思。

中国共产党第十六次全国代表大会报告指出：“教育是发展科学技术和培养人才的基础，在现代化建设中具有先导性全局性作用，必须摆在优先发展的战略地位。全面贯彻党的教育方针，坚持教育为社会主义现代化建设服务，为人民服务，与生产劳动和社会实践相结合，培养德智体美全面发展的社会主义建设者和接班人。”在我们刚刚迈进新世纪之际，江泽民从治国方略的意义上提出了“以德治国”的问题，并强调建设社会主义现代化国家要把“以德治国”与“依法治国”结合起来。以德治国，就是要用社会主义和共产主义的思想道德标准治理国家、调控社会、培育新人。从思想道德上培育新人，是以德治国的基础工程，也是自古以来学校

* 选自钱广荣主编:《思想道德修养教程》,3版,合肥:安徽大学出版社2003年版。

教育的必要内容。康德曾说过这样一句至理名言："人只有靠教育才能成人。人完全是教育的结果。"①不接受思想道德教育的人同样是不能"成人"的。当然，不同社会有不同的思想道德教育。我们进行的是社会主义和共产主义的思想道德教育，其目的在于培养社会主义的"四有"人才。

就大学的思想道德教育来说，其目的是在中小学思想品德和政治教育的基础上，帮助大学生树立马克思主义的科学世界观、人生观、价值观和道德观，形成良好的思想道德品质。人才的素质结构包括生理、心理、知识与技能、思想道德等基本层次，其中思想道德素质是核心层次，起着主导作用，制约和决定着人才的发展方向及其人生价值。大学生从入学之初就应当充分地认识到这一点，自觉接受思想道德教育。

一、思想道德修养课的性质和任务

（一）思想道德修养课的历史发展及其地位

思想道德修养课创建于20世纪80年代初期，是高校思想政治教育工作为适应当时改革开放的新形势，实行自身改革的产物。在二十多年的发展过程中大约经历了创建、发展和相对稳定三个阶段。

创建阶段大约从改革开放之初到1982年。党的十一届三中全会召开以后，在解放思想、拨乱反正、推行改革开放政策的历史潮流中，大学生的思想道德观念发生了许多变化，出现了一系列关于社会、人生、理想、道德的新问题。这些问题关系着他们是否能够健康成长，客观上迫切需要学校的领导和老师们作出系统、有说服力的回答，这种形势使得高校的思想政治教育工作面临着新的挑战和考验。它要求高校思想政治工作一方面需要切实加强，另一方面必须改进和充实新的内容，采用为大学生所喜爱的新的形式。在这种情况下，一些高校的领导和老师大胆探索思想政治教育的新途径、新方法，开始采用系列讲座的形式，与大学生一道讨论他们关

① 瞿菊农编译：《康德论教育》，北京：商务印书馆1926年版，第5页。

心的社会和人生问题，使他们从中受到启迪和教育，思想道德教育作为一门课程应运而生。

发展阶段大约从1982年到80年代末。1982年，教育部总结了一些高校开设这类课程的经验，提出了在高等学校全面开设共产主义思想品德课程的要求，并就课程的内容、形式、教师队伍、教学机构以及经费支持等，作出了明确的规定。此后，共产主义思想品德课程在全国高等学校陆续开设，很快发展起来。经过几年的建设，大学生思想品德课作为一个新兴学科，开始跻身于大学教育的课程体系，并被作为必修课程列入教学计划。到80年代末，根据当时国家教委的指示，共产主义思想品德课被分解为五门课程，即形势与政策、思想修养、人生哲理、职业道德和法律基础。

相对稳定阶段始于20世纪90年代初。在全面总结以前课程建设经验的基础上，国家教委又将过去的五门课程合并成三门课程，即形势与政策、思想道德修养和法律基础，同时要求有关高校结合专业特点开设职业道德课，并将课程正式定名为“高校思想品德课”。现在的思想道德修养课，是在原来的思想修养、人生哲理和职业道德三门课程的基础上合并而成的。从此以后，思想道德修养课相对稳定下来，与此同时，教学机构和教师队伍也不断发展壮大，相对稳定，并与马克思主义理论课合称“两课”。1998年，中共中央宣传部和教育部联合颁发了《关于高等学校“两课”课程设置的规定和实施工作的意见》，为“两课”的稳定发展和规范化、正规化建设指明了方向。

（二）思想道德修养课的性质

在学校教育中，一门课程的性质是由该门课程的方向和内容决定的，而课程方向和内容又是由人才的培养规格决定的。因此，一门课程的性质归根到底取决于学校的培养目标。自古以来，学校的培养目标都是根据当时的社会制度性质和统治阶级的意志以及社会发展的实际需要而设定的。在特定的历史时代，在学校教育的课程体系中，能够集中反映社会制度和统治阶级意志的总是政治与思想道德教育方面的课程。这类课程是区分学校教育的阶级属性和时代特征的重要标志，体现了学校教育的办学方向。

在我国，根据党的教育方针所规定的培养目标，高校各个专业的课程体系设置都有德育、智育、体育三个基本层次，政治与思想道德教育课程即“两课”，它们是高校对大学生进行马克思主义世界观和人生价值观、道德观教育的主要渠道和基本环节，集中体现了我国高等教育的社会主义办学方向。

思想道德修养课属于思想品德课范畴，一般在大学一年级开设，对刚刚告别中学生活的大学新生起着“承上启下”和“先入为主”的奠基与导向作用，影响着大学生四年的学习生活乃至今后的人生道路。这门课程由于密切联系社会和大学生的思想实际，现实感和针对性强，对于大学生学好其他思想品德课和马克思主义理论课，都是有帮助的。因此，思想道德修养课在“两课”学科体系中是对大学生进行思想道德教育的一门基础课程。

（三）思想道德修养课的任务

从根本上说，思想道德修养课作为高校“两课”和思想政治教育的基础课程，是一门以马列主义、毛泽东思想、邓小平理论和“三个代表”重要思想为指导，对大学生进行社会主义和共产主义思想道德教育的重要课程，承担着培养德智体美全面发展的社会主义建设者和接班人的重要任务。具体来说，可以从如下几个方面来理解。

第一，帮助大学生了解大学教育及大学集体生活的基本规律，做合格大学生的必备的学习能力、人际交往能力和心理素质，明确自己成长和发展的目标。

大学教育是高级专业教育，专业教育与大学生的成才和发展直接相联系，每一个大学生对未来应该有明确的目标。因此，大学生都应该适时、正确地了解大学、了解自己，做到知己知彼、目标明确、有的放矢。帮助大学生正确认识大学、认识自己，以度过这个重要的转折时期，正是大学生思想道德修养课的一项重要任务。

第二，帮助大学生提高对改革开放和在发展社会主义市场经济的历史条件下弘扬社会主义道德的认识，深入理解“以德治国”的思想内涵，倡导践行“爱国守法、明礼诚信、团结友善、勤俭自强、敬业奉献”的公民基本道德规范，加强社会公德、职业道德和家庭美德教育，自觉培养为人民服务和集体主义的思想道德观念，继承和发扬中华民族优良的道德传统，逐步形成高尚和健康的道德人格，从道德上做坚定的爱国者，并学会正确分析和认识现实社会中的道德文明现象。

道德，是一种特殊的社会意识形态，它通过社会舆论、传统习惯和人们的内心信念，营造和谐的人际关系和培养良好的道德风尚，从而为国家民族的繁荣昌盛和个人的健康成长提供必要的条件。在中学时代，学生在接受学校道德教育的同时，又接受着家庭的道德教育。学校道德教育由于受到应试教育的影响，多数只是关于道德知识的灌输；家庭道德教育由于受到家长自身素质的制约，总是千差万别的。这两种因素的共同影响，使得我国现在的中学生在道德品质的养成方面存在着参差不齐的现象。大学生的学习和生活环境已经有了根本性的变化，他们具备了系统了解和掌握道德的基本要求和逐步完善道德人格的良好条件，大学生思想道德修养课就是为提供这种条件服务的。

第三，帮助大学生理解人生观和价值观的基本内容，明确人生目的，端正人生态度，剖析和识别个人主义、拜金主义与享乐主义等各种错误、落后的人生价值观，树立社会主义、共产主义的理想和信念，增强历史使命感。

人生观和价值观是世界观和历史观的重要组成部分，大学生在接受马克思主义理论课教育、树立马克思主义世界观和历史观的同时，应当逐步确立为人民服务和集体主义的人生观和价值观。一个人的人生观和价值观问题是影响其一生的根本问题，解决得好会终身受益，反之则终身受困。20世纪80年代以来，人生价值观问题一直是大学生关注和思考的一个热点问题。在这期间，许多大学生接受了真理，但也有一些大学生由于受各种错误思潮的影响，也接受了谬误。因此，他们在毕业之后便走上了不同的人生道路：有的充分施展自己的才华，实现着自己的人生价值；有的则一蹶不振，碌碌无为，甚至走向自己和社会的反面。

总而言之，思想道德修养课的任务，是帮助一年级大学生尽快适应大学新生活，顺利实现德、智、体、美全面发展的培养目标。

二、思想道德修养课的基本内容与特点

（一）思想道德修养课的内容结构

大学生思想道德修养课的内容是根据这门课的任务设计的，整体结构由三个部分组成。

第一部分是适应教育。适应教育的中心内容，是阐述如何尽快适应由中学到大学的环境转变和由中学生到大学生的角色转换。具体来说，这部分内容有如下几个方面：一是介绍大学教育的社会价值及其历史发展过程，以及我国高等教育的改革与发展；大学教育与人的发展和成才的关系，帮助一年级学生认清面临的新的人生机遇与挑战。二是指导学生学会思考，培养学生独立思考、分析问题和解决问题的能力，树立正确的学习观和择业观。三是阐述大学集体生活及如何正确对待交往、友谊和爱情等问题。四是阐述健康心理在成才中的作用，分析大学生的心理特点，帮助大学新生学会自我心理调适，保持和培养健康心理。

第二部分是道德教育。这部分内容是围绕弘扬社会主义道德展开的，重点是关于道德的一般知识和理论问题、社会主义道德体系的核心和基本原则、中华民族优良传统道德和革命传统道德的基本内容，以及爱国主义的基本特征和做坚定的爱国者的基本要求。

第三部分是人生观和价值观教育。这部分内容涉及人生目的、人生态度、人生价值、人生理想和信念。其中，正确理解人生价值最为重要，因为人生观和价值观错误，人生目的和人生理想就不可能是合理的、科学

的，人生态度作为一种行为倾向也就失去了可靠的思想道德基础，人生信念就必然会出现偏差。这部分内容需要我们特别注意。

（二）思想道德修养课的特点

思想道德修养课与“两课”的其他课程相比，富有思想和道德方面的教育意义，既不同于马克思主义理论课程，也不同于思想品德课程系列的形势政策课和法律基础课，它还具有如下一些重要特点。

第一，综合性强。科学史表明，原来几乎浑然一体的人文社会科学在经历了近代科学分门别类、独立发展的实证阶段以后，到了现代又出现了新的发展趋势——新的分化和综合，由此而产生了一些更为“专门”的新兴学科和综合性更强的新学科。思想道德修养课体现了这种新的发展趋势。它在马克思主义科学方法论的指导下，尽可能多地采用了教育学、伦理学、心理学、社会学以及思维科学的知识和方法，从不同侧面对大学生思想道德修养方面的一系列问题进行分析和阐述。

第二，现实感和针对性强。如前所述，大学生思想道德修养课是高校思想政治教育实行改革的产物，它的内容是立足于大学生所关注的中国的社会现实和人生问题，紧密联系大学生的思想实际设计的。它贴近改革开放大潮中出现的热点问题，贴近大学生的思想脉搏，做到正视现实、从实际出发、不回避问题。这门课同样重视一些理论观点的阐述，但它所阐述的理论观点都是为了帮助大学生正确认识自己所关注的社会现实，解决他们思想上的实际问题，而不是将理论仅仅作为一般的知识灌输给学生。从这一点来看，思想道德修养课是一门帮助大学生正确理解社会和人生、正确认识自己的课程。

第三，教学方法灵活，富有吸引力。这门课现实感和针对性比较强的特点，要求改革其教学方法，同时也为改革其教学方法提供了较好的条件。可以说，高校“两课”的其他课程由于都比较注重理论和知识的系统性，所以在课堂教学中比较注意理论和知识的系统传授。而思想道德修养课在内容设计上，更强调的是现实感和针对性，能解决思想上的实际问题。所以，教师在教学过程中可以充分利用它在内容上的这个特点，紧密联系社会现实和学生思想实际进行备课，组织课堂教学，采用师生对话或讨论、学生辩论或演讲、访问或调查和让学生走上讲台等方法，增强这门课的吸引力。

总之，思想道德修养课有着其他“两课”不同的鲜明特点，这是在传授和学习这门课的时候应当始终注意的。

三、学习思想道德修养课的意义与方法

（一）学习思想道德修养课的意义

总的来说，学习思想道德修养课的意义在于：帮助学生在思想道德方面获得新的进步，优化学生的思想道德和心理素质结构，促使学生成为德智体美全面发展的合格人才。具体来说，可以从如下几个方面来理解。

一是有助于把握大学教育这个成才的极好机遇。经过紧张的中小学学习和高考竞争，不少同学都有松口气的思想，而这时的实际境遇恰恰要求学生必须高度重视、尽快适应大学生活的新环境，把握住这个极好的成才机遇。大学生活短短几年，转瞬即逝，能否有一个良好的开端至关重要，这一点是许多大学生始料不及的。学习这门课程，可以及时克服松劲麻痹思想，以及环境变化给大学新生带来的学习、情感、心理等方面的不适，使学生尽快适应大学新生活。

二是有助于发展非智力因素。从心理学的角度看，人的素质结构由两个基本部分构成：一是智力因素，一是非智力因素。前者主要包括观察力、记忆力、思维力、想象力等，后者主要是指兴趣、情感、意志、性格等。非智力因素是衡量人的思想和心理发展水平的主要标志，对学生的成才和事业的成功起着十分重要的作用，在有些情况下甚至起决定性的作用。人类的文明发展史表明，大凡有所作为者，其素质结构中的非智力因素的发展水平都比较高。大学生应当注意培养对自己所学专业的浓厚兴趣

和健康的情感、顽强的意志、坚毅的性格，这样才能完成大学期间的学习任务，成为合格的大学生，才能在大学毕业之后适应时代的挑战，做到不骄不躁、不怕挫折，积极地去创造和实现自己的人生价值。

三是有助于纠正自我认识上的一些偏差。人作为认识主体，不仅把相对独立于主体之外的一切事物作为认识的客体，也把主体自身作为认识的客体。后一种认识便产生了自我认识。经验证明，人认识自己要比认识其外部世界困难些，自我认识时常会出现脱离自身实际甚至与自身实际相背离的情形，这就叫自我认识上的偏差。在大学生中，这种问题同样存在。自我认识偏差的危害在于对人的发展会产生误导，甚至会使人陷入误区而不能自拔。人的自我认识之所以会产生偏差，是由自我认识活动的特点决定的。自我认识，自己把自己作为认识对象，这种认识活动显然会受到个人情感和意愿的影响；受到认识主体与认识客体之间的“零距离”所导致的“近视症”的影响，即所谓“不识庐山真面目，只缘身在此山中”；受到认识感官由习惯的“外视型”转为“内视型”所产生的不适应的制约，等等。学习思想道德修养课，特别是学习关于健康心理及其培养、人际交往及其应掌握的基本原则和方法，以及人生价值观等部分的内容，有助于大学生发现和排除自我认识上的一些偏差，把握好自己在社会生活中的角色位置。

（二）学习思想道德修养课的基本方法

学习思想道德修养课如同学习其他课程一样，需要采用读书思考、参加第二课堂、注意分析与归纳等一般的学习方法。但作为一门思想道德教育方面的课程，学习活动又需要采用一些独特的方法。

学习思想道德修养课，需要交流和讨论。我们已经知道，思想道德修养课具有立足实际、从实际出发的特点，这是我们在学习这门课的时候始终要注意的。因为大学一年级的同学都比较年轻，各人的经历又有所不同，所以在学习和理解这门课的时候，有的会感到开卷有益，有的则可能会感到难以进入角色，在这种情况下开展交流与讨论尤其必要。孔子说，

“三人行，必有我师焉”[①]，这种“师”显然产生于交流与讨论。交流与讨论的形式既可以是课堂上的，也可以是课外的。课外又可以根据实际情况运用多种形式，如散步聊天、参与“卧谈会”等。采用交流与讨论的学习方法，需要克服羞于启齿的心理障碍。中学的应试教育，让学生交流与讨论的机会很少，学生养成了被动接受老师传授知识的习惯，加上青年人共同的心理特点，不少大学一年级的学生都有这种心理障碍。克服这种心理障碍并不难，只要勇敢地参加第一次，以后就会逐步感到轻松自如了。

学习思想道德修养课，需要与总结自己的人生经验结合起来。与一般经验一样，人生经验也有两种：一是间接经验，一是直接经验。前者来自书本和他人，后者是从自己的亲身经历、感受和体会中总结概括出来的。直接的人生经验往往比间接的人生经验更为重要，因为大学生的人生道路是依靠自己走出来的，将来还要自己走下去。大学生的人生经验虽然大部分属于间接经验，但直接的也不少，而且随着独立生活道路的延伸还会越来越多，因此应当注意不断总结自己的人生经验。思想道德修养课所提出和分析的问题、阐述的道理，是在总结前人的人生经验的基础上展开的，大学生只有将对这门课的学习与总结自己直接的人生经验结合起来，才可能有深刻的理解。这样，不仅可以使自己的人生经验上升到理性的高度，而且还可以使间接的人生经验转化为自己直接的人生经验，从而收到较好的效果。

学习思想道德修养课，需要与加强自身修养联系起来。人类认识和改造世界（包括人类自身）的方法概括起来有三种，即理论的方法、形象的方法、实践的方法。学习作为一种具体的方法，一般属于理论方法的范畴。而学习思想道德修养课，则既是理论的方法，也是实践的方法。因为思想道德修养课是一门实践性很强的“修身”课，学习的目的在于运用，能否真正学好最终要看是否在学习的同时注意加强自身的修养。从这一点看，可以说，加强自身修养本身就是学习思想道德修养课的多种活动中的一个最重要的环节。因此，只是抱着改造别人的目的或应试的态度来学习

①《论语·述而》。

这门课，肯定是学不好的。

最后需要强调指出的是，如同学习其他课程一样，学习思想道德修养课不仅要掌握适当的方法，还要抱有正确的学习目的和态度。只有目的明确、态度端正、方法得当，学习收效才可能最佳。

《〈思想道德修养与法律基础〉学习指导》绪论*

一、重点内容

（一）大学学习的特点

所谓学习，一般是指人类在生存过程中获取经验并导致行为变化的过程。而学生的学习是指学生在一段较为集中的时间内，在教师的专门指导下，以间接经验的形式学习和掌握前人的经验（即人们在长期的社会实践中积累起来的科学文化知识、技能以及社会生活的规范和准则）的过程。它是一种以消化吸收和运用知识为主要特征的复杂的脑力活动，具有集中、快速和高效的特点。

学生的学习有广义和狭义之分。广义的学习主要包括三个方面的内容，即思想意识和行为习惯的培养、知识和技能的获得、智力和能力的提高。这三个方面是有机联系在一起的，只能相对地加以区分。狭义的学习专指学生获得知识和技能、提高智力和能力的过程，即学校智育应实现的目标。

学习是大学生的主要任务，是大学生未来就业的准备，也是未来事业

* 选自钱广荣主编:《〈思想道德修养与法律基础〉学习指导》,合肥:安徽大学出版社2008年版。

的开端。学会如何学习不仅是大学学习的目标，也是未来胜任工作的关键。因此，了解大学学习的特点对学会学习是至关重要的。大学学习的特点主要表现在如下几个方面。

第一，注重自主。大学的学习最重要的特点就是自主学习。大学的学习是无终点、无边界的，不是学完那部分内容就可以了。大学生应根据自身实际条件积极主动地、有针对性地确定新的学习目标，包括近期、中期和远期目标。另外，大学生的学习也主要靠自我约束，尽管学校和老师会对学生提出要求，但怎么学、学什么、学到什么程度、什么时候学等，在很大程度上都由学生自己决定。同时，在整个学习过程中，大学生要学会合理安排学习时间，学会自我评价学习效果，掌握科学的学习方法，总结学习经验，从而达到最佳的学习效果。

第二，内容博而专。中小学学习的内容是多学科性的、全面的、不定向的；大学学习则是一种定向的专业学习。专业学习的一个显著特点是对教学内容的深度、广度提高了要求。大学教学不仅要向学生传授与专业有关的基础知识，还要向学生介绍前沿理论和最新的科学成果；不仅要向学生介绍学科发展已有的定见，还要向学生介绍尚在探索和争论的问题。

第三，形式多样。中小学的学习形式较简单，一切教学活动基本上全由教师安排，学生主要通过课堂学习来获取知识。而大学学习的形式是复杂多样的，除了课堂学习外，还可以通过实验课、课外讲座、科研活动、电脑网络、社团活动、社会实践活动以及实习、课程设计、毕业设计等形式进行学习。这对形成和完善大学生的专业知识和技能结构，提高大学生的综合素质起到了很好的作用。

第四，实践环节多。实践性教学环节旨在培养大学生的实验和操作技能等。实践性环节在高等院校的学习中占有重要地位，在总学时中一般占有20%左右的比例，工科院校的相关专业甚至要占30%左右。大学生的实践性教学环节主要有实验课、课程设计、教学实习、调查访问、生产实习和毕业设计等。

第五，倡导创新思维。大学学习是大学生在继承、掌握前人积累的专业理论知识的基础上，进行探索、创造并获得科学方法和创新精神的过程。大学教师基本上是本学科的科研工作者，他们把自己的研究成果和国内外本学科或专业的最新研究动向、成果及趋势介绍给学生，使学生站在学科发展的最前沿，激发学生的创造热情。因此，大学生在学习过程中要有创新意识，要敢于创新。

（二）大学学习与大学生成才的关系

人才是指那些在各种社会实践活动中，具有一定的专门知识、较高的技能，能够以自己的创造性劳动，在认识、改造自然和社会的过程中，对人类进步作出较大贡献的人。它的基本要求是文化素养高、知识结构合理、专业技术精深、能力才干强、心理素质好。未来时代的文盲，不再是不识字的人，而是没有学会怎样学习的人，通常称为“功能性文盲”。只有学会学习，才能驾驭知识而不被知识所奴役。1922年，蔡元培先生曾给上海美术专科学校题了“宏约深美”四个大字，刘海粟校长请人将其刻制成楠木匾，挂在礼堂里。“宏”是指知识结构要博大宏伟、兼收并蓄，努力了解相关领域的知识，并加以贯通，以打下坚实的基础；“约”是指生命有限、时间宝贵，在打好基础之后要由“宏”趋“约”，从十八般兵器中选择一两种最合手的武器，否则会精力分散，顾此失彼，最终一事无成；“深”是指精通、发展、创造，在“约”的前提下突破重点，穷本极源，自然会达到新的境界；“美”是一理想境界，只有付出艰辛劳动的人，才会不断步入“昨夜西风凋碧树，独上高楼，望尽天涯路”——“衣带渐宽终不悔，为伊消得人憔悴”——“众里寻他千百度，蓦然回首，那人却在灯火阑珊处”的人生美境。

今天，我们要从以下几个方面去理解和应用这“四字诀”。

第一，建立宏伟的知识结构。知识结构不存在固定的、绝对的模式，可以多种多样，因人而异。其主要有以下几种结构形式：一是塔式结构，分为基础知识、专业知识、前沿知识三层。基础知识要宽，要厚，要扎实；专业知识要深，要专；前沿知识要新，要精。这三层知识可以互相促进、互相转化，但在一定时间内又相对稳定。这种知识结构有利于迅速接近科学前沿，从事科学攻坚，这也是目前各种专业人才中比较普遍的结构类型。二是网络式结构。这是以自己的专业知识为中心，把其他与之相近、作用较大的知识作为网络的各个纽结，相互联结成一个适应性较大、能够在较大范围内左右驰骋的知识结构。它对于组织管理人才是比较适宜的。此外，国内外学者还提出过许多样式，如"V"形和"T"形结构、飞机式结构、塔式结构外加天线式结构等。要成才，首先要求知。"江河之水，非一源之水也"，"博大才能精深"，"树大才能根深"，没有渊博的知识是不可能成才的。儒家先哲在《中庸》中提出求知的五种方法："博学之，审问之，慎思之，明辨之，笃行之。"这对于大学生求知有一定的参考价值。美国曾对1300多名学者做过调查，结果发现，在科学上有成就的学者，知识结构都是综合化的。这就说明，具有广博的知识是人成才的必要条件之一。同时，人类历史是在不断地研究、学习、借鉴前人历史经验和传统精神中向前发展的，所以，每一个人只有站在"巨人"的肩膀上，挖掘这份资源，继承这份传统，才能站得高、看得远。

第二，学会科学的时间管理。"吾生也有涯，而知也无涯。"[①]时间是组成生命的质料，是事业发展的基本资源。学会运筹时间，我们就能在有限的生命中作出尽可能大的贡献。要想有效地运筹和管理时间，首先，要为自己确定一个目标，确定一个主攻方向。当一个人拥有自己的目标时，他才能把有效的时间聚集在这个点上；同时把时间量化并制定成严格的计划，所有可计算量的工作都必须在计划的时间内完成，并坚持每天核算自己的时间，将长远目标分解为阶段性近期规划，进而转化为今日之事，从而顺利完成学习任务，实现人生价值。其次，科学运筹时间要懂得集中精力利用整块时间去做难度较大、较富挑战性的工作，而用小块时间或零碎时间去做相对次要的事情。不能不分主次、难易、先后，把宝贵的时间分割成杂乱的时间碎片。著名教育学家苏霍姆林斯基主张应将主要的学术问题放在你全部脑力劳动的首位，而把最有趣的工作放在末尾，这样可以激

①《庄子·内篇·养生主》。

发起工作的热情。再次，科学管理时间就要善于“挤”时间。鲁迅先生说得好，时间就像海绵里的水，只要愿挤，总还是有的。正因为他把别人喝咖啡的时间都用在了工作上，这才成就了一代文学大师。苏联历史学家雷巴柯夫说，用“分”来计算时间的人，比用“时”来计算时间的人，时间要多59倍。善于“挤”时间，绝不意味着把一切休息娱乐时间都用来工作和学习。列宁说过，不会休息的人也就不会工作。因此，张弛相适、劳逸结合，避免神经细胞过分疲劳，同时善于适当转换不同的学习内容，就能掌握科学的方法，把握有效的时间，实现成才的目标。

第三，培养求异的创新精神。创造性是一个人个性的映射，是人才的本质特征。正如未来学家托夫勒在《第三次浪潮》一书中所说的，凡是探求工作的意义、不盲从权威、持有独立见解、负有现任职责的人将特别受到欢迎。当今社会各个学科发展迅速，在当代人才的整体素质结构中，具备善于观察问题和分析问题，从事物错综复杂的关系中找到本质关系，站在学科的最前沿，果断决策，讲求效率，对专业发展前景的预测能力以及勇于向新的领域进取的精神，尤显重要。拓宽视野是培养创造力的前提条件之一。庄子说：“井蛙不可以语于海者，拘于虚也；夏虫不可以语于冰者，笃于时也；曲士不可以语于道者，束于教也。”[①]一个见识不广的人，他的创造力发展会受到限制。因而在条件许可的情况下，要尽量多地阅读古今中外有原创性思维的大思想家、大科学家、大文豪的作品。善于发现问题、提出问题，敢于冒险、不怕失败是培养创造精神的重要品质。中国封建社会几千年封闭落后的小农经济、不发达的商品经济铸就了中国人重感情、不敢冒险、归属感强、独立意识弱、保守、爱面子等民族性格。而提出问题则意味着要冒犯错误之险、冒与团体成员对立之险、冒被别人看不起之险、冒与大多数人认知失调之险。对现实事物不抱任何疑问地一概接受，就发现不了新问题。为了抓住反映事物本质的问题并加以创造性地解决，我们就必须与习俗作斗争，必须克服“会不会贻笑大方”等传统思想的束缚和几千年封建社会遗留下来的消极影响。

①《庄子·秋水》。

第四，锻造坚定的意志品质。许多人之所以能成才，除了他们自身天资聪颖外，更重要的在于他们都具有坚定的意志品质，在任何逆境、艰难困苦面前，都能始终如一、毫不退却地朝着为人类谋求幸福的远大目标坚定前进。心理学理论认为，意志品质总是表现在人们的实际行动之中。当代人在为社会作贡献的过程中，坚定的意志力贯穿于每一个具体的行动之中，而且更多地表现为对行为的自我选择、自我识别、自我培养、自我评价和自我控制。这是因为，他们的行为的决定因素来自社会，只有将自发力纳入当代现实社会的轨道，使自己的行为更符合社会责任和道德规范的要求，把个体自发力附和于社会合力，才能与社会合力发生共振。正是有了坚定的意志品质，当代人才能对达到预定目标所必需的行动自觉进行支配和调节。当处在危险和紧急情况时，保持镇定的情绪，做到临危不乱；当遇到困难和挫折时，能慎思、审视，不气馁、不灰心，保持心里平静，虽百折而不挠，并能作出合理的分析与判断，朝着正确的方向去拼搏、去抗争，以实现自己的宏伟抱负。

第五，协调统一的德才关系。“夫聪察强毅之谓才，正直中和之谓德。才者，德之资也；德者，才之帅也。”①人的素质是多方面的，但总起来说包括德与才两个方面。它们在人的素质结构中是相互联系、相互制约的，但又不是并列对等的，其中德居于首要的、统帅的地位。孔子说，“德之不修，学之不讲”，就强调了“德”的这种统帅作用。但丁曾经说过：“道德常常可以填补智慧的缺陷，而智慧却永远也填补不了道德的缺陷。”现代教育学也认为，一个人要成才除了应具备一定的智力因素外，同时还必须具备包括理想、道德、意志、情感、气质、动机等在内的非智力因素。非智力因素作为智力因素的动力和灵魂，与智力因素相辅相成、相互促进，是人才成长所不可或缺的重要因素。历史和现实、理论和实践都说明，人格就是力量，德性就是才干，而且是其他任何智力因素都无法替代的力量和才干。当然，我们强调德的重要性，并不否认才。才是德之资，就是说才可以辅德，才是德的具体表现，也是衡量德的一个标准。只讲

①《资治通鉴·周纪一》。

德、不讲才，没有为人民服务的本领，就会成为庸才、蠢才，就会误事，以至误国、误民。相反，只讲才、不讲德，就会干坏事，甚至祸国殃民。只有德才兼备，才能成为“四有”新人。

（三）大学生怎样才能尽快适应大学新生活

大学阶段是大学生学习知识、培养能力、发展智力、丰富阅历、积累经验、准备承担成人责任的过渡期，也是大学生步入社会的准备期。对每一个大学生来说，大学阶段是其一生中最重要的时期之一。

大学生既要适应前所未有的新生活、扮演新的社会角色，又要做好适应新环境、迎接新挑战、解决新问题的各种准备。怎样尽快完成从中学到大学的过渡以适应大学生活，为大学期间的健康成长和今后事业的起步、腾飞打下良好基础，是每一个刚刚走进大学校门的大学生面临的首要问题。

1.大学生要尽快认识大学生活的特点

大学是一个陶冶人文气质、引领精神文明、促进学术争鸣、推动科技进步的重要园地。“大学者，非有大楼之谓也，有大师之谓也。”（梅贻琦语）大学之所以被称为“大学”，不仅仅因为这里有蕴藏着涵盖古今中外各种专门书籍和先进仪器设备的“大楼”，而且因为这里有教书育人、爱岗敬业的“大师”。同学们不仅能从这些良师那里学到系统、丰富的科学文化知识，还能从他们身上学习做人的道理，接受他们人格的熏陶和感召，从而汲取思想道德的营养，为自己的成长和成才创造有利的条件并打下坚实的基础。进入大学学习，意味着人生的奋斗历程揭开了新的一页。与中学相比，大学生活主要具有以下几个新的特点。

第一，宽松与自主并存的学习环境。中学阶段属于基础教育阶段，这一阶段的学习以基础知识的储备为主，在内容上主要依赖教材，在形式上多是小班上课，学习的进度相对固定，学习的环境相对确定，而大学阶段的学习则与此不同。首先，知识的广度和深度大大增加，专业方向确定，需要学生大力发挥学习的主动性、创造性，在课余时间广泛涉猎相关知识，掌握科学的学习方法，培养自学能力和独立思考问题、分析问题、解决问题的能力。其次，学习的自主性大大增加。有的大学实行学分制，更多的大学实行的是学年学分制，除了公共课、学科基础课和专业课属于必修之外，各专业都开设了选修课。同学们可以根据个人兴趣和能力选修相关课程，自由支配的学习时间增多。再次，获取知识的渠道更加多样化，尤其是图书馆和网络的作用凸显出来，熟练利用图书馆和互联网搜集资料与掌握信息，成了同学们必备的学习技能之一。

第二，统一与独立并存的生活环境。中学时期，学生基本上生活在父母身边，衣食住行等方面都能得到照顾。进入大学之后，同学们需要独立生活，有的同学还可能远离家乡，离开父母，需要独立处理好日常的衣食住行学等问题。自理能力强的同学会很快适应这种生活，应对自如；自理能力弱的同学，则可能计划失当，顾此失彼。因此，在大学里既要学会过集体生活，又要在集体中学会独立生活，同学们必须尽快适应这种新生活。

第三，丰富与平等并存的人际环境。中学时期，交往对象主要是学校的老师、同学，大家都处于同一地域，沟通较为容易；而大学的学生来自五湖四海，兴趣爱好、生活习惯可能都存在较大的差异，沟通的难度增加。中学生由于有亲人的照顾以及面临沉重的学习压力，对交往的渴望不那么强烈；而进入大学后，新的学习生活环境要求大学生独立、主动地建立起各种人际关系，交往的需要明显增强。

第四，多彩与严谨并存的课余生活环境。中学阶段，特别是高中阶段，在高考的压力下，同学们忙于应付高考，几乎把全部的精力都投入到学习中，参加课余活动的机会比较少。进入大学后，党组织、团组织、学生会、班委会等正式组织及由志趣、爱好相同的学生自愿组织起来的各种学生社团，都会组织丰富多彩的课余活动，同学们参加集体活动的机会大大增加。因此，同学们可以根据自己的特点和爱好、时间和精力，积极参加集体活动，丰富课余生活，锻炼自己的组织和交往能力，在相互交往中增进同学间的情谊。

2. 大学生要尽快适应人际交往

中学阶段，学生的生活很简单，大部分时间都用在学习上了，生活中的许多事情都由家长代劳。所以，相对来说，中学的人际环境简单，对处理人际关系的能力要求不高。但进入大学后，人际关系的类型、交往方式都发生了相当大的改变。

一是师生关系的改变。在中学里，老师与学生朝夕相处，对学生的学习、生活可谓全方位负责，无论是学习内容还是学习时间、学习计划都由老师安排，学习效果也由老师随时检查。学生对老师有较强的依赖性，缺乏主动性和独立性。而在大学里则恰恰相反，任课教师一般与学生一周见一次面，上完课就走。在大学里从教师那儿获得的指导只是学习大方向，而具体工作则由学生自己或班干部组织完成，学生要学会做自己的老师。面对这种师生关系的改变，有的学生不知所措，难以适应。而另一类学生一进入大学就喜欢上了大学宽松、自由的生活，并走向极端：一切自己做主，不与任何人商量，视教师指导为多余；学习时间的安排也过于随意化，凭兴趣或新鲜感决定学习内容，忽视知识的整体性，从而导致大学期间所学知识的结构不合理、基础不牢固以致学业发展难以达到既定目标。所以，大学新生对学习计划、时间安排一定要有整体性，既要有自己的独立思想，又要参考其他长辈、同学的意见，尤其是教师的意见。

二是同学关系的处理。由于大学生脱离了对教师、家长的依赖，生活的主要场合转移到了宿舍，如何处理好与同学的关系成了一个重要的问题。不少同学因与其他同学处理不好关系而感到痛苦，甚至出现了神经衰弱和失眠等症状。处理不好同学关系的人大致有两类：一类是过分求全，处处忍让。这种人一味迁就别人，有了意见也不肯提，怕伤和气，怕别人对自己印象不好，怕别人报复，内心很压抑。另一类是以自我为中心，对别人缺少宽容，言谈举止不考虑别人的感受，这种人在群体中不受欢迎，是群体孤立的对象。因此，能否建立良好的同学关系就变得非常重要。怎样才能与同学和谐相处呢？

第一，积极的心理暗示。心理学研究表明，具有良好的自我表象、自我认识的人会以一种积极的心态与人交往。他们内心坦然，言谈举止轻松自在，在人群中颇具吸引力。所以，同学们平时要注意多运用积极的心理暗示来增强交往自信。比如，你可以经常照镜子反复对自己说："我是一个受欢迎的人，我具有良好的人际交往能力，我喜欢与人交往。"并在头脑中把自己想象成一个良好的交际者，直到这种形象在头脑中能够栩栩如生地浮现出来，并根深蒂固。这样坚持下来你就会发现，自己确实很受欢迎。

第二，学会赞赏。美国教育家杜威说，人类天性中最深切的冲力是"做个重要人物的欲望"。心理学家詹姆士也曾说："人在其本性上最深的企图之一，就是希望得到别人的赞美、尊重与肯定。"每个人都需要别人的肯定和赞美，人对赞美的渴望永远贪得无厌，就像食物一样不可或缺，即使富甲一方或具有相当知名度的人也不例外。适时适当地指出对方的优点，那种感觉就如同春风拂面让人舒畅，而且在赞美别人的同时自己也必有所获。所以，最有效、最经济、最简单的交往技巧就是赞赏别人。一句由衷的赞赏很可能会使他人的心里充满阳光。

第三，学会"双赢"的交往方式。"双赢"就是在人际交往中不断寻求互利，以达成双方都满意的、并致力于合作的协作计划。"双赢"思维已成为现代人人际交往的原则。我们从小就不断参加种种比赛、考试，形成了一种你赢我输的竞争心态，这完全是没有必要的。其实，世界给了每个人足够的立足空间，他人之得并非自己之失。具有"双赢"思维的人往往具有三种个性品格：正直、成熟和富足心态。他们忠于自己的感受、价值观和承诺，有勇气表达自己的想法及感觉，能以豁达的心态看待他人的想法及体验，相信世界有足够的发展资源和空间。当代大学生应该学会相互学习、合作，以共谋发展。

第四，学会包容。由于大学生来自祖国各地，所以，每个人的生活习惯、价值观念、为人处世的方式也存在差异。这种差异是事实，每个大学新生都必须面对它、接受它，并以积极的态度去适应它。首先要承认各人有各人的生活习惯、价值观念，如果你与别人生活在一起，就得接受他的生活方式，不要让别人改变自己去适应你。但如果别人的生活方式影响了你的生活，这时，你就需要委婉地提出意见，并适当地进行自我调整。

3.大学生要尽快适应新的学习生活

能进入大学学习的学生一般来说都是高中生中学习较优秀者。他们经过多年的寒窗苦读，经历了数不清的考场锤炼，闯过了高考关口，才进入了高等学府。不少同学认为，从此不再会有学习上的问题，但事实并非如此。在大学里，学习内容的专业化程度、深度、广度、难度加大，学习方法上的独立性、分析性增强，并要求学生能理论联系实际，学以致用，解决实际问题，这些与中学有着明显的不同，给大学生提出了新的挑战。能否尽快适应全新的大学学习生活直接影响到大学生四年的学业，并间接影响到以后的工作、生活。那么，如何适应大学的学习生活呢？

第一，学会如何学习是关键。联合国教科文组织把大学生的主要任务界定为“四个学会”，即学会做事（learn to do）、学会做人（learn to be）、学会与人相处（learn to be with others）、学会如何学习（learn to how to learn）。其中，学会如何学习是当今时代的总体要求，也是大学学习的关键所在。随着知识更新速度的加快，人们在大学学到的知识很快就会过时，在实际工作中能够直接用到的只是其中很少的一部分。大量的知识需要在实际工作中不断学习和掌握。因此，大学中对知识的掌握只是学习的一部分内容，更重要的是要学会学习的方法。从幼儿园开始人们就在不断学习新的知识，但学习方式却在不断变化，从完全按照教师的教授学习，到逐渐具备自主学习的能力。大学是正式学习的最后阶段，也是培养学习能力的关键时期。学会如何学习不仅是大学学习的目标，也是未来能否胜任工作的关键。

第二，学会学习什么是基础。美国社会和工商界根据当今时代的特点和各种职业的要求，提出了对大学毕业生的能力要求。其包括以下九个方面：一是很强的分析和解决问题能力，包括系统思维能力；二是对新问题、复杂问题的综合和表达能力；三是跨学科知识的交融能力；四是英语和第二外语的交流能力；五是判断自己的选择和决定的结果及相关后果的能力；六是复杂信息环境下的检索和判断能力；七是多元文化环境下的工作能力；八是对民主价值、平等和社会责任的承诺；九是了解外来文化和变化中的世界的能力。大学是人生最后一个正式的学习阶段，也是走上社会之前的最后一次准备。

为了适应社会生活的要求，大学生不仅应该具备扎实的专业知识，还应该具备全面的素质。总体上说，所谓“全面素质”也就是如上所说的“四个学会”和“九种能力”。

第三，学会自主学习是根本。首先，要培养学习的独立性。据心理学家测定，一个优秀大学生的知识，约60%是通过教师的讲授和辅导所获得的，约40%是大学生自己独立猎取的。因此，大学生要克服学习的依赖性，培养独立性，提高自立、自强、自律的能力，制定个人学习计划，科学地运用时间，选择最适合自己的学习方法；要尽快学会如何听课和记笔记、如何编写计划和提纲摘要、如何准备课堂讨论和考试等，这些对刚开始大学生活的一年级学生尤为重要。除了课堂外，大学生还要通过多种渠道获取知识，如通过自学、实习、实验、听学术报告、参加第二课堂活动、参加社会实践等途径来开阔视野，广积知识。其次，要培养学习的选择性。每个大学生都要花大力气学好专业基础课和专业课，保证专业知识的精深。在此前提下，大学生还要根据专业需要和个人兴趣，选修其他课程。我国教育体制的改革，促进了大学生学习上的选择意向。但无论选择什么课程、涉猎什么知识，都要精心筛选，否则这也想学、那也想学，结果只会杂乱无章、喧宾夺主，最后所获无几。不少大学生在这方面是有深刻教训的。再次，要培养学习的探索性。大学生的学习方法和思维方式，由中学时的记忆型向创造型转变。大学生从低年级就应该对自己所学专业的某一方面进行小型课题的研究，到高年级要进行进一步的专门课题的探索。在学习探索中，大学生要注意把所学的知识用于社会实践，并注意发挥个人特长，这是形成创造才能的主要途径。

4.大学生要尽快调整自我认识和评价

在大学里，每个学生都要面临一个非常严峻的挑战，就是如何客观地认识和评价自己与所面临的处境。有一个词叫作“相对平庸化”，就是指进入大学以后人才聚集，在新的班集体中许多同学在中学时期形成的优越感、自尊感相对削弱，心理上会体验到某种失落和自卑。来自乡村或中小城市的学生，由于生活范围比较狭窄，面对繁华都市生活气息的冲击，在心理上也会产生许多波动。大学新生面临的重要人际关系的重大变化又进一步强化了丧失感和挫折感。心理学家指出，重要人际关系的丧失对心理健康的影响最大，如丧偶、离婚、子女离家等。在人一生中的每个特定阶段，人们丧失的内容是有所不同的。对大学新生而言，其最重要的丧失是对家庭完全依赖的丧失、朋友的分离和对教师依赖的减少。失去了生活、学习中的“拐棍”，大学新生常有不知所措的感觉。因此，重新进行角色定位，调整心态去适应新的生活，对大学新生来说至关重要。

能够“金榜题名”的学生，在中学时代多是班上的佼佼者，是深得老师喜爱和深受同学羡慕的“学习尖子”，是家长的宠爱对象，他们在心理上有较强的优越感、自尊感。但在大学，特别是重点大学、名牌大学里，几乎每个人都有着辉煌的过去，个个是高手，因而需重新进行定位。少数学生可以继续保持中心地位，而大多数学生要从中心角色变成普通角色。自我评价会因此受到不同程度的冲击。这种冲击来自两方面：学习成绩和能力特长方面的比较。成绩的好坏一直是中学生评价自我和他人的重要标准，以学业成绩优秀而建立起自信心的大学生用原有的信念会推论出“学习成绩不好，个人价值就低”的结论。这一结论沉重地打击着他们的自尊心和自信心。在大学里，人们开始把能力特长作为衡量一个人水平的重要因素。知识面宽、社交能力强，或有文体专长的学生都备受关注。这又会使那些只看重学习成绩而缺少社交能力或文艺特长的学生在心理上产生困惑和迷茫。

对这些心理上的不平衡需分清和辨析两类不同的差距：一类差距是必须想方设法弥补赶上的，如在学习、人际交往上的问题。学习、掌握知识是将来开创事业的必要基础，人际交往是安身立命的根本所在。看到与周围人的差距，想办法缩短这类差距是积极的、必要的，但若想在短期内就能弥补并超过他人则是不现实的。这需要相当长的一段时间改变现状，要容许自己有一个逐渐改善的过程。另一类差距是技能方面的，如果这种差距能被赶上，则是锦上添花的事情，如果赶不上也无伤大雅。每个人都有许多优点，都有自己的价值，但又不能指望自己在所有方面都比别人强，即使是专家、教授、大学者，也只是在某个或某些特定领域有所造诣，跳出这一领域也和普通人没什么差别。正如贝多芬绝不会因为拳击打不过阿里而感到自卑，阿里也不会因不会创作交响乐而感到自卑一样，大学生要学会用平等的态度和开放的心态正确认识、评价、对待自己和他人，在新的环境里认清自己的实力或潜力，树立和保持自信。这样，才能真正克服平庸化，促进心理的健康与和谐。

总之，大学生活充满着机遇和挑战，大学新生只要充分调动起自我的力量去迎接新生活，就能顺利地通过入学适应期，拥抱美好的未来。

（四）社会主义核心价值体系的结构层次及其相互关系

党的十六届六中全会通过的《中共中央关于构建社会主义和谐社会若干重大问题的决定》在强调建设和谐文化时，首次明确提出“社会主义核心价值体系”的概念及其基本内容：“马克思主义指导思想，中国特色社会主义共同理想，以爱国主义为核心的民族精神和以改革创新为核心的时代精神，社会主义荣辱观，构成社会主义核心价值体系的基本内容。”胡锦涛在党的十七大报告中对此作了进一步的阐述，这是我们党进行理论创新的一次重大突破。

在社会主义核心价值体系中，坚持马克思主义指导思想是灵魂，其既是其他三者的前提，又贯穿于三者之中。树立中国特色社会主义共同理想是这一体系的主题，是应有的精神追求。弘扬以爱国主义为核心的民族精神和以改革创新为核心的时代精神是这一体系的精髓，是我们应肩负的历史责任。实践社会主义荣辱观是这一体系的道德基础，是我们判断言行得失的准则。四者各有侧重、相互贯通，构成了一个有机的、统一的整体。

坚持马克思主义指导思想的根本地位是和谐文化建设的灵魂。胡锦涛在党的十六届六中全会的讲话中强调指出:“我们说要建设社会主义核心价值体系,马克思主义指导地位是最根本的。要坚持不懈地用马克思主义中国化的最新成果武装全党、教育人民,使之真正深入头脑、扎根人心,转化为广大干部群众的自觉行动。”

中国特色社会主义的共同理想是和谐文化建设的主题。理想是一个国家和民族奋勇前进的精神动力。摆脱贫穷落后,争取富强、民主、文明、和谐,实现中华民族的伟大复兴,是中华儿女世世代代的梦想和追求。鸦片战争以来一百多年的历史证明,在中国共产党的领导下,走中国特色社会主义道路,实现中华民族的伟大复兴,是历史的选择、人民的选择,已成为当今中国不同社会阶层、不同利益群体普遍认同和接受的共同理想。中国特色社会主义的共同理想,就是在中国共产党的领导下,走中国特色社会主义道路,实现中华民族的伟大复兴。这个共同理想把党在社会主义初级阶段的目标、国家的发展、民族的振兴与个人的幸福紧密联系在一起,把各个阶层、各个群体的共同愿望有机地结合在一起,经过实践的检验,有着广泛的社会共识,具有令人信服的必然性、广泛性和包容性,具有强大的感召力、亲和力和凝聚力。

以爱国主义为核心的民族精神和以改革创新为核心的时代精神是和谐文化建设的精髓。民族精神是民族文化最本质、最集中的体现。以爱国主义为核心的伟大民族精神,已经深深地融入我们的民族意识、民族品格、民族气质之中,成为各族人民团结一心、共同奋斗的价值取向。以改革创新为核心的时代精神是马克思主义与时俱进的理论品格、中华民族富于进取的思想品格与改革开放和现代化建设实践相结合的伟大成果,已经深深地融入我国经济、政治、文化、社会建设的各个方面,成为全国各族人民不断开创中国特色社会主义事业新局面的强大精神力量。

社会主义荣辱观是和谐文化建设的道德基础。一定社会提倡的道德是人们做人的基本规则,是社会生活安定有序的基石。以“八荣八耻”为主要内容的社会主义荣辱观是对与社会主义市场经济相适应、与社会主义法律规范相协调、与中华民族传统美德相承接的社会主义思想道德体系全面系统和准确通俗的表达，为社会主义市场经济条件下全体社会成员判断行为得失、作出道德选择、确定价值取向，提供了基本的价值准则和行为规范。我们要弘扬社会主义荣辱观，倡导爱国、敬业、诚信、友善等道德规范，以形成知荣辱、讲正气、促和谐的良好社会氛围；要大力弘扬社会公德、职业道德和家庭美德，重视家庭亲情、人间友情和社会真情，提倡真善美，让人们在和谐的文化建设中陶冶情操、愉悦身心，引导人们努力营造新型人际关系，促进社会和谐。

（五）学习“思想道德修养与法律基础”课程的意义和方法

思想道德修养与法律基础课（以下简称“基础”课）是一门融政治性、思想性、理论性、知识性、实践性和修养性为一体的思想政治理论课。“基础”课是在全面总结高校思想政治教育教学经验的基础上创建的，它遵循大学生健康成长和人才发展的客观规律，较为系统地阐明了与大学生成才密切相关的人生观、价值观、道德观和法制观的基本知识和理论，是大学生进行思想道德与法律方面学习的指南，是大学生成才的良师益友。

1. 学习“基础”课的意义

第一，有助于把握大学教育这个成才的极好机遇。青年时代是人生的黄金时期，生命力最旺盛、体力精力最充沛。青年时代也是人生中遇到问题最多的时期，如，如何处理友谊与爱情、竞争与合作、理想与现实、个人与集体、自我奋斗与祖国的前途命运的关系，怎样做人、做一个什么样的人、怎样的生活才是有意义的、怎样的追求才是高尚的。这一系列问题都会相继摆在青年人的面前，需要他们作出正确的选择与回答。在一定意义上讲，思考人生的意义、探讨人生的价值、陶冶高尚的情操、培养完善的人格、追求人与社会的协调发展，是人之所以为人的主要特征。开设“基础”课，就是从大学生面临和关心的理论和实际问题出发，以大学生健康成长为主线，以人生观、价值观、道德观、法治观教育为重点，以社会主义、集体主义、爱国主义为核心，培养大学生优良的思想道德素质，使之具备法治精神，形成健全的人格。同时，经过紧张的中小学学习和高考竞争，进入大学后，不少同学都有松口气的想法，而这时的实际境遇恰恰要求学生高度重视并尽快适应大学生活的新环境，把握这个极好的成才机遇。大学生活短短几年，转瞬即逝，能否有一个良好的开端至关重要，这一点是许多大学生始料不及的。学习这门课程可以提醒大学生适时丢弃松劲麻痹的思想和情绪，克服环境变化给大学新生带来的学习、情感、心理、交往等方面的不适应，使之尽快适应大学新生活。

第二，有助于发展非智力因素。从心理学角度看，人的素质结构由两个基本部分即智力因素与非智力因素构成。前者主要包括观察力、记忆力、思维力、想象力等，后者主要是指兴趣、情感、意志、性格等。非智力因素是衡量人的思想和心理发展水平的主要标志，对大学生的成才和事业的成功起着十分重要的作用，在有些情况下甚至起决定性的作用。人类的文明发展史表明，大凡有所作为者，其素质结构中非智力因素的发展水平都比较高。大学生应当注意培养对自己所学专业的浓厚兴趣和健康的情感、顽强的意志、坚毅的性格，这样，才能完成大学期间的学习任务，成为合格的大学生，才能在大学毕业之后适应时代的挑战，做到不骄不躁、不怕挫折，积极地去创造和实现自己的人生价值。

第三，有助于纠正自我认识上的一些偏差。人作为认识主体，不仅把独立于主体之外的一切事物作为认识的客体，也把主体自身作为认识的客体，后一种认识便产生了自我认识。经验证明，人认识自己要比认识外部世界困难些，自我认识时常会出现脱离自身实际甚至与自身实际相背离的情形，这就叫自我认识上的偏差。在大学生中，这种问题同样存在。自我认识上的偏差对人的发展会产生误导，甚至会使人陷入误区而不能自拔。人的自我认识之所以会产生偏差，是由自我认识活动的特点决定的。自我认识即自己把自己作为认识对象，这种认识活动显然会受到个人情感和意愿的影响；受到认识主体与认识客体之间“零距离”所导致的“近视症”的影响，即所谓“不识庐山真面目，只缘身在此山中”；受到认识感官由习惯的“外视型”转为“内视型”所产生的不适应的制约，等等。学习这门课程，无疑有助于大学生发现和排除自我认识上的一些偏差，把握好自己在社会生活中的角色定位。

2.学习“基础”课的方法

第一，学思结合。孔子说：“学而不思则罔，思而不学则殆。”首先，大学生要通过不断的理论学习使自己的知识结构更加完善。其中，思想道德修养与法律基础基本知识的学习是重点，马克思主义理论知识的学习是关键，它们为大学生奠定了坚实的理论基础，使大学生能够运用其基本立场、科学的观点和方法去分析问题，明辨真善美和假丑恶；相关学科知识的学习是基础，它可以使大学生的知识结构更趋合理，既知其然又知其所以然，增强修养的自觉性。其次，必须把学习与思考结合起来。在学习过程中要开动脑筋，积极思考和回味，努力打通各种知识之间的内在联系，做到融会贯通，这样就能在自己心灵深处培养起趋善避恶的道德意向及其情感，从而选择好的道德行为，成为有道德的人。此外，要重视开放式学习，充分利用第二课堂和社会实践的机会，在实践中学习；要在课堂外进行道德实践，从现在做起，从身边做起，边学理论边进行实践探索，在实践中加深对理论的认识，用理论更好地指导实践，真正领会这门课的真谛，掌握这门课的学习要领，学有所获，学以致用，实现美好的人生价值。

第二，交流讨论。“基础”课具有立足实际、从实际出发的特点，这是我们在学习这门课时始终要注意的。由于大学一年级的同学都比较年轻，各人的经历又有所不同，所以在学习和理解这门课时，有的会感到开卷有益，有的则可能感到难以进入角色，在这种情况下开展交流与讨论尤为重要。孔子说：“三人行，必有我师焉。”这种“师”显然产生于交流与讨论。交流与讨论的形式既可以是课堂上的，也可以是课外的。课外又可以根据实际情况运用多种形式，如散步聊天、参与“卧谈会”等。采取交流与讨论的学习方法，需要克服羞于启齿的心理障碍。中学的应试教育使得学生交流与讨论的机会很少，学生养成了被动接受老师传授知识的习惯，不少大学新生难以适应学习方法的这种转变，多少有点心理上的不适应。而要克服这种心理障碍并不难，只要勇敢地参加第一次交流与讨论，以后就会轻松自如了。

第三，加强修身。人类认识和改造世界的方法概括起来有三种，即理论的方法、形象的方法、实践的方法。学习作为一种具体的方法，一般属于理论方法的范畴。而学习“基础”课，则既是理论的方法，也是实践的方法。因为，“基础”课是一门实践性很强的“修身”课，学习的目的在于运用，能否真正学好最终要看是否在学习的同时注意加强自身的修养。从这一点来看，加强自身修养本身就是学好这门课程多种活动中最重要的一个环节。因此，只是抱着改造别人的目的或应试的态度来学习，肯定是学不好的。加强个人修养，要努力做到：慎独，做任何事情都应该坚持他人在与不在一个样，他人知道与不知道一个样的原则；慎微，“勿以善小而不为，勿以恶小而为之”，从小善做起，点点滴滴地积累，最终形成良好的道德品质；内省，在内心反省和检查自己的言行，见贤思齐，去恶存善；克己，自我克制、自我约束不正当欲望、不正确言行；养性，始终保持同情之感、善良之心，并通过自身的实际行动，不断使其发扬光大。

二、难点内容

提高思想道德素质和法律素质最根本的就是要学习和践行社会主义核心价值体系。理解和把握这一问题的关键是要懂得社会主义核心价值体系体现了社会主义基本道德规范的本质要求和社会主义核心价值观的鲜明导向，从根本上影响着大学生形成应有的思想道德素质和法律素质，影响着大学生成长为社会主义现代化建设的“四有”新人。

一个人良好的思想道德是在正确理论的指导下，在社会环境和教育的影响下，在社会实践中逐步形成和发展的。正确的、健康向上的意识形态，良好的思想政治氛围，对思想品德修养起促进作用；而错误的、落后的思想观念，不良的社会风气，对思想品德修养则起消极作用。大学生的思想道德素质和法律素质如何、有什么样的荣辱观，事关祖国的前途命运，事关社会的发展进步。良好的思想道德素质有助于提升道德境界，养成高尚的道德情操，适应社会主义现代化建设事业的需要；有助于增强大学生的道德免疫力，自觉抵制各种不良社会思潮的影响；有助于提高应有的思想警觉和辨别能力；有助于大学生自身素质的培养和健康成长。良好的法律素质对于保证人们合法地实施行为，依法维护各种正当的权益，形成依法办事的社会风尚，具有重要意义。而只有学习和践行社会主义核心价值体系，才能增强对各种社会思潮的鉴别力和免疫力，帮助大学生树立崇高的理想信念，弘扬民族精神和时代精神，确立正确的荣辱观，增强学法、守法、用法、护法的自觉性，全面提高思想道德素质和法律素质，保持思想品德修养的正确方向。

价值体系属于社会意识范畴，是社会意识的本质体现。社会意识的相对独立性和社会存在的多元性，决定了任何民族、任何国家、任何社会的意识形态领域都是复杂多元的，都会呈现出多元价值体系并存的态势。但是，任何民族、任何国家、任何社会的存在和发展，都需要有一定的社会核心价值体系或主导价值体系的强力支撑。社会核心价值体系是指在社会生活中居于统治、引导地位的社会价值体系，它能够有效地制约非核心、非主导的社会价值体系作用的发挥，能够保障社会经济制度、政治制度、文化制度的稳定和发展。社会核心价值体系关系到国家的兴衰成败，关系到社会的进退治乱。

胡锦涛在党的十七大报告中明确指出："切实把社会主义核心价值体系融入国民教育和精神文明建设全过程，转化为人民的自觉追求。积极探索用社会主义核心价值体系引领社会思潮的有效途径，主动做好意识形态工作，既尊重差异、包容多样，又有力抵制各种错误和腐朽思想的影响。"当前，我国正处于发展机遇期和矛盾凸现期相互交织的关键阶段，经济体制的深刻变革、社会结构的深刻变动、利益格局的深刻调整、生活方式的深刻变化给人们的思想带来了空前的活力，同时也造成了很大的冲击。在各种因素的影响下，非马克思主义的意识形态也有所滋长，封建主义残余思想包括封建迷信、愚昧落后的思想意识沉渣泛起，国外资本主义的腐朽思想观念也趁虚而入，各种思想文化相互交融、相互激荡，势必对大学生产生深刻影响。一些大学生不同程度地存在政治信仰迷茫、理想信念模糊、价值取向扭曲、诚信意识淡薄、社会责任感缺乏、艰苦奋斗精神淡化、团结协作观念较差、心理素质欠佳等问题。只有大力建设社会主义核心价值体系，建设高尚、健康、文明的和谐校园文化，加强思想品德教育，提高大学生思想道德素质和法律素质，才能使大学生真信、真懂、真用马克思主义，牢固树立中国特色社会主义理想，培育和弘扬爱国精神和改革创新精神，牢固树立社会主义荣辱观，从而在政治信仰、理想信念、道德修养和法律素养上，符合社会主义合格建设者和可靠接班人的需要。

学习和践行社会主义核心价值体系是大学生提高思想道德素质和法律素质的中心环节和根本要求。社会主义核心价值体系相对于整个社会价值要求来讲，处于最高层次，本身就有引领社会的责任和要求，而要发挥其引领社会价值取向的功能，青少年一代的广泛践行、内化认同是关键。大学生要提高思想道德素质和法律素质，就必须深刻领会社会主义核心价值的科学内涵，自觉践行社会主义核心价值体系，从而成为学习和践行社会主义核心价值体系最积极、最活跃的群体。大学生理应成为践行社会主义核心价值体系的传承人。一方面，大学生思想道德价值认同的夯实，将影响其今后的人生走向。这一时期，接受和认同正确的思想观点、价值取向，就能建立正确的世界观、人生观和价值观，选择有意义的人生道路。相反，如果错误的思想先入为主，侵害渗透，就会产生相反的效果，甚至延误青少年的一生。因此，必须抓住有利时机，对大学生进行社会主义核心价值体系的教育、引导，让其做德智体全面发展的一代新人。另一方面，大学生是中国特色社会主义事业的接班人，要使社会主义事业后继有人、兴旺发达，就必须用建立在中国特色社会主义事业基础上的社会主义核心价值体系教育、引导大学生，并让其在学习、工作和生活中身体力行，在内化认同的基础上树立起践行社会主义核心价值体系的自觉意识，在多元价值观并存的态势下，坚持社会主义的价值导向，正确处理其成长过程中遇到的人生理论和实践问题，不断提高思想道德素质和法律素质，使之成为社会主义现代化建设的“四有”新人。

《社会主义核心价值观教育读本》绪论*

中国共产党第十八次全国代表大会政治报告在阐述“扎实推进社会主义文化强国建设”的战略部署时强调指出：要“倡导富强、民主、文明、和谐，倡导自由、平等、公正、法治，倡导爱国、敬业、诚信、友善，积极培育和践行社会主义核心价值观”。从而将学习和践行社会主义核心价值观作为社会主义文化强国建设的战略任务，提到全党和全国人民的面前。

社会主义既是一种理论，又是一种运动；既是一种理想，又是一种制度；也是一种文化价值观体系。社会主义在理论、制度和文化价值观上，代表人类社会发展进步的方向。倡导和践行社会主义核心价值观，旨在坚持走社会主义道路，培育中华民族共有的精神家园，努力建设社会主义现代化强国。

一、价值、核心价值与核心价值观

价值，是关系范畴，反映社会和人作为主体对于客体的需要及客体可以满足这种需要的“有用性”关系，对这种关系的认识和理解便是价值观。价值认识活动与真理认识活动不一样。真理认识以是否客观反映认识

* 选自钱广荣主编：《社会主义核心价值观教育读本》，合肥：安徽大学出版社2014年版。

对象的实际情况为标准，判断用语为“是”或“非”，因此真理通常“只有一个”。价值认识则以主体视其对象的“有用”为轴心，判断用语通常为“有用”与否，因而人们在价值观问题上往往会“见仁见智”。从学理上看，这是不同的人有不同的价值观，同一个时代会有不同的价值观流行的原因所在。

由于“有用性”的价值关系多种多样，价值观也有各种不同的形态，归属社会生活的不同领域和不同的学科，如经济价值观、政治价值观、法制价值观、文化价值观、道德价值观，等等。

按照不同的主体来划分，可以将价值观划分为社会价值观和个人价值观，前者通过后者的接受来践行，后者在接受和践行一定的社会价值观的同时，往往又会受到其他社会价值观的影响。在每个社会，被公开提倡和流行的价值观一般都可以分为一般价值观和核心价值观两种基本类型。一定的核心价值观体现一定社会的制度属性和时代特征，反映一定社会的上层建筑包括观念的上层建筑的根本要求。所以，自古以来，每一个国家为了自身的稳定和繁荣，都会提出和倡导适合本国国情的核心价值观。这是人类社会发展进步的基本规律，也是世界各国治国理政的基本经验。

我国春秋战国时期，是奴隶制向封建制过渡的社会大变革时期，孔子创建的仁学伦理文化在旧制度“分崩离析”引发的“百家争鸣”中脱颖而出。至西汉，封建制度确立，新型地主阶级统治者根据董仲舒的谏议，提出和倡导“三纲五常”的核心价值观。“三纲”，即君为臣纲、父为子纲、夫为妻纲；“五常”，即仁、义、礼、智、信。“三纲五常”作为我国封建社会倡导的核心价值观，深刻地影响了中华民族数千年的传统文化，使得中国人看世界、社会和人生有自己独特的价值观体系。诸如孝悌忠信、礼义廉耻、仁者爱人、与人为善、天人合一、道法自然、自强不息等，至今仍然深深影响着中国人的精神生活。西方社会自古希腊开始就倡导和推行法治、民主、自由、平等的核心价值观，形成了西方特有的文化传统和价值观体系。

人类社会价值观的分野及其发展史表明，每个社会提倡和推行的核心价值观都既是国情范畴，也是历史范畴。

社会主义核心价值观是中国特色社会主义制度下的主导价值观。它是在历史唯物主义基本原理和方法论的指导下，传承中华优秀传统文化基础上，借鉴人类社会先进文明的有益成分，实行与时俱进创新的文化结晶，反映了中国特色社会主义文化的本质属性和发展进步的方向。

当代中国社会的价值观呈多元状态，有的价值观与社会主义核心价值观的价值趋向基本一致，有的则不一致，甚至截然相反。面对此种情势，需要大力倡导和践行社会主义核心价值观，发挥其对于其他价值观的梳理、主导和抵制的作用。这在根本上维系着中国特色社会主义现代化建设的前途和命运。

二、社会主义核心价值观的结构与特性

社会主义核心价值观是一个内含经济、政治、法治、道德等基本价值观的价值观体系。十二个价值观范畴各有其独立的含义，相互之间又有着内在的逻辑关联，是一个严密的整体，可以从不同的视角和层面进行科学合理的解读。

从国家的角度来看，社会主义核心价值观诉求的目标是富强、民主、文明与和谐。其中，国富民强是四者的核心。要做到国富民强，就要努力建设社会主义民主政治，充分发挥人民群众当家作主的社会主义制度的优越性；就要扎实推进社会主义精神文明和道德建设，全面提高公民思想道德素质；就要认真淡化和消解社会矛盾，努力构建社会主义和谐社会。

从社会的角度来看，社会主义核心价值观诉求的目标是自由、平等、公正与法治。其中，依法治国是四者的核心。实现普遍的社会自由、平等和公正，是中华民族数千年来的理想，无数仁人志士为此而毕生孜孜不倦地追求。中国共产党在领导中国人民抵抗外来侵略、推翻旧制度和创立新的社会制度的艰苦卓绝的斗争中，不少人为此献出自己宝贵的生命。自由、平等、公正都是历史范畴，社会主义社会的自由、平等和公正，本质

上是社会主义的内在要求，既要在社会主义法律制度的规约下实现，又需要社会主义法律制度给予保障。因此，从社会层面来看社会主义核心价值观，实行社会主义的自由、平等、公正是实行依法治国的题中之义，关键是要实行依法治国。

从个人的角度来看，实现社会主义核心价值观在国家和社会两个层面上诉求的目标，就是要建设社会主义富强国家和实行依法治国。实现这两个目标，要求每个公民将核心价值观的“社会之道”转化成“个人之德”，发扬以爱国主义为核心的民族精神，认真践行爱岗敬业的职业道德，与人相处和交往要遵循诚实守信和友善待人的社会公德。

总的来看，全面理解和践行社会主义核心价值观的结构，就是要把建设富强的国家和法治的社会兼顾和统一起来，提高每个中国人的思想政治和道德素质，坚定不移地走中国特色社会主义道路，努力建设富强、法治、和谐、文明的社会主义现代化强国。

社会主义核心价值观，是对中华民族优秀传统核心价值观的传承和创新，同时又吸收了西方传统核心价值观的有益成分。这使得它在形式上有与资本主义社会核心观的相似之处，如法治、民主、自由、平等、公正等。但是应当看到，同为法治、民主、自由、平等、公正等，社会主义核心价值观与资本主义核心价值观却有着本质的不同。社会主义核心价值观作为观念上层建筑的组成部分，是“竖立”在以公有制为主体的经济基础之上的，反映的是广大人民群众对当家作主的主人翁地位和人格尊严的诉求，对中国社会文明进步与社会和谐的期待。就是说，社会主义核心价值观是立足于社会主义制度的内在特质和广大人民群众的普遍要求提出来的。由此观之，社会主义核心价值观是目前世界上最先进的价值观文化，代表了文明进步的发展方向。

三、努力学习和践行社会主义核心价值观

学习和践行社会主义核心价值观，要在党的十八大报告“坚定不移沿

着中国特色社会主义道路前进 为全面建成小康社会而奋斗”的主体精神指导下进行。

首先，要把学习和践行社会主义核心价值观与学习和践行社会主义核心价值体系有机地结合起来。这是学习和践行社会主义核心价值观的根本途径。社会主义核心价值观是社会主义核心价值体系的内核和精神实质，体现社会主义核心价值体系的根本性质和基本特征，是社会主义核心价值体系的高度凝练和集中表达。面对当代中国社会价值多元化的文化国情，社会主义核心价值体系把坚持马克思主义的指导放在首位。在学习和践行社会主义核心价值观的过程中，要特别注意坚持运用历史唯物主义，认识改革开放进程中出现多元价值观的必然性和倡导社会主义核心价值观的必要性，坚持开展中国特色社会主义共同理想教育，发扬以爱国主义为核心的民族精神和以改革创新为核心的时代精神，倡导爱岗敬业、诚实守信、友善待人的社会主义核心价值观。

其次，要注重理解和把握社会主义核心价值观的政治性、理论性、思想性和现实性的内在统一性要求。整个学习和践行过程要有政治的高度，认识到整个学习和践行活动，是为了贯彻落实党的十八大精神，坚定不移沿着中国特色社会主义道路前进，为全面建成小康社会而奋斗。要有理论的深度，真正弄懂每一个社会主义核心价值观的基本含义及其相互之间的逻辑关系，从整体上把握社会主义核心价值观的精神实质。贯彻理论联系实际的原则，善于面对社会现实问题，注重联系自己的思想实际，力戒脱离思想和社会实际的空谈之风。

再次，大学生是朝气蓬勃的知识群体，肩负着国家和民族的前途与命运，应自觉学习和践行社会主义核心价值观。同时，还应利用社会实践和实践教学等形式，积极宣传社会主义核心价值观，推进学习和践行社会主义核心价值观大众化。这是当代中国大学生应尽的义务和责任。大学生中的共产党员在整个学习和践行的过程中要发挥表率和示范作用。

感受历史唯物主义方法论原理的逻辑力量*

——读识《乡土伦理》有感

王露璐博士的《乡土伦理》是一本原创性的学术专著，读识之后让人感觉耳目一新，感受到一种逻辑力量。其所以如此，我认为是作者在分析和阐述“乡土伦理”的过程中，始终注意运用历史唯物主义的方法论原理，做到了历史与逻辑的统一。

中国伦理学人对历史唯物主义的方法论原理并不陌生，不论是在文本著述还是口语传播中人们一般都不会违背或忽视这一方法论原理，但是毋庸讳言，不少人缺乏运用这一方法论原理的自觉性，或者虽能自觉运用却缺乏驾驭能力。面对中国社会30年来伴随改革开放所发生的伦理道德观念的变化，从事伦理学元理论研究的学者多把兴趣放在批评“道德失范”和排解“道德困惑”方面，专攻应用伦理学研究的学者多把兴趣放在都市伦理的设计和宣示方面，很少涉足“乡土伦理”的设计和传播。我并不是要反对中国伦理学研究关注“道德失范”“道德困惑”和都市伦理设计等这些现时代的重要问题，而是要指出目前伦理学研究所存在的脱离实际的主观主义和形式主义的倾向，在改革与道德的互动关系上缺乏自觉运用历史唯物主义观察、分析、梳理和说明当代中国伦理道德观念变化的方法论意识，缺少把握和运用这一方法论原理的应有能力。在这种情况下，《乡土伦理》能够自觉地运用历史唯物主义方法论原理分析和揭示“乡土经

* 原载《伦理学研究》2009年第1期。

济”与“乡土伦理”之间在历史发展演变的过程中客观存在的互动关系，表现出较强的驾驭方法论的能力，无疑是具有历史唯物主义方法论的启发意义的。

通读全书，笔者深感《乡土伦理》运用历史唯物主义的方法论原理的成功之处，主要体现在如下几个方面。

其一，全书内容是围绕“中国乡村经济发展与伦理道德观念的互动关系”这条主线展开的。众所周知，历史唯物主义认为道德作为特殊的社会意识形态和价值形态根源于一定社会的经济关系，并具有对“竖立”在经济关系基础之上的上层建筑包括观念的上层建筑发挥“反作用”的社会功能。因此，考察和研究伦理道德的变化应当始终立于伦理道德与经济关系之间的互动关系状态，在经济变革的年代尤其应当这样。恩格斯说：“人们自觉地或不自觉地，归根到底总是从他们阶级地位所依据的实际关系中——从他们进行生产和交换的经济关系中，获得自己的伦理观念。”[①]中国改革的起点和轴心是“生产和交换的经济关系”，改革过程中萌动和生长着的新“伦理观念”一直在冲撞和冲击民族传统道德和革命传统道德，与此同时作为资本主义道德文明核心的个人主义也被支离破碎地被“放”（“引”）了进来，由此而造成以“道德失范”和“道德困惑”为表征的普遍的社会道德矛盾。毫无疑问，“道德失范”并非就是道德堕落，“道德困惑”并非就是道德认知缺失，由此构成的社会道德矛盾并非就是以非善即恶或非恶即善的“对立统一”方式存在的价值对立，而是以“亦善亦恶”或“非善非恶”的“奇异的循环”的方式而存在的道德悖论。对这种以悖论性状存在的复杂的社会道德矛盾进行梳理和说明，是伦理学研究责无旁贷的时代使命，而要如此就必须运用历史唯物主义的方法。自近代始，苏南乡土就是一片不断变革着的开放热土，虽属于“地方乡土”却具有中国“乡土社会”的特色，进入改革开放历史新时期以来则同时具有“都市社会”的“视景透视”意义。正因如此，《乡土伦理》虽然用副标题向我们表明它要叙述的是一种“地方性道德知识”，但从全书的分析逻辑

① 《马克思恩格斯选集》第3卷，北京：人民出版社1995年版，第434页。

看，它所宣示的恰恰是一种“全局性道德知识”，读者可以沿着其由个别到一般的分析路径强烈地感受到唯物史观的逻辑推演力量。

其二，体现在强烈的历史感和明晰的现时代意识。道德与经济的逻辑关系并不是抽象的，只有置于特定的历史发展过程才能彰显其毋庸置疑的逻辑力量。《乡土伦理》为了叙述近代以来苏南“乡土伦理”的历史演变过程，以翔实的史料描绘了苏南“乡土经济”的历史发展轨迹，极具表现力地给读者描绘了一幅关于经济与道德之间互动关系的历史画卷。“乡土经济”变迁的第一推动力是“地少人多”的土地生产力与人口生产力之间的矛盾，这一矛盾直接促使蚕桑和棉花等非自给性农产品的生产，“蚕桑、棉花等经济作物商品性生产的扩大，也带动了随之而来的粮食作物的商品化”，这就“打破了苏南农村长期以来在粮食生产方面的自给自足状态，进一步增加了苏南农民与外界的经济往来”。鸦片战争后，随着西方资本主义经济的入侵，苏南农村与近代中国其他一些地方一样，实际上被卷入“世界经济系统”。在生产力发生的这些“彼此关联，相互促进”的变化过程中，人们相互之间及其与外部世界之间的“生产和交换的经济关系”自然也会发生相应的变化，这种变化又会反过来不断推动原有生产力的解构和整合。作者在描绘这一物质生产过程的历史变迁的基础上，适时地指出近代以来的“吴文化”对于“乡土伦理”发展（从“安全第一”到“生产伦理”再到“交换伦理”）所给予的支撑、维护和滋润。至此，读者已经能够十分清楚地看出，所谓“苏南模式”和“新苏南模式”，就是生产力与生产关系、经济关系与伦理道德合乎逻辑的矛盾运动模式，互动与共生共荣的模式，“乡土伦理”不过是这种模式的道德文化产品而已。中国改革起步于农村，当代中国社会伦理道德变化起步于农村改革，后续的都市改革及由此引发的“伦理观念”变化也多直接或间接地与农村的改革与变化相关。《乡土伦理》虽然没有花太多的笔墨阐述“乡土伦理”的现代形式，但是，我们难道不可以从中得到某种启发吗？

其三，体现在用历史唯物主义的原理方法引领和统领其他学科的研究方法。《乡土伦理》开篇便以马克思关于“小农”及其伦理特征的研究方法为突破口，交代了自己涉及的诸多具体学科的研究方法，如马克斯·韦伯在《新教伦理与资本主义精神》中倡导的将经济发展中的伦理动因——不同宗教进行比较研究的方法，詹姆斯·C.斯科特在《农民的道义经济学：东南亚的反叛与生存》中提出的农民以“安全第一”为生存伦理的分析方法，费孝通立足于“乡土中国”研究中国农民的伦理特色的方法等。但是，作者并没有拘泥于这些具体的学科方法，而是沿着马克思关于“小农”及其伦理特征的唯物史观的分析方法一直走下去，最终实现在唯物史观引领下的“跨学科方法透视”之旨趣，这种选择是颇具方法论启迪意义的。改革开放以来，中国人文社会科学包括伦理学比较注意引进和应用别国学者的科学研究方法，由此而促进了我们科学研究的繁荣，但与此同时也存在一种不正常的现象，这就是：拘泥于别国方法的形式而不注意其方法的实质，有的甚至痴迷于生吞活剥地套用别国学者的方法用语，把本来简单的问题弄得很复杂，本来就复杂的问题弄得令人看不懂。在这个问题上，王露璐教授的方法和文风是值得倡导的。在她的笔下，韦伯和斯科特的方法，不仅成了其运用历史唯物主义方法论原理的方法资源，而且通俗易懂。须知，借用“他山之石”不为别的，仅为了“筑己之巢”。掩卷思之，《乡土伦理》对“地方性道德知识”的探究所取得的成就多是认识论和知识论意义上的，涉及道德建设的实践论内容不多，这是一个缺憾。伦理，作为一种特殊的“思想的社会关系”需要相应的道德给予维护和支撑，道德作为社会意识形态和价值形态依赖建设，道德建设本来应是探讨一切伦理问题的题中之义。我们期待关于“地方性道德建设”的“乡土伦理”新著问世。

教育伦理研究的创新视野*

——读识钱焕琦教授主编的新作《教育伦理学》

钱焕琦教授的新作《教育伦理学》在以往研究和积累的基础上，对当代中国教育伦理状况和道德呼唤作了全面而又细致的分析和阐述。

首先，创新了教育伦理学的研究对象。钱焕琦教授认为，教育伦理学应当拓展自己的学术视野，将一切与教育相关的伦理关系摄入自己的视野。“从横向来说，它应当囊括我们现实生活中的三大基本教育领域：学校教育、家庭教育、社会教育以及它们之间的关系；从纵向来说，它应当研究贯穿于这三大基本领域中的一切重要的伦理关系。”（该书第22页）这就使教育伦理学走出了“学校教育伦理学”的窠臼，合乎逻辑地成为真正的教育伦理学。教育伦理与教育道德是两个相互关联的不同范畴。教育伦理是因由教育活动中的“物质的社会关系”而产生的“思想的社会关系”，教育道德是因由维护和建构教育伦理关系之需而被特定时代的人们“创造”出来的教育价值观念及其道德行为准则。因此，以一切教育或与教育有关的活动中的伦理关系为对象，也就抓住了教育伦理学研究对象的根本问题，真正揭示了教育伦理学的学科使命和任务，其学科创新的意义是显而易见的。

其次，创新了教育伦理学的内容结构。以往的教育伦理学的体系多套用元伦理学的“三段式”结构模式来建构自己的知识体系，强调建构教育

* 原载《道德与文明》2010年第1期。

伦理的是真理观、价值论和实践论的统一体。这种形上的推演式的建构思路，看起来是合乎逻辑的，但由于没有立足于教育实践中的伦理关系，因而难能充分展现自己作为一门应用伦理学的学科特性。《教育伦理学》在这方面作了大胆的尝试，它在阐明教育伦理学应当以教育伦理关系为对象之后，即分析和指明了“教育伦理学的研究领域与类型”及“发展趋势”，给人以一种真正的教育伦理学的学科视野。此后，又浓墨重彩地分析和论述了“教育的伦理基础”“教育目的的德性”“家庭教育伦理”等重大学理问题，对教育伦理学研究必定要关注的师德师风问题，作者没有泛泛而谈，而是以“教学的道德”的命题聚焦，突出了教师展现师德师风的主要平台及其真实意义所在。《教育伦理学》涉论中外教育伦理思想史方面的内容，并没有因循旧式，而是立足于建构“教育伦理学”的学理需要，紧密围绕“教育伦理”的知识体系进行叙述，创新意图明显。

最后，创新了教育伦理学的范畴。如“教育起源德性”“教育劳动德性”“教育伦理精神”“教育人道”“教育公正”“教育理性”“伦理调适”“管理体制的德性”“教育投资体制的德性”“教育政策的德性”等。作者凸显了“德性”和“公正”这两个基本范畴，使之在全书中居于核心和主导的地位，实现了教育伦理的传统与现代的统一。教育是一种大善和大爱的社会事业，一种最具有“德性”的社会工程。作者从教育的词源和语义、教育起源于“成人”的需要、教师劳动所展现的与人为善的示范性、教育活动所表达的自由民主和科学人文的伦理精神等不同的视角，分析和论述了教育所蕴含的厚重的德性价值，还专门安排了一节的内容，追溯了公正和教育公正的由来与发展，并从教育制度、教育资源、教育经费、教学过程等不同角度考察了“教育公正”的当代性问题，给读者以很强的现实感和启发性意义。当然，作为一部多人协作的创新作品，《教育伦理学》的结构层次也难免存在逻辑关系不大顺畅、章节之间的学术水平不大协调的缺陷，有的章节在内容安排上依然存有不合理地套用“元伦理学”的痕迹。我们期盼在不远的将来能够读到钱焕琦教授独自为读者推出的“教育伦理学原理”的新作。

中国伦理学与道德建设研究的立足点*

——《当代中国公民道德状况调查》评介

一定意义上说，中国伦理学研究自20世纪80年代初复兴以来，其发展过程大体上可分为两个发展阶段。第一个阶段的研究，以“改革与道德”为主题，表现出研究者的伦理学干预和指导道德生活的固有激情和气派；第二阶段的研究，针对在市场经济大潮的冲击下越发“严重”起来的“道德失范”问题，伦理学者的那种固有激情与气派开始退落，离当代中国道德建设与道德生活实际越来越远，出现了所谓“边缘化”的倾向，这使得感到“道德困惑”的中国公民大惑不解，他们关心伦理学研究与道德建设的固有热情也随之渐渐退落。正当伦理学人为当代中国社会出现的诸多伦理道德问题所困扰、伦理学研究和道德建设面临需要调整逻辑思路和方向的时候，中国人民大学伦理学与道德建设中心主任吴潜涛教授负责编撰的《当代中国公民道德状况调查》出版了（人民出版社2010年版）。这部30余万言的大型调研报告，以全面翔实的材料和细致周到的分析，提出了一个重大的科研方法论问题，这就是：中国伦理学研究与道德建设要立足于中国公民道德现状。

《当代中国公民道德状况调查》（以下简称《调查》）在内容结构上具有如下一些创新性特色。

---

* 原载《伦理学研究》2011年第4期。

一、调查内容设计全面，调查工作组织得当，掌握数据充足可靠

首先，科学编制《全国公民道德状况调查问卷》，把调查分为预调查和正式调查两个阶段。预调查选择了2000个样本，在掌握初步数据之后对调查问卷的科学性即可信度和有效度进行分析，并作了相应的修改和调整。用于正式调查的问卷，内容分为两个部分，第一部分是关于个人基本情况的抽样调查，包括受访者的性别、年龄、民族、受教育程度、政治面貌和就业情况等10个问题。第二部分包含7个方面的内容，即：（1）目前公民道德总体现状，涉及受访者的道德感受、认知、态度和评价等方面的内容；（2）社会公德现状；（3）职业道德现状；（4）家庭道德现状；（5）党员干部和青少年道德现状；（6）网络道德现状；（7）公民道德建设现状。

其次，科学选择调查区域和地点，掌握大量可靠的基本数据。《调查》根据全国地理、城乡、人口分布和经济与文化发展的不同情况，选择了6大调查区域和10个调查点，发放问卷6600份，回收率近90%。

二、分析方法科学，提出的分析意见合乎中国社会改革与发展历史进程中公民道德的实际情况

《调查》在掌握大量可靠数据的基础上，运用历史唯物主义的方法论原理，对处于改革开放社会变革中的当代中国公民道德状况所发生的变化进行了实事求是的科学分析，提出了一系列有价值的分析意见。如："道德进步与经济发展有一定的同步性"，"市场经济能够促进道德水平提高"，社会公共生活领域中存在的"缺德"现象主要是"缺诚心、公心和爱心"；导致离婚率居高不下甚至存在攀升之势的婚外恋，既"有其社会历史原因，也有个人素质方面的原因，是多种因素综合作用的结果"，因此要具体分析，不应一概归于"道德败坏、品德恶劣、生活作风不正派、腐化堕落"之类的"传统说法"；影响职业忠诚度的主要因素是承担的职业责任

不同、受教育的程度不同、执业的年龄不同，指出承担重大职业责任、受教育程度高的人，对职业的忠诚都一般都比较高，反之则存在“敬业精神消解”和“职业神圣感失落”的问题。这些分析意见是中肯的，如实地反映了当代中国公民道德状况发生变化的真实原因，现实感很强。

三、提出加强公民道德建设的对策性建议

在如上所述开展调查与分析的基础上，《调查》相应地提出若干对策性的建议。在总体思路上，认为在当代中国社会改革和发展社会主义市场经济的历史条件下，加强公民道德建设需要从公民道德状况的实际出发，充分利用社会主义市场经济为公民道德建设提供的“丰厚的物质基础”，积极“拓宽公民的公共生活空间，培育良好的公民意识”。为此，需要抓紧培育健康的社区生活形态，引导公民直接参与社会公共事务管理；建立良好的公民道德教育机制，特别要重视道德建设的制度建设以增强道德的感召力和威慑力；重点抓好领导干部的官德建设，充分发挥官德在整个公民道德建设中的示范作用。不难看出，从中国特色社会主义道德建设的客观要求来看，这些对策和建议多带有战略意义，而且也是切实可行的。

概言之，《调查》的以上创新性特色使其在内容在结构上具有融合调查、分析、对策为一体的逻辑力量。之所以能够如此成功，从根本上来说，是因为作者坚持运用了历史唯物主义的方法，具有强烈的“问题意识”和“中国问题意识”：调查公民道德现状问题是为了分析道德现状问题，分析公民道德现状问题是为了解决公民道德建设问题，而所有这些调查研究的工作都立足于当代中国公民道德状况的实际，做到了从实际出发。由此而展现了《调查》尊重实际、崇尚真理的理论品质。进一步来看，《调查》之所以能够具有这种理论品质，与作者使命感和责任心是直接相关的。

我们为什么要从事伦理学研究？对这一涉及科学研究使命和学者责任的“简单问题”，并不是所有伦理学人都认同的。我们并不否认科学研究

具有某种“自我表现”“自我实现”的特性，但这种特性应当是在承担和履行实现社会使命和责任的过程中展现。伦理学的对象是道德，研究伦理学的目的是推进道德建设，促进社会和人的道德发展与进步。这里的“道德”所指首先应当是道德现象世界尤其是道德现状，包括现实社会的伦理关系与道德风尚、人们的道德认知水准和实际的价值取向。伦理学人的研究工作如果不是立足于这种道德现象世界的实际，只是闭门造车、游刃于关于道德的“纯粹理性”的思辨，潜心于追求形而上学的鸿篇巨制，以至于把“简单”的道德问题弄复杂，把看似复杂的道德问题弄得让人望而却步，那么，对于道德建设——促进社会和人的道德发展与进步是不会有什么实际益处的，而公民对这样的“自我表现”和“自我实现”通常是不以为然的。

当然，这样说并不是主张从事伦理学和道德建设研究工作的人，不要对道德现象世界进行思辨性的艰辛劳动，更不是主张大家都去开展“调查研究”，而是强调中国伦理学研究与道德建设都应当立足公民道德的实际，实事求是，从实际出发。从这点看，《当代中国公民道德状况调查》对于中国伦理学和道德建设的研究工作是具有某种示范意义的。

后　记

总结和提炼是人们成就事业的重要方法和手段，是推动事物发生质变的重要环节，任何人都概莫能外。通观钱老师的这套文集，也正是在总结和提炼的基础上形成的重大成果。从微观看，老师在伦理学、思想政治教育、辅导员工作等领域的研究，多是以总结的方式用专业的话语表达出来的。从宏观看，老师的总结和提炼站位高远、视野宽阔、格局恢弘。这又成就了老师在理论上的纵横捭阖、挥洒自如，呈现出老师深厚的学术底蕴和坚实的理论功底。

比如在谈到思想政治教育整体有效性问题的时候，老师说：马克思主义认为，世界是不同事物普遍联系的整体，某一特定的事物也是其内部各要素之间普遍联系的整体，事物内部各要素之间的关系是怎样的，事物的整体就是怎样的。恩格斯说："当我们通过思维来考察自然界或人类历史或我们自己的精神活动的时候，首先呈现在我们眼前的，是一幅由种种联系和相互作用无穷无尽地交织起来的画面。"[①]为了"足以说明构成这幅总画面的各个细节"，"我们不得不把它们从自然的或类似的联系中抽出来"[②]。就是说，人们只是为了细致分析和把握事物某部分的个性，也是为了进而把握事物的整体，才"不得不"在许多情况下把事物某部分从整体关联中"抽出来"。然而，这样的认识规律却往往给人们一种错觉和误

①《马克思恩格斯文集》第9卷，北京：人民出版社2009年版，第385页。

②《马克思恩格斯文集》第3卷，北京：人民出版社2009年版，第539页。

导：轻视以至忽视从整体上把握事物内在的本质联系，惯于就事论事，自说自话。这种缺陷，在思想政治教育有效性的研究中也曾同样存在。

20世纪80年代初，中国改革开放和社会转型的序幕拉开后，由于受到国内外各种因素的影响和激发，人们特别是青年学生的思想道德和政治观念发生着急剧的变化，传统的思想政治教育面临严峻挑战，受到挑战的核心问题就是思想政治教育的“缺效性”以至“反效性”问题。思想政治教育作为一门科学、进而作为一种特殊专业和学科的当代话题由此而被提了出来。因此，在这种意义上完全可以说，推进新时期思想政治教育走向科学化的原动力，正是思想政治教育有效性问题的研究。然而，起初的思想政治教育有效性问题的研究只是围绕思想政治工作展开的，关注的问题只是思想政治教育实际工作的原则和方法，缺乏从思想政治教育专业和学科整体上来把握有效性问题的意识。而当思想政治教育作为一门学科的“原理”基本建构起来之后，关于思想政治工作有效性问题的学术话语却又多被搁置在“原理”之外，渐渐地被人们淡忘，以至于渐渐退出学科的研究视野。不能不说，这是一种缺憾。

推进思想政治教育科学化是解决这一问题的根本途径。思想政治教育科学化本质上反映的是全面贯彻党和国家的教育方针，培养和造就一代代社会主义事业的合格建设者和可靠接班人提出的理论与实践要求，具体表现为大学生思想政治素质的全面发展、协调发展和可持续发展，即凸显整体有效性。这种整体有效性，不只是大学生思想政治教育单个要素的有效性，也不是各个要素有效性的简单相加，而是思想政治教育要素、过程和结果的整体有效性；大学生思想政治教育要素、过程和结果的整体有效性不是静态有效，也不是各个阶段有效性的简单叠加，而是各个要素在各个阶段有效性的有机统一，是整体有效性的全面协调可持续提升。

…………

当我们合上老师的文集，类似的宏论一定会在我们的脑海里不断涌现，或似深蓝大海上的朵朵浪花，或似微风吹皱的湖面上的粼粼波光，令人醍醐灌顶、振聋发聩。

在老师的文集付梓之际，我们深深感谢为此付出过辛勤劳动的同学们。在整理文稿期间，一群活泼阳光的思想政治教育专业的同学通过逐字逐句的阅读、录入和校对，为文集的出版做了大量的最基础的工作。

感谢安徽师范大学副校长彭凤莲教授为文集的出版所做的大量努力。

感谢安徽师范大学马克思主义学院领导给予的高度关注和大力支持。

感谢安徽师范大学出版社，在文集出版的过程中，从策划、编校到设计、印制，同志们付出了许多的心血。

感谢我们的师母，在老师病重期间对老师的温暖陪伴和精心呵护。一个老人是一个家庭的精神支柱，一个老师是一个师门的定盘星。我们衷心祝福老师健康长寿，带着愉悦的心情看到自己的理论成果在民族复兴的伟大征程中发光发热，能够在中华民族伟大复兴即将来临之际，安享晚年。

执笔人　路丙辉

二〇二二年八月